全国高等职业教育"十三五"规划教材

计算机控制技术 （MCGS 实现）

李江全　主　编

李丹阳　刘育辰　党　媚　副主编

机 械 工 业 出 版 社

本书从工程实际出发，系统地介绍了计算机控制系统中各种软/硬件的应用技术。内容包括：计算机控制系统概述，计算机控制系统开发软件与实训，计算机开关量输入系统与实训，计算机模拟量输入系统与实训，计算机开关量输出系统与实训，计算机模拟量输出系统与实训，开关量输入与开关量输出系统综合实训，模拟量输入与开关量输出系统综合实训，计算机控制系统的设计等。对每个系统首先是介绍多个生产生活实例，然后使用常见的工控硬件（PLC、数据采集卡和远程 I/O 模块）搭建控制系统，采用工控领域常用的监控组态软件 MCGS 作为开发软件，通过 22 个实训项目详细介绍了计算机控制系统的开发步骤及实现方法。

本书可作为高职高专院校自动化和计算机应用等相关专业的教材，也可供从事计算机控制系统研发的工程技术人员参考。

本书提供配套的电子课件、习题解答和 MCGS 源程序，需要的教师可登录 www.cmpedu.com 进行免费注册，审核通过后即可下载；或者联系编辑索取（QQ：1239258369，电话：010-88379739）。

图书在版编目（CIP）数据

计算机控制技术：MCGS 实现/李江全主编 .—北京：机械工业出版社，2017.10

全国高等职业教育"十三五"规划教材

ISBN 978-7-111-58349-3

Ⅰ. ①计… Ⅱ. ①李… Ⅲ. ①计算机控制-高等职业教育-教材
Ⅳ. ①TP273

中国版本图书馆 CIP 数据核字（2017）第 262115 号

机械工业出版社（北京市百万庄大街 22 号　邮政编码 100037）
策划编辑：李文轶　　责任编辑：李文轶
责任校对：张艳霞　　责任印制：李　昂
河北鹏盛贤印刷有限公司印刷

2018 年 1 月第 1 版·第 1 次印刷
184mm×260mm·19.25 印张·463 千字
0001-3000 册
标准书号：ISBN 978-7-111-58349-3
定价：55.00 元

前　言

近年来，随着电子技术、信息技术及自动控制技术的飞速发展，计算机控制技术已广泛应用于工农业生产、交通运输及国防建设等各个领域，正发挥着越来越重要的作用。建立计算机控制系统的概念，了解和初步掌握计算机控制系统的基本理论和基本设计方法，已成为当前高职高专院校工科类学生适应新形势和新技术发展的当务之急。

为适应"计算机控制技术"课程教学改革和发展的需要，本书在编写上具有以下几个特点：

（1）结构新颖：在计算机控制系统中，信号输入即检测，信号输出即控制。信号主要分为两大类：模拟量和开关（数字）量。因此检测信号输入就分为模拟量输入和开关量输入，控制信号输出就分为模拟量输出和开关量输出。计算机控制系统相应地可以按信号的输入与输出进行分类和构建。本书即按计算机控制系统的组成类别进行编排。每种系统首先举出几个生产生活实例，搭建每个实例的控制系统，然后归纳出它们的共性结构，提出计算机控制系统需要解决的共性问题，最后进行实训操作，以解决实际问题。实训操作与控制系统实例紧密衔接，构成一个完整的知识体系。这种编排结构合理，思路清晰，便于学生理解和掌握。

（2）内容丰富：书中介绍了22个生产生活中的控制系统实例，每个实例均包括应用背景，可拓展学生的知识面，最新的控制系统应用（如高速公路ETC和充电桩控制等）可拓宽学生的视野；设计了22个实训项目，选取了3种典型输入/输出控制装置或模块（PLC、数据采集卡和远程I/O模块）来实现计算机检测和控制功能，读者可根据实际教学需要选择实训项目。

（3）注重实践：以"理论够用、突出实践"和"精讲多练"为原则，以学生的"动"为主、"听"为辅；内容的组织极富操作性，融理论于实践，从实践中获取知识；同时使技能培养与生产生活实际紧密结合，激发学生学习兴趣，充分体现学以致用的教学思想。

（4）便于自学：书中提供的实训项目都有详细完整的操作步骤，读者只需按照给定的步骤进行操作，就可实现计算机控制系统的各种功能。所以本书教学是以学生为主导，老师为辅导：首先老师介绍生产生活中的控制实例，提出问题，然后让学生开展实训来解决问题，最后老师再讲解实训中出现的基本理论知识。

本书可作为高职高专院校自动化和计算机应用等相关专业学生学习计算机控制技术的教材，也可供从事计算机控制系统研发的工程技术人员参考。

本书的编写分工：石河子大学李江全编写第1、9章，空军工程大学李丹阳编写第2、3章，石河子大学左静编写第4章，石河子大学刘育辰编写第5章，新疆工程学院王玉巍编写第6章，西安航空职业技术学院党媚编写第7、8章。北京昆仑通态自动化软件科技有限公司和北京研华科技股份有限公司等为本书提供了大量的技术支持，在此对他们致以深深的谢意。

由于计算机控制技术的实训类教材还不多见，编者虽作了大胆尝试，但由于水平有限，书中难免存在缺点和不足之处，敬请广大读者批评指正。

编　者

目　　录

第1章　计算机控制系统概述

计算机控制技术是一门新兴的综合性技术。它是计算机技术（包括软件技术、接口技术、通信技术、网络技术、显示技术）、自动控制技术、微电子技术、自动检测和传感技术有机结合、综合发展的产物。它主要研究如何将检测和传感技术、计算机技术和自动控制技术应用于工业生产过程并设计出所需要的计算机控制系统。

计算机控制系统作为当今工业控制的主流系统，已取代常规的模拟检测、调节、显示、记录等仪器设备和大部分操作管理的人工职能，并具有较高级、复杂的计算方法和处理方法，以完成各种过程控制、操作管理等任务。

随着科学技术的迅速发展，计算机控制技术的应用领域日益广泛，在冶金、化工、电力、自动化机床、工业机器人控制、柔性制造系统和计算机集成制造系统等工业控制领域已取得了令人瞩目的研究与应用成果，在国民经济中发挥着越来越大的作用。

1.1　计算机控制系统的含义与工作原理

1.1.1　计算机控制系统的含义

在工程实践过程中，需要采取各种方法获得反映客观事物的量值，这种操作称为测量或检测；同时需要采取各种方法支配或约束某一客观事物的进程结果，达到一定的目的，这种操作称为控制。

按照任务的不同，控制系统可以分为 3 大类，即检测系统、控制系统和测控系统。
- 检测系统：单纯以检测为目的的系统，主要实现数据的采集，又称为数据采集系统。
- 控制系统：单纯以控制为目的的系统，主要实现对生产过程的控制。
- 测控系统：测控一体化的系统，即通过对大量数据进行采集、存储、处理和传输，使控制对象实现预期要求的系统。

所谓计算机控制，就是利用传感器将被监控对象中的物理参量（如温度、压力、液位或速度等）转换为电信号（如电压或电流等），再将这些代表实际物理参量的电信号送入输入装置中转换为计算机可识别的数字量，并且在计算机的显示器中以数字、图形或曲线的方式显示出来，从而使操作人员能够直观而迅速地了解被监控对象的变化过程。

计算机还可以将采集到的数据存储起来，随时进行分析、统计和显示，并制作各种报表。如果还需要对被监控对象进行控制，则由计算机中的应用软件根据采集到的物理参量的大小和变化情况与工艺要求的设定值进行比较判断，然后在输出装置中输出相应的电信号，推动执行装置（如调节阀、电动机）动作，从而完成相应的控制任务。

计算机控制系统包含的内容十分广泛，它包括各种数据采集和处理系统、自动测量系统、生产过程控制系统等，广泛用于航空、航天、科学研究、工厂自动化、农业自动化、实验室自动测量和控制，以及办公自动化、商业自动化、楼宇自动化、家庭自动化等人们工作生活的各个领域。

以工厂自动化为例，计算机在工业生产过程中，最初是用于化学工业生产过程的自动控制，但那时只是用计算机实现了简单的程序控制。随着微型计算机的出现和大量应用，工业生产过程控制的概念已经发生了很大的变化。计算机已经大量进入各个工业部门，承担着生产过程的控制、监督和管理等任务。

如图 1-1 所示，在某工厂的计算机控制室里，操作员可以通过显示器对生产过程进行监督和操作。键盘和显示屏替代了庞大的控制仪表盘以及大量的开关和按钮，控制室已变得越来越小，只需很少几个人就能完成对生产过程进行监督和操作的任务。

图 1-1　某工厂计算机控制室

计算机在控制领域中的应用，有力地推动了自动控制技术的发展，扩大了控制技术在工业生产中的应用范围，使大规模的工业生产自动化系统进入崭新的阶段。

1.1.2　计算机控制系统的工作原理

1. 控制实例

下面以一个计算机温度控制系统为例简要说明计算机控制系统的工作原理，图 1-2 为该系统组成示意图。

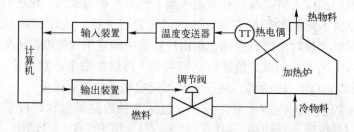

图 1-2　计算机温度控制系统组成示意图

根据工艺要求，该系统要求加热炉的炉温控制在给定的范围内并且按照一定的时间曲线变化。在计算机显示器上用数字或图形实时地显示温度值。

假设加热炉使用的燃料为重油，并使用调节阀作为执行机构，使用热电偶来测量加热炉内的温度。热电偶把检测信号送入温度变送器，将其转换为标准电压信号（1～5V），再将该电压信号送入输入装置。输入装置可以是一个模块也可以是一块板卡，它将检测得到的信号转换为计算机可以识别的数字信号。计算机中的软件根据该数字信号按照一定的控制算法进行计算。计算出来的结果通过输出装置转换为可以推动调节阀动作的电流信号（4～20mA）。通过改变调节阀的阀门开度即可改变燃料流量的大小，从而达到控制加热炉炉温的目的。

与此同时，计算机中的软件还可以将与炉温相对应的数字信号以数值或图形的形式在计算机显示器上显示出来。操作人员可以利用计算机的键盘和鼠标输入炉温的设定值，由此实现计算机监控的目的。

上述计算机温度控制系统对生产过程实现的自动控制可以分解为以下4个步骤：

1) 生产过程的被控参量（过程信号）通过测量环节转化为相应的电量或电参数，再由变送器或放大器变换成标准的电压或电流信号。

2) 电压或电流信号经过A—D转换后变成计算机可以识别的数字信号，并被转换为人们易于理解的工程量（测量值）。

3) 计算机根据测量值与给定值的偏差，输出控制信号。

4) 控制信号作用于执行机构，通过调节物料流量或能量的大小来实现对生产过程的调节。

以上这4个过程是周而复始的。

2. 工作流程

从上面的计算机温度控制系统的实例可以看出，一个计算机控制系统的工作流程可以用图1-3来表示。在计算机控制系统中计算机根据给定输入信号、反馈信号与系统的数学模型进行信号处理，实现控制策略，通过执行机构控制被控对象，达到预期的控制目标。

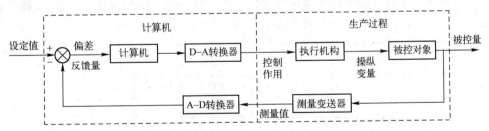

图1-3 计算机控制系统工作流程图

由于生产过程的各种物理量一般都是模拟量，而计算机的输入和输出均采用数字量，因此在计算机控制系统中，对于信号输入，需增加A—D转换器，将连续的模拟信号转换成计算机能接收的数字信号；对于输出，需增加D—A转换器，将计算机输出的数字信号转换成执行机构所需的连续模拟信号。

从本质上讲，计算机控制系统的工作过程可归纳为以下3个步骤。

1) 实时数据采集：对来自测量变送器的被控量的瞬时值进行采集和输入。

2）实时控制决策：对采集到的被控量进行分析、比较和处理，按预定的控制规律运算，进行控制决策。

3）实时输出控制：根据控制决策，实时地向执行机构发出控制信号，完成系统控制任务或输出其他有关信号，如报警信号等。

上述过程不断重复，使整个系统按照一定的品质指标正常稳定地运行，一旦被控量和设备本身出现异常状态，计算机能够实时监督并做出迅速处理。

1.2 计算机控制系统的组成

计算机控制系统是由硬件和软件两部分组成的。硬件包括计算机主机硬件和各种控制设备；软件包括系统软件（操作系统、开发软件）和应用软件。计算机控制系统组成如图1-4所示。

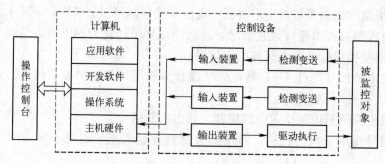

图1-4 计算机控制系统组成框图

1.2.1 计算机控制系统的硬件组成

硬件是计算机控制系统的躯体，是完成控制任务的物质基础，硬件质量的好坏直接决定了控制系统的工作性能。

计算机控制系统的硬件部分主要由计算机主机、传感器、信号调理器、输入/输出装置、驱动电路、执行机构、人机设备和通信接口等部分组成，如图1-5所示。

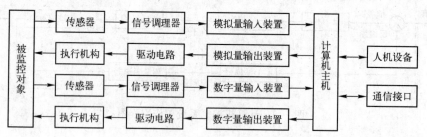

图1-5 计算机控制系统硬件组成框图

1. 计算机主机

计算机主机是整个计算机控制系统的核心，它的性能直接影响到系统的优劣。主机由中央处理器（CPU）、内存储器及系统总线等构成。它通过输入装置发送来的工业对象的生产工况参数，按照人们预先安排的程序，自动地进行信息处理、分析和计算，并做出相应的控制决策或调节，以信息的形式通过输出装置及时发出控制命令，以实现对被控对象的自动控制，实现良好的人机联系。目前采用的主机有微型计算机（PC）（或工业控制计算机即IPC）、可编程序逻辑控制器（PLC）和单片机等。

2. 传感器

计算机控制系统借助传感器从生产过程中信息的收集，对被控对象进行监视并提供控制信号。

生产过程的参数大小是由传感器进行检测的。传感器输出与被测物理量（如温度、压力、流量或液位等）成一定比例（一般为正比）的电信号，一般为模拟电压或电流。

还有一类测量值是关于被控过程的状态信息。例如，阀门是否关闭，容器是否注满，泵是否打开等。这些信息是以开关量的形式提供给计算机的，通过继电器触点的开闭或TTL（晶体管-晶体管逻辑）电平的变化来表示。

3. 信号调理器

信号调理器（电路）的作用是对传感器输出的电信号进行加工和处理，转换成便于输送、显示和记录的电信号（电压或电流）。例如，传感器输出信号是微弱的，就需要放大电路将微弱信号加以放大，以满足过程通道的要求；为了与计算机接口方便，需要A—D转换电路将模拟信号变换成数字信号等。常见的信号调理电路包括：电桥电路、调制解调电路、滤波电路、放大电路、线性化电路、A—D转换电路和隔离电路等。

在工业控制领域，传感器信号在进入计算机系统的接口之前，首先要转换成一种标准形式，通常是把传感器的输出信号转换成 $4 \sim 20\,\text{mA}$ 标准电流或 $1 \sim 5\,\text{V}$ 标准电压，实现这个转换的是各种变送器，如温度变送器和压力变送器。

4. 输入/输出装置

反映被测量的电信号在进入计算机之前需要进行一系列转换处理，变成计算机能识别和接受的数字量；要驱动执行装置（如调节阀、电动机）动作，计算机输出的数字量还必须转换成可对执行装置进行控制的电信号。因此，构成一个工业控制系统，除了计算机主机外，还需要配备各种用途的I/O接口产品，即输入/输出装置。

5. 驱动电路

要想驱动执行机构，一方面必须具有较大的输出功率，即向执行机构提供大电流、高电压驱动信号，以带动其动作；另一方面，由于各种执行机构的动作原理不尽相同，有的用电动，有的用气动或液动，如何使计算机输出的信号与之匹配，也是执行机构必须解决的重要问题。因此为了实现与执行机构的功率配合，一般都要在计算机输出板卡与执行机构之间配置驱动电路。

6. 执行机构

对生产装置的控制通常是通过对阀门或伺服机构等执行机构来实现，通过对泵和电动机的控制来达到目的的。执行机构的作用是接受计算机发出的控制信号，并把它转换成相应的动作，使被控对象按预先规定的要求进行调整，保证其正常运行。

常用的执行机构有各种电动、液动、气动开关，电液伺服阀，交/直流电动机，步进电动机，各种有触点和无触点开关，电磁阀等。在系统设计中需根据系统的要求来选择。

7. 人机设备

人机设备包括操作台和各种外围设备。生产过程的操作人员通过操作台向计算机输入和修改控制参数，发出各种操作命令；程序员使用操作台检查程序；维修人员利用操作台判断故障等。

外围设备主要是为了扩大计算机主机的功能而配置的。它用来显示、存储、打印和记录各种数据，如显示系统运行状态、运行参数，发出报警信号等。常用的外围设备包括打印机、图形显示器、外部存储器（硬盘、光盘等）、记录仪和声光报警器等。

此外，计算机控制系统还必须为管理人员和工程师提供各种信息。例如，对生产装置进行的工作记录以及历史情况的记录、各种分析报表等，以便掌握生产过程的状况和做出改进生产状况的各种决策。

8. 通信接口

外部设备和被控对象不能直接由计算机主机控制，必须由"接口"来传送相应的信息和命令。I/O 接口是主机与通道以及外部设备进行信息交换的纽带。接口电路有并行接口、串行接口、脉冲接口和直接数据传送接口等。

现今的工业过程控制系统一般都采用分级分散式结构，即由多台计算机组成计算机网络，共同完成上述的各种任务。因此，各级计算机之间必须通过网络通信接口及时交换信息。

1.2.2 计算机控制系统的软件组成

计算机控制系统的硬件是完成控制任务的设备基础，而计算机的操作系统和各种应用程序是执行控制任务的关键，统称为软件。计算机控制系统的软件程序不仅决定其硬件功能的发挥，而且也决定了控制系统的控制品质和操作管理水平。

计算机只有在配备了所需的各种软件后，才能构成完整的控制系统。在计算机控制系统中，许多功能都是通过软件来实现的，即在基本不改变系统硬件的情况下，只需修改计算机中的应用程序便可实现不同的控制功能。

软件通常由系统软件和应用软件组成。

1. 系统软件

系统软件是计算机运行操作的基础，用于管理、调度和操作计算机的各种资源，实现对系统的监控和诊断，提供各种开发支持的程序。

系统软件包括操作系统和开发软件等。

操作系统提供了程序运行的环境，是计算机控制系统信息的指挥者和协调者，并具有数据处理和硬件管理等功能，如各种版本的 Windows 操作系统和 UNIX 操作系统等。

开发软件是用于开发控制系统的应用软件，它是各种语言的汇编、解释和编译程序，包括面向机器的汇编语言（如 Masm），面向过程语言（如 C），面向对象语言（如 Visual C++、Visual Basic 等），监控组态软件（如 KingView、MCGS、FIX 等），虚拟仪器软件（如 LabVIEW、LabWindows/CVI 等），数字信号处理软件（如 MATLAB 等）和各种数据库软件等。

考虑到目前工业自动化企业工控机上普遍使用 Windows 操作系统，对工控软件的要求是具有良好的人机界面和丰富的监视界面，在使用操作上需要简捷，便于在较短的时间内开发出功能完善的控制软件，因此当前控制软件的开发普遍采用面向对象语言、监控组态软件及虚拟仪器软件等。

系统软件通常由计算机厂商和专门软件公司研制，可以从市场上购置。计算机控制系统的设计人员一般没有必要自行研制系统软件，它们只是作为开发应用软件的工具。但是需要了解和学会使用系统软件，才能更好地开发应用软件。

2. 应用软件

应用软件是计算机在系统软件支持下实现各种应用功能的专用程序。应用软件是软件公司或用户为解决某类应用问题而专门研制的软件，主要包括科学和工程计算软件、文字处理软件、数据处理软件、图形软件、图像处理软件、数据库软件、事务管理软件、辅助类软件和控制类软件等。计算机控制系统的应用软件，主要用以实现企业对生产过程的实时控制和管理以及企业整体生产的管理控制。

计算机控制类应用软件是设计人员根据某一具体生产过程的控制对象、控制要求和控制任务，为实现高效、可靠、灵活的控制而自行编制的各种控制和管理程序。其性能优劣直接影响控制系统的控制性能和管理水平。

控制对象的差异性使其对应用软件的要求也有很大的差别。一般在工业控制系统中，针对每个控制对象，为完成相应的控制任务，都要求配置相应的专门的控制软件才能使整个系统实现预定的功能。

计算机控制系统的应用软件一般包括过程输入和输出接口程序、控制程序、人机接口程序、显示程序、打印程序、报警和故障诊断程序、通信和网络程序等。

计算机控制类应用软件的编写涉及生产工艺、控制理论和控制设备等相关领域的知识，一般由控制系统设计人员根据不同的控制对象和不同的控制任务自行编制或根据具体情况在商品化软件的基础上自行组态。

软件技术对于计算机控制系统的重要性，表明了计算机技术在现代控制系统中的重要地位，但不能认为，掌握了计算机技术就等于掌握了控制技术。这是因为，其一，计算机软件永远不可能全部取代控制系统的硬件；其二，不懂得控制系统的基本原理就不可能正确地组建控制系统。一个专业程序设计者，可以熟练而又巧妙地编制算法复杂的运算程序，但若不懂控制技术则根本无法编制控制程序。

1.3 计算机控制系统的典型结构

工业控制计算机系统与所控制的生产过程的复杂程度密切相关，对不同的控制对象和不同的控制要求，有不同的控制方案。下面从应用特点和控制目的出发介绍几种典型的结构。

1.3.1 数据采集系统

数据采集系统（Data Acquisition System，DAS）如图 1-6 所示，系统对生产过程或控制对象的大量参数可进行巡回检测、处理、分析、记录以及参数的超限报警。大量参数的积累和实时分析便于实现对生产过程进行各种趋势分析。这是计算机应用于工业生产过程最早和最简单的一类系统。

过程参数经测量变送器、过程输入通道，定时地被送入计算机，由计算机对来自现场的数据进行分析和处理后，根据一定的控制规律或管理方法进行计算，然后通过显

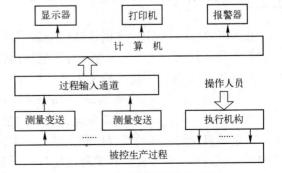

图 1-6　计算机数据采集系统

7

示器或打印机输出操作参考信息供操作人员参考。

数据采集系统的输出不直接作用于生产过程的执行机构,不直接影响生产过程的进行。它的输出只作用于有关的外部设备和人机接口,为操作人员的分析、判断提供信息的显示。这是一种开环控制系统,仅对生产过程进行监视,不对生产过程进行自动控制。

1.3.2 直接数字控制系统

直接数字控制(Direct Digital Control,DDC)系统如图 1-7 所示,计算机通过过程输入通道对控制对象的多个参数做巡回检测,根据测得的参数按照一定的控制算法将其运算后获得控制信号量,经过过程输出通道将其作用到执行机构,从而实现对被控参数的自动调节,使被控参数稳定在设定值上。

直接数字控制系统与模拟调节系统有很大的相似性,直接数字控制系统以计算机取代多台模拟调节器的功能。由于计算机具有很强的计算和逻辑功能,因此可以实现对各种复杂规律的控制。

DDC 系统是闭环控制系统。它对被控制变量和其他参数进行巡回检测,与给定值比较后求得偏差,然后按事先规定的控制策略,如比例、积分、微分规律进行控制运算,最后发出控制信号,通过接口直接操纵执行机构对被控制对象进行控制。这种控制方式在工业生产中应用最普遍。

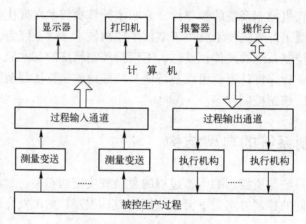

图 1-7　计算机直接数字控制系统

1.3.3 监督控制系统

在 DDC 系统中是用计算机代替模拟调节器进行控制,对生产过程产生直接影响的被控参数给定值是预先设定的,并存入计算机的内存中,这个给定值不能根据生产工艺信息的变化及时修改,故 DDC 系统无法使生产过程处于最优工况。

计算机监督控制(Supervisory Computer Control,SCC)系统如图 1-8 所示,是计算机和调节器的混合系统,是对 DDC 系统的改进。它通常采用两级控制形式。

所谓监督控制,指的是根据原始的生产工艺数据和现场采集到的生产工况信息,一方面按照对被控过程的数字模型和某种最优目标函数的描述,计算出被控过程的最优给定值,输出给下一级 DDC 系统或模拟调节器;另一方面对生产状况进行分析,做出故障的诊断与预报。所以 SCC 系统并不直接控制执行机构，而是给出下一级的最优给定值，由它们去控制执行机构。

当下一级采用模拟调节器时，SCC 系统中的计算机对各物理量进行巡回检测，并按一定的数学模型对生产过程进行分析计算后得出控制对象各参数最优的给定值，然后送入调节器，使工况保持在最优状态。当 SCC 系统中的计算机出现故障时，可由模拟调节器独立完成操作。

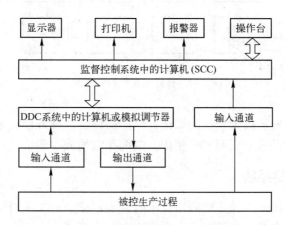

图 1-8　计算机监督控制系统

当下一级采用 DDC 系统时，其计算机（称为下位机）完成前面所述的直接数字控制功能，SCC 系统中的计算机（称为上位机）则完成高一级的最优化分析与计算，给出最优化的给定值，送给 DDC 系统用以执行过程控制。

1.3.4　集散控制系统

集散控制系统（Distributed Control System，DCS）又称为分布式控制系统。其基本思想是集中操作管理，分散控制。

集散系统本质上是一种基于计算机网络的分层式的计算机监控系统，它的体系结构特点是层次化，把不同层次的多种监测、控制和管理功能有机地、层次分明地组织起来，使系统的性能大为提高。

分布式控制系统适用于大型、复杂的控制过程，在我国许多大型石油化工企业就是依赖各种形式的集散控制系统保证它们的生产高质量地、连续不断进行。

一般把分布式控制系统分成 3 个层次，如图 1-9 所示。每一层有一台或多台计算机，同一层次的计算机以及不同层次的计算机都通过网络进行通信，相互协调，构成一个严密的整体。

在计算机控制系统应用于工业过程控制的初期，由于计算机价格高，所以采用的是集中控制方式，以充分利用计算机。但这种控制方式由于任务过分集中，一旦计算机出现故障，就要影响整个系统。

DCS 系统由若干台微机分别承担任务，从而代替了集中控制的方式，由于分散了控制，也就分散了危险，因此系统的可靠性大大提高；并且 DCS 系统是积木式结构，构成灵活，

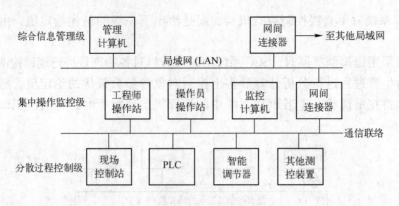

图 1-9　计算机集散控制系统

易于扩展；采用显示器显示技术和智能操作台，使操作、监视方便；采用数据通信技术，信息处理量增大；与计算机集中控制方式相比，电缆和敷缆成本较低，便于施工。

1.3.5　现场总线控制系统

计算机技术、通信技术和计算机网络技术的发展，推动着工业自动化系统体系结构的变革，模拟和数字混合的集散控制系统逐渐发展为全数字系统，由此产生了工业控制系统用的现场总线。

现场总线控制系统（Fieldbus Control System，FCS）是 20 世纪 80 年代中期继 DCS 系统之后兴起的新一代工业控制系统。它将当今网络通信与管理的概念引入工业控制领域，被称为"21 世纪控制系统结构体系"。它是一个开放式的互联网络，既可以与同层网络互联，也可以与不同层的网络互联；在现场设备中，以微处理器为核心的现场智能设备可方便地进行设备互联、互操作，其结构如图 1-10 所示。

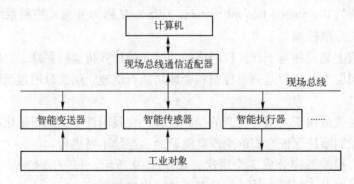

图 1-10　现场总线控制系统

从控制的角度看，FCS 有两个显著特点：

一是信号传输实现了全数字化。传统的 4 ～ 20 mA 模拟信号制被双向数字通信现场总线信号制所代替。FCS 把通信线一直延伸到生产现场中的生产设备，构成用于现场设备和现场仪表互联的现场通信网络。它全数字化的信号传输极大地提高了信号转换的精度和可靠性，避免了传统系统中模拟信号传输过程中难以避免的信号衰减、精度下降和干扰信号易于进入等问题。

二是实现了控制的彻底分散。把控制功能分散到现场设备和仪表中，使现场设备和仪表成为具有综合功能的智能设备和智能仪表，它们经过统一组态，可以构成各种所需的控制系统，从而实现彻底的分散控制。

1.3.6　计算机集成制造系统

随着工业生产过程规模的日益复杂与大型化，现代化工业要求计算机系统不仅要完成直接面向过程的控制和优化任务，而且要在尽可能多的获取生产信息的基础上，进行整个生产过程的综合管理和指挥调度。

由于自动化、计算机和数据通信等技术的发展，已完全可以满足上述要求，能实现这些功能的系统称为计算机集成制造系统（Computer Integrated Manufacture System，CIMS），当CIMS用于工业流程时，简称为流程 CIMS 或 CIPS（Computer Integrated Processing System）。

流程 CIMS 按其功能可以自下而上地分成若干层，如过程直接控制层、过程优化监控层、生产调度层、企业管理层和经营决策层等，其结构如图 1-11 所示。

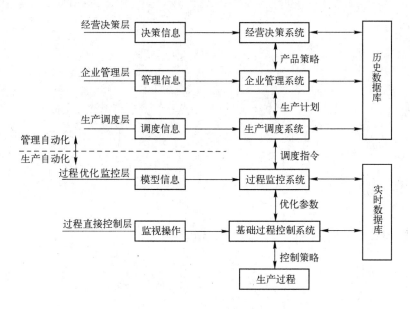

图 1-11　工业流程计算机集成制造系统

从图 1-11 中可以看到，这类系统除了常见的过程监视、过程控制功能之外，还具有生产调度、企业管理、经营决策等非传统控制的诸多功能。

因此，计算机集成制造系统所要解决的不再是局部最优问题，而是一个工厂、一个企业甚至一个区域的总目标或总任务的全局多目标最优，即企业综合自动化问题。

最优化的目标函数包括产量最高、质量最好、原料和能耗最小、成本最低、可靠性最高及对环境污染最小等指标，它反映了技术、经济和环境等多方面的综合性要求，是工业过程自动化及计算机控制系统发展的一个新方向。

习题与思考题

1-1 控制系统中计算机的微型化的重要意义是什么？

1-2 计算机控制系统有哪些特点？

1-3 计算机控制系统能完成哪些任务？

1-4 对计算机控制系统有哪些基本要求？

1-5 闭环控制系统与开环控制系统有什么不同？

1-6 介绍计算机控制系统中的在线方式与离线方式。

1-7 按应用领域和设备形式，计算机控制系统可分为哪几种？

1-8 针对不同行业、不同被控对象，可以选择哪些计算机控制装置（主机）？

1-9 什么是实时计算机系统？在计算机控制系统中实时性体现在哪几个方面？

1-10 什么是智能控制？有哪几种形式的智能控制系统？

第2章 计算机控制系统开发软件与实训

在一个计算机控制系统中，除了硬件（计算机、传感器、执行机构等）外，软件也是一个非常重要的部分。控制系统的硬件电路确定之后，其主要功能将依赖于软件来实现。对同一个硬件电路，配以不同的软件，它所实现的功能也就不同，而且有些硬件电路功能可以用软件来实现。

由于研制一个复杂的计算机控制系统，软件研制的工作量往往大于硬件，所以可以认为，计算机控制系统设计，很大程度上是软件设计。因此，计算机控制系统设计人员必须掌握软件设计的基本方法和编程技术。

2.1 MCGS 组态软件操作实训

实训1 液位控制与超限提示

【学习目标】

1）认识组态软件的集成开发环境与运行环境。

2）掌握组态软件应用程序设计的步骤和方法。

3）掌握组态软件工具箱和对象元件库管理的使用。

4）掌握实时数据库中数值型对象、字符型对象和开关型对象的定义和使用。

5）掌握策略编程中脚本程序的设计方法。

【实训任务】

1）单击界面中某开关元件，如启动水泵，可以看到：一个整数从零开始每隔 1000 ms 加 5，累加数显示在界面的文本框中，界面中储藏罐的液位随着累加数的增加而上升。

2）当整数累加至大于等于 50 时，界面中出现提示信息"液位超限！"，同时界面中指示灯改变颜色。

3）再次单击界面中开关元件，如关闭水泵，整数停止累加，储藏罐液位停止上升。

【任务实现】

1. 建立新工程项目

双击桌面"MCGS 组态环境"图标，进入 MCGS 组态环境。

1）单击"文件"菜单，从菜单中选择"新建工程"，出现"工作台"窗口，如图 2-1 所示。

2）单击"文件"菜单，从菜单中选择"工程另存为"命令，弹出"保存为"对话框，将文件名改为"液位控制"，单击"保存"按钮（此时建立的工程文件保存在默认文件夹中），进入"工作台"窗口。

3）单击"工作台"窗口中"用户窗口"选项卡中的"新建窗口"按钮，"工作台"窗口中"用户窗口"选项卡中出现新建"窗口0"。

4）单击选中"窗口0"，单击"窗口属性"按钮，弹出"用户窗口属性设置"对话框，如图2-2所示。

图2-1 "工作台"窗口

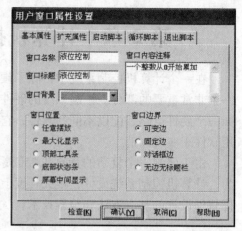

图2-2 "用户窗口属性设置"对话框

将"窗口名称"改为"液位控制"，"窗口标题"改为"液位控制"，在"窗口内容注释"文本框内输入"一个整数从0开始累加"，窗口位置选择"最大化显示"单选按钮，窗口边界选"可变边"单选按钮，单击"确认"按钮，"用户窗口"选项卡出现新建的"液位控制"窗口图标。

5）选择"工作台"窗口中"用户窗口"选项卡新建的"液位控制"窗口图标，右击，在弹出的快捷菜单中选择"设置为启动窗口"命令。

2. 制作图形界面

在"工作台"窗口中"用户窗口"选项卡，双击新建的"液位控制"窗口图标，进入"动画组态液位控制"界面开发系统窗口，此时工具箱自动加载（如果未加载，选择"查看"菜单下的"绘图工具箱"子菜单），如图2-3所示。其中工具箱中本书用到的各图标的含义如下表所列。

1）为图形界面添加两个"输入框"构件。选择工具箱中的"输入框"构件图标，然后将鼠标指针移动到界面中（此时鼠标指针变为十字形），单击界面空白处并拖动鼠标，画出一个适当大小的矩形框，出现"输入框"构件。

2）为图形界面添加1个"指示灯"元件。单击工具箱中的"插入元件"图标，弹出"对象元件库管理"对话框，如图2-4所示。选择指示灯库中的一个指示灯图形对象，单击"确定"按钮，界面中出现选择的指示灯元件。

表 常用工具箱图标的含义

图标形状	图标含义	图标形状	图标含义
abl	"输入框"构件图标	\	"直线"构件图标
A	"标签"构件图标	⊩	"流动块"构件图标
🖳	"插入元件"对话框图标	🔔	"报警显示"构件图标
⌐	"标准按钮"构件图标	⬚	"实时曲线"构件图标
⊶	"滑动输入器"构件图标	⬚	"历史曲线"构件图标

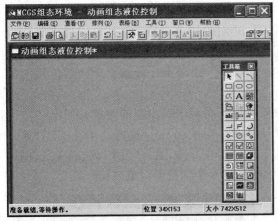

图 2-3 "动画组态液位控制"界面开发系统窗口

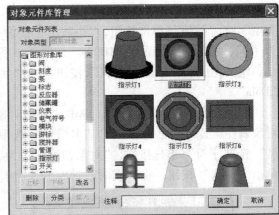

图 2-4 "对象元件库管理"对话框

3) 为图形界面添加 1 个"储藏罐"元件。单击工具箱中的"插入元件"图标，弹出"对象元件库管理"对话框，选择储藏罐库中的一个储藏罐图形对象，单击"确定"按钮，界面中出现选择的储藏罐元件。

4) 为图形界面添加 1 个"水泵"元件。单击工具箱中的"插入元件"图标，弹出"对象元件库管理"对话框，选择泵库中的一个水泵图形对象，单击"确定"按钮，界面中出现选择的水泵元件。右击"水泵"元件，选择"排列"菜单中的"旋转"子菜单下的"左右镜像"命令。

5) 为图形界面添加 1 个"流动块"构件。选择工具箱中的"流动块"构件图标，鼠标移动到界面的预定位置后单击，拖动鼠标使其轨迹形成一道虚线，再次单击，生成一段流动块，右击（或双击）结束流动块的绘制。

6) 为图形界面添加 6 个"标签"构件。选择工具箱中的"标签"构件图标，然后将鼠标指针移动到界面中（此时鼠标指针变为十字形），单击界面空白处并拖动鼠标，画出一个适当大小的矩形框，出现"标签"构件，输入字符。各标签字符分别为"数值显示:""超限提示:""上限灯""水泵""流动块"和"储藏罐"。

选中各标签构件后右击，弹出快捷菜单，选择"属性"命令，在弹出的"标签动画组态属性设置"对话框中，"边线颜色"选择"无边线颜色"。

7) 为图形界面添加 1 个"按钮"构件。选择工具箱中的"标准按钮"构件图标，然后将鼠标指针移动到界面中（此时鼠标指针变为十字形），单击空白处并拖动鼠标，画出一个适当大小的矩形框，出现"按钮"构件。双击"按钮"构件，弹出"标准按钮构件属性设置"对话框，在"基本属性"选项卡将按钮标题改为"关闭"。

设计的图形界面如图 2-5 所示。

3. 定义数据对象

在"工作台"窗口中切换至"实时数据库"选项卡。

1) 定义 1 个数值型对象。单击"新增对象"按钮，再双击新出现的对象，弹出"数

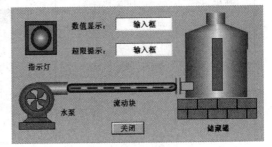

图 2-5 图形界面

据对象属性设置"对话框。在"基本属性"选项卡中将"对象名称"改为"Data","对象类型"选"数值"单选按钮,"小数位"设为"0","对象初值"设为"0","最小值"设为"0","最大值"设为"100",如图2-6所示。

定义完成后,单击"确认"按钮,在"实时数据库"选项卡中增加了1个数值型对象"Data"。

2)定义1个字符型对象。单击"新增对象"按钮,再双击新出现的对象,弹出"数据对象属性设置"对话框。在"基本属性"选项卡中将"对象名称"改为"str","对象类型"选"字符"单选按钮,"对象初值"设为"液位正常!",如图2-7所示。定义完成后,单击"确认"按钮,在"实时数据库"选项卡中增加了1个字符型对象"str"。

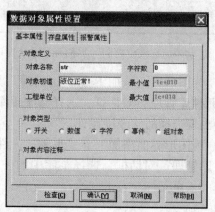

图2-6 对象"Data"属性设置   图2-7 对象"str"属性设置

3)定义2个开关型对象。单击"新增对象"按钮,再双击新出现的对象,弹出"数据对象属性设置"对话框。在"基本属性"选项卡中将"对象名称"改为"指示灯","对象类型"选"开关"单选按钮,如图2-8所示。定义完成后,单击"确认"按钮,则在"实时数据库"选项卡中增加1个开关型对象"指示灯"。

单击"新增对象"按钮,再双击新出现的对象,弹出"数据对象属性设置"对话框。在"基本属性"选项卡中将"对象名称"改为"水泵","对象类型"选"开关"单选按钮。定义完成后,单击"确认"按钮,则在"实时数据库"选项卡中增加1个开关型对象"水泵"。

建立的实时数据库如图2-9所示。

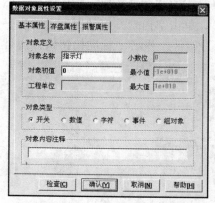

图2-8 对象"指示灯"属性设置

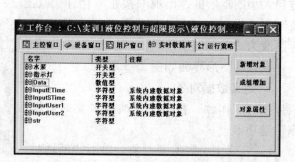

图2-9 "实时数据库"选项卡

4. 建立动画连接

在"工作台"窗口"用户窗口"选项卡，双击"液位控制"窗口图标进入开发系统。通过双击界面中各图形对象，将各对象与定义好的数据连接起来。

1）建立数值显示"输入框"构件的动画连接。

双击界面（图2-5）中数值显示"输入框"构件，出现"输入框构件属性设置"对话框（图2-10）。在"操作属性"选项卡，将"对应数据对象的名称"设置为"Data"（可以直接输入，也可以单击文本框右边的"？"按钮，选择已定义好的数据对象"Data"），将"数值输入的取值范围"中"最小值"设为"0"，"最大值"设为"100"，如图2-10所示。单击"确认"按钮完成数值显示"输入框"构件数据连接。

2）建立超限提示"输入框"构件的动画连接。

双击界面（图2-5）中超限提示"输入框"构件，出现"输入框构件属性设置"对话框。在"操作属性"选项卡，将"对应数据对象的名称"设为"str"，如图2-11所示。单击"确认"按钮完成超限提示"输入框"构件数据连接。

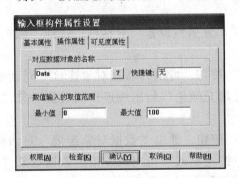

图2-10 数值显示"输入框"数据对象连接

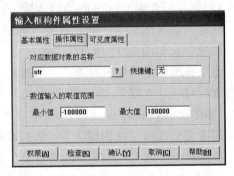

图2-11 超限提示"输入框"数据对象连接

3）建立"指示灯"元件的动画连接。

双击界面（图2-5）中"指示灯"元件，弹出"单元属性设置"对话框。选择"数据对象"选项卡（图2-12），连接类型选择"可见度"。单击右侧的"？"按钮，弹出"数据对象连接"对话框（图2-13），双击数据对象"指示灯"，在"数据对象"选项卡"可见度"行出现连接的数据对象"指示灯"，如图2-14所示。单击"确认"按钮完成"指示灯"元件的数据连接。

图2-12 "单元属性设置"对话框

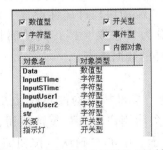

图2-13 "数据对象连接"对话框

图2-14 "指示灯"元件数据对象连接

4) 建立"储藏罐"元件的动画连接。

双击界面（图 2-5）中"储藏罐"元件，弹出"单元属性设置"对话框，选择"数据对象"选项卡，如图 2-15 所示。

连接类型选择"大小变化"。单击右侧的"?"按钮，弹出"数据对象连接"对话框，双击数据对象"Data"，在"数据对象"选项卡"大小变化"行出现连接的数据对象"Data"，如图 2-16 所示。单击"确认"按钮完成"储藏罐"元件的数据连接。

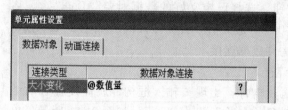

图 2-15 "单元属性设置"对话框   图 2-16 "储藏罐"元件数据对象连接

5) 建立"水泵"元件的动画连接。

双击界面（图 2-5）中"水泵"元件，弹出"单元属性设置"对话框，选择"数据对象"选项卡，如图 2-17 所示。

连接类型选择"填充颜色"。单击右侧的"?"按钮，弹出"数据对象连接"对话框，双击数据对象"水泵"，在"数据对象"选项卡"填充颜色"行出现连接的数据对象"水泵"，如图 2-18 所示。

连接类型选择"按钮输入"。单击右侧的"?"按钮，弹出"数据对象连接"对话框，双击数据对象"水泵"，在"数据对象"选项卡"按钮输入"行出现连接的数据对象"水泵"，如图 2-18 所示。单击"确认"按钮完成"水泵"元件的数据连接。

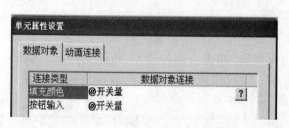 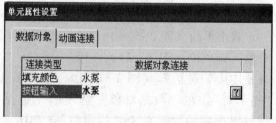

图 2-17 "单元属性设置"对话框   图 2-18 "水泵"元件数据对象连接

6) 建立"流动块"构件的动画连接。

双击界面（图 2-5）中的"流动块"构件，弹出"流动块构件属性设置"对话框，如图 2-19 所示，在"流动属性"选项卡，将表达式设为"水泵=1"，其他属性不变，如图 2-20 所示。单击"确认"按钮完成"流动块"构件的数据连接。

7) 建立"关闭"按钮构件的动画连接。

双击界面（图 2-5）中"关闭"按钮构件，出现"标准按钮构件属性设置"对话框，在"操作属性"选项卡，"按钮对应的功能"选择"关闭用户窗口"复选按钮，在其右侧下拉列表框中选择"液位控制"窗口，如图 2-21 所示。单击"确认"按钮完成"关闭"按钮数据连接。

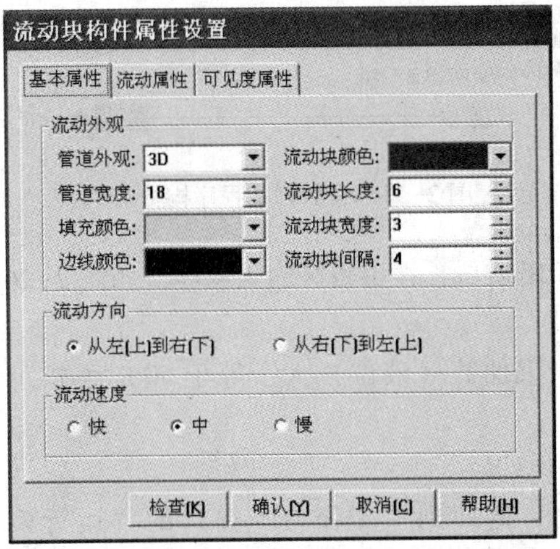

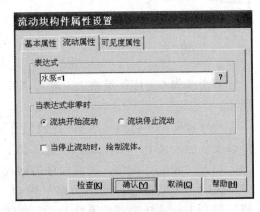

图 2-19 "流动块构件属性设置"对话框 图 2-20 流动块数据连接设置

5. 策略编程

在"工作台"窗口中切换至"运行策略"选项卡，如图 2-22 所示。

双击"循环策略"项，弹出"策略组态：循环策略"窗口，策略工具箱自动加载（如果未加载，右击，在弹出的快捷菜单中选择"策略工具箱"），如图 2-23 所示。

单击"MCGS 组态环境"窗口工具条中的"新增策略行"图标按钮 ，在"策略组态：循环策略"窗口中出现"新增策略"行，如图 2-24 所示。选中"策略工具箱"中的"脚本程序"项，将鼠标指针移动到策略块图标上单击以添加"脚本程序"构件，如图 2-25 所示。

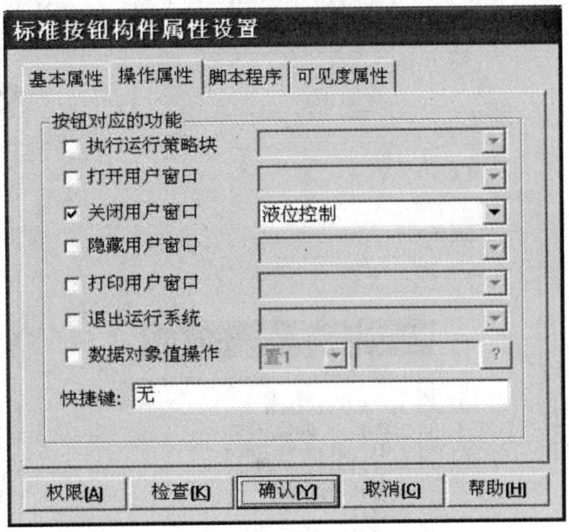

图 2-21 "标准按钮构件属性设置"对话框

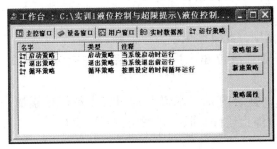

图 2-22 "运行策略"选项卡

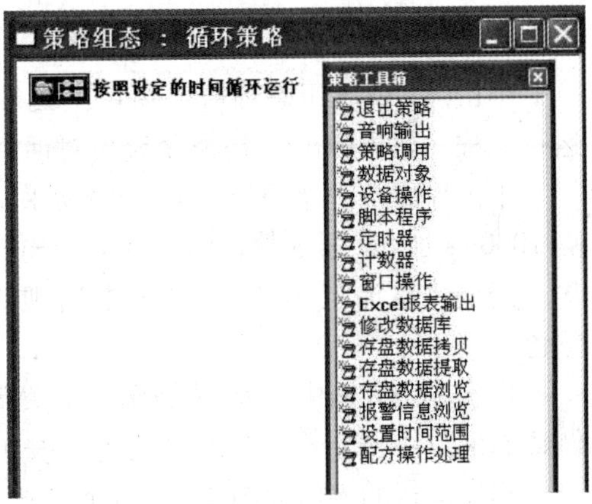

图 2-23 "策略组态：循环策略"编辑窗口

图 2-24　新增策略行

图 2-25　添加脚本程序构件

双击"脚本程序"策略块，进入"脚本程序"编辑窗口，在编辑区输入程序，如图 2-26 所示。

程序含义是：启动"水泵"，数值开始累加，当累加数（液位）大于等于 50 时，指示灯改变颜色，显示"液位超限"提示文本。

单击"确定"按钮，完成程序的输入。

关闭"策略组态：循环策略"窗口，保存程序，返回到"工作台"窗口的"运行策略"选项卡，选择"循环策略"项，单击"策略属性"按钮，弹出"策略属性设置"对话框（图 2-27），将"策略执行方式"的定时循环时间设置为"1000"ms，单击"确认"按钮。

图 2-26　脚本程序

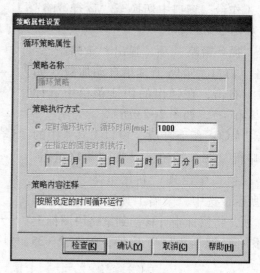

图 2-27　"策略属性设置"对话框

6. 程序运行

单击"MCGS 组态环境"窗口工具条中的"进入运行环境"图标按钮⬛或按〈F5〉键，运行工程。如果弹出"是否存盘"对话框，单击"是"按钮，保存工程。

单击界面中"水泵"元件，启动水泵，管道内有"水流"通过，一个整数从零开始每隔 1000ms 加 5，累加数显示在界面的输入文本框中，此时储藏罐液位上升。

当整数累加至 50 时，界面中出现提示信息"液位超限！"，同时界面中指示灯改变颜色。

再次单击界面中"水泵"元件，关闭水泵，管道内无"水流"通过，整数停止累加，储藏罐液位停止上升。单击"关闭"按钮，程序停止运行，退出"液位控制"窗口。

程序运行的界面如图 2-28 所示。

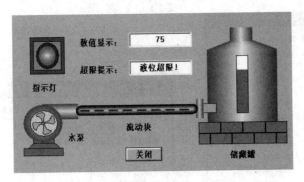

图 2-28　程序运行的界面

实训 2　报警信息与曲线绘制

【学习目标】

1）掌握组态软件模拟设备的连接方法。

2）掌握组态软件超限报警信息处理及显示方法。

3）掌握组态软件数据变化实时曲线与历史曲线的绘制方法。

4）掌握组态软件菜单的设计与多窗口的操作方法。

【实训任务】

1）当储藏罐液位高于上限报警值或低于下限报警值时，显示报警信息，上、下限灯改变颜色。

2）可以在程序运行时修改上、下限报警值。

3）操作菜单，打开液位实时变化曲线窗口和历史变化曲线窗口。

【任务实现】

1. 建立新工程项目

双击桌面"MCGS 组态环境"图标，进入 MCGS 组态环境。

1）单击"文件"菜单，从菜单中选择"新建工程"命令，出现"工作台"窗口。

2）单击"文件"菜单，从菜单中选择"工程另存为"命令，弹出"保存为"对话框，将文件名改为"报警信息与曲线绘制"，单击"保存"按钮，进入"工作台"窗口。

3）单击"工作台"窗口中"用户窗口"选项卡中的"新建窗口"按钮，"用户窗口"选项卡出现新建"窗口 0"。

4）单击选中"窗口 0"，单击"窗口属性"按钮（图 2-1），弹出"用户窗口属性设置"对话框，如图 2-29 所示。将窗口名称改为"报警信息"，窗口标题改为"报警信息"，窗口位置选择"最大化显示"单选按钮，窗口边界选择"可变边"单选按钮，单击"确认"按钮。

5）按照步骤 3）～步骤 4）同样再建立两个用户窗口，窗口名称分别为"实时曲线"和"历史曲线"；窗口标题分别为"实时曲线"和"历史曲线"，窗口位置均选择"任意摆放"单选按钮。

建立的用户窗口如图 2-30 所示。

6）单击选择"工作台"窗口中"用户窗口"选项卡（图 2-1）的"报警信息"窗口图标右击，在弹出的快捷菜单中选择"设置为启动窗口"命令。

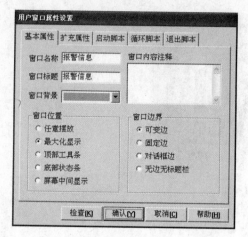

图 2-29 "用户窗口属性设置"对话框

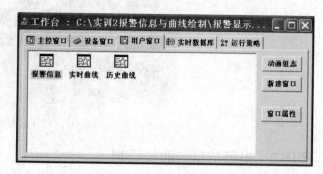

图 2-30 建立的"用户窗口"

2. 制作图形界面

(1)"报警信息"窗口界面

在"工作台"窗口中"用户窗口"选项卡,双击"报警信息"窗口图标,进入界面开发系统。

1)为图形界面添加 1 个"储藏罐"元件。单击工具箱中的"插入元件"图标,弹出"对象元件库管理"对话框,选择储藏罐库中的一个储藏罐图形对象,单击"确定"按钮,界面中出现选择的储藏罐元件。

2)为图形界面添加 5 个"标签"构件。选择工具箱中的"标签"构件图标,然后将鼠标指针移动到界面中(此时鼠标指针变为十字形),单击界面空白处并拖动鼠标,画出一个适当大小的矩形框,出现"标签"构件,输入字符。各标签字符分别为"液位值:""上限值:""下限值:""上限灯:"和"下限灯:"。

选中各标签构件右击,弹出快捷菜单,选择"属性"命令,在弹出的"标签动画组态属性设置"对话框中,"边线颜色"选择"无边线颜色"。

3)为图形界面添加 3 个"输入框"构件。选择工具箱中的"输入框"构件图标,然后将鼠标指针移动到界面中(此时鼠标指针变为十字形),单击界面空白处并拖动鼠标,画出一个适当大小的矩形框,出现"输入框"构件。

4)为图形界面添加 2 个"指示灯"元件。单击工具箱中的"插入元件"图标,弹出"对象元件库管理"对话框。选择指示灯库中的一个指示灯图形对象,单击"确定"按钮,界面中出现选择的指示灯元件。

5)为图形界面添加 1 个"报警显示"构件。单击工具箱中的"报警显示"构件图标,然后将鼠标指针移动到界面中,单击空白处并拖动鼠标,画出适当大小的矩形框,出现"报警显示"构件。

设计的"报警信息"窗口界面如图 2-31 所示。

(2)"实时曲线"窗口界面

在"工作台"窗口中"用户窗口"选项卡,双击"实时曲线"窗口图标,进入界面开发系统。

1)为图形界面添加 1 个"标签"构件,字符为"实时曲线"。"标签的边线颜色"设

22

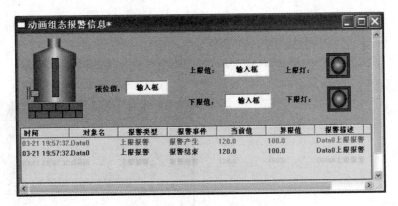

图 2-31 "报警信息"窗口界面

置为"无边线颜色"。具体步骤与（1）中的第2）步类似。

2）为图形界面添加1个"实时曲线"构件。单击工具箱中的"实时曲线"构件图标，然后将鼠标移动到界面上，单击空白处拖动鼠标，画出一个适当大小的矩形框，出现"实时曲线"构件。

设计的"实时曲线"窗口界面如图2-32所示。

（3）"历史曲线"窗口界面

在"工作台"窗口中"用户窗口"选项卡，双击"历史曲线"窗口图标，进入界面开发系统。

1）为图形界面添加1个"标签"构件，字符为"历史曲线"。标签的边线颜色设置为"无边线颜色"。

2）为图形界面添加1个"历史曲线"构件。单击工具箱中的"历史曲线"构件图标，然后将鼠标指针移动到界面上，单击空白处并拖动鼠标，画出一个适当大小的矩形框，出现"历史曲线"构件。

设计的"历史曲线"窗口界面如图2-33所示。

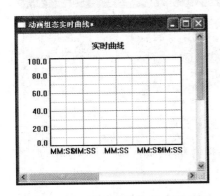

图 2-32 "实时曲线"窗口界面

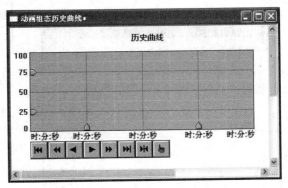

图 2-33 "历史曲线"窗口界面

3. 菜单设计

1）在"工作台"窗口中"主控窗口"选项卡，单击"菜单组态"按钮，弹出"菜单组态：运行环境菜单"窗口，如图2-34所示。选中"系统管理［&S］"菜单，右击后弹出快捷菜单，选择"删除菜单"命令，可清除自动生成的默认菜单。

2）单击工具条中的"新增菜单项"图标按钮 ，生成"［操作 0］"菜单。双击"［操作 0］"菜单，弹出"菜单属性设置"对话框。在"菜单属性"选项卡中，将"菜单名"设为"系统"，"菜单类型"选择"下拉菜单项"单选按钮，如图 2-35 所示。单击"确认"按钮，生成"系统"菜单。

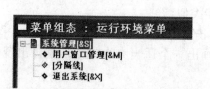

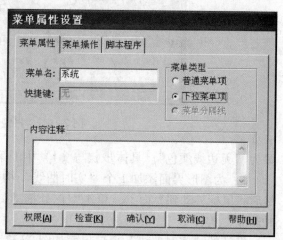

图 2-34　"菜单组态：运行环境菜单"窗口　　　　　图 2-35　"菜单属性设置"对话框

3）在"菜单组态：运行环境菜单"窗口（图 2-34）选择"系统"菜单，右击后弹出快捷菜单，选择"新增下拉菜单"命令，新增 1 个下拉菜单"［操作集 0］"。

双击"［操作集 0］"菜单，弹出"菜单属性设置"对话框，在"菜单属性"选项卡中，将"菜单名"改为"退出(X)"，"菜单类型"选择"普通菜单项"单选按钮，将光标放在快捷键输入框中同时按键盘上的〈Ctrl〉和〈X〉键，则输入框中出现"Ctrl+X"，如图 2-36 所示。在"菜单操作"选项卡中，"菜单对应的功能"选择"退出运行系统"复选按钮，单击右侧下拉箭头，选择"退出运行环境"，如图 2-37 所示。单击"确认"按钮，设置完毕。

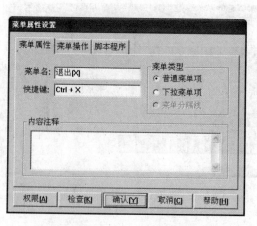

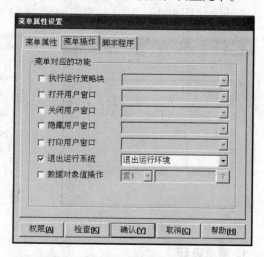

图 2-36　"退出"菜单属性设置　　　　　　　　图 2-37　"退出"菜单操作属性设置

4）单击工具条中的"新增菜单项"图标按钮 ，生成"［操作 0］"菜单。双击"［操作 0］"菜单，弹出"菜单属性设置"对话框。在"菜单属性"选项卡中，将"菜单名"改

24

为"功能","菜单类型"选择"下拉菜单项"单选按钮,单击"确认"按钮,生成"功能"菜单。

5)在"菜单组态:运行环境菜单"窗口(图2-34)选择"功能"菜单,右击后弹出快捷菜单,选择"新增下拉菜单"命令,新增1个下拉菜单"[操作集0]"。

双击"[操作集0]"菜单,弹出"菜单属性设置"对话框,在"菜单属性"选项卡中,将"菜单名"设为"实时曲线","菜单类型"选择"普通菜单项"单选按钮(图2-38);在"菜单操作"选项卡,"菜单对应的功能"选择"打开用户窗口"复选按钮,在右侧下拉列表框中选择"实时曲线",如图2-39所示。单击"确认"按钮,设置完毕。

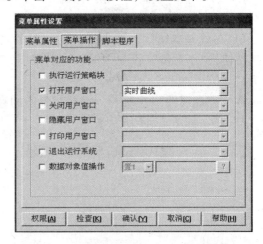

图2-38 "实时曲线"菜单属性设置 图2-39 "实时曲线"菜单操作属性设置

6)在"菜单组态:运行环境菜单"窗口(图2-34)选择"功能"菜单,右击后弹出快捷菜单,选择"新增下拉菜单"命令,新增1个下拉菜单"[操作集0]"。

双击"[操作集0]"菜单,弹出"菜单属性设置"对话框,在"菜单属性"选项卡中,将"菜单名"设为"历史曲线","菜单类型"选择"普通菜单项"单选按钮(图2-40);在"菜单操作"选项卡,"菜单对应的功能"选择"打开用户窗口",在右侧下拉列表框中选择"历史曲线",如图2-41所示。单击"确认"按钮,设置完毕。

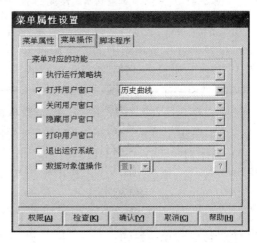

图2-40 "历史曲线"菜单属性设置 图2-41 "历史曲线"菜单操作属性设置

7）在"菜单组态：运行环境菜单"窗口（图2-34）中分别选择"退出（X）""实时曲线"和"历史曲线"菜单项，右击后弹出快捷菜单，选择"菜单右移"命令，可将已选的三个菜单项右移。右击后弹出快捷菜单，选择"菜单上移"命令，可以调整"实时曲线"和"历史曲线"菜单上下位置。

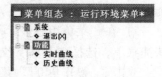

图2-42 菜单结构

设计完成的菜单结构如图2-42所示。

4. 定义数据对象

在"工作台"窗口中"实时数据库"选项卡，单击"新增对象"按钮，再双击新出现的对象，弹出"数据对象属性设置"对话框。

1）在"基本属性"选项卡，将"对象名称"改为"液位"，"对象类型"选"数值"单选按钮，"小数位"设为"0"，"对象初值"设为"0"，"最小值"设为"0"，"最大值"设为"100"，如图2-43所示。

在"存盘属性"选项卡，数据对象值的存盘选择"定时存盘"单选按钮，存盘周期设为"1"秒，如图2-44所示。

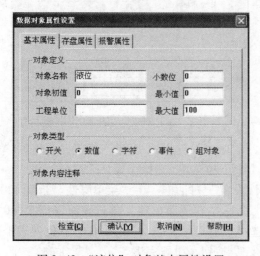

图2-43 "液位"对象基本属性设置

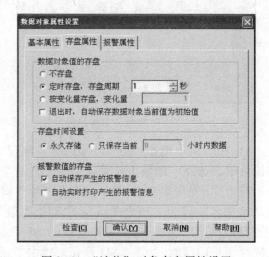

图2-44 "液位"对象存盘属性设置

在"报警属性"选项卡，选择"允许进行报警处理"复选按钮，报警设置域被激活。选择"报警设置"选项组中的"下限报警"，"报警值"设为"20"，"报警注释"输入"水位低于下限！"如图2-45所示；选择"报警设置"选项组中的"上限报警"，"报警值"设为"80"，"报警注释"输入"水位高于上限！"，如图2-46所示。

选择"存盘属性"选项卡，"报警数据的存盘"项选择"自动保存产生的报警信息"复选按钮。单击"确认"按钮，"液位"报警设置完毕。

2）新增对象。在"基本属性"选项卡，将"对象名称"改为"液位上限"，"对象类型"选"数值"单选按钮，"小数位"设为"0"，"对象初值"设为"80"，"最小值"设为"50"，"最大值"设为"100"。

3）新增对象。在"基本属性"选项卡，将"对象名称"改为"液位下限"，"对象类型"选"数值"单选按钮，"小数位"设为"0"，"对象初值"设为"20"，"最小值"设为"0"，"最大值"设为"50"。

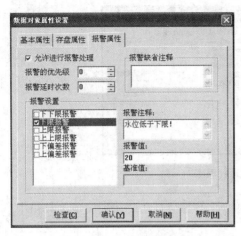
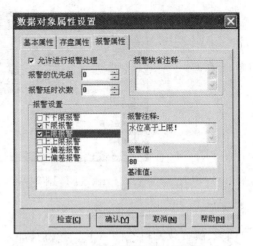

图2-45 "液位"报警属性设置1　　　　图2-46 "液位"报警属性设置2

4）新增对象。在"基本属性"选项卡，将"对象名称"改为"上限灯"，"对象类型"选"开关"单选按钮。

5）新增对象。在"基本属性"选项卡，将"对象名称"改为"下限灯"，"对象类型"选"开关"单选按钮。

6）新增对象。在"基本属性"选项卡，将"对象名称"改为"液位组"，"对象类型"选"组对象"单选按钮，如图2-47所示。

在"组对象成员"选项卡中，选择数据对象列表中的"液位"，单击"增加"按钮，数据对象"液位"被添加到右边的"组对象成员列表"中，如图2-48所示。

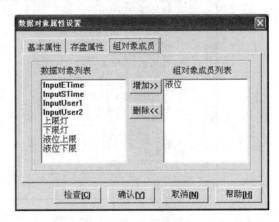

图2-47 "液位组"对象基本属性设置　　　　图2-48 液位组对象成员属性设置

选择"存盘属性"选项卡（图2-48），选择"定时存盘"单选按钮，存盘周期设为"1"秒。

建立的实时数据库如图2-49所示。

5. 模拟设备连接

模拟设备是供用户调试时的虚拟设备。该构件可以产生标准的正弦波、方波、三角波和锯齿波信号。其幅值和周期都可以任意设置。通过模拟设备的连接，可以使动画不需要手动操作，自动运行起来。

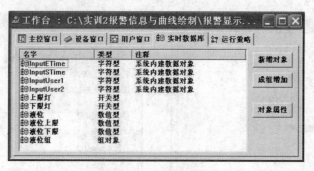

图 2-49 实时数据库

通常情况下,在启动 MCGS 组态软件时,模拟设备都会自动装载到设备工具箱中。

如果未被装载,可按照以下步骤将其加入:

1) 在"工作台"窗口中"设备窗口"选项卡中双击"设备窗口"图标进入"设备组态:设备窗口"窗口。

2) 单击工具条中的"工具箱"图标按钮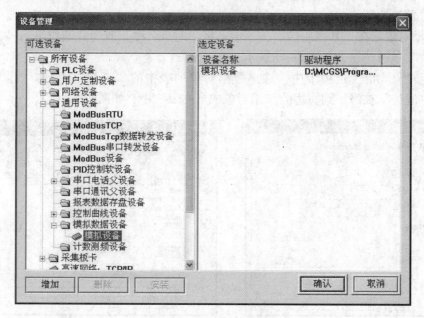,弹出"设备工具箱"对话框,单击"设备工具箱"中的"设备管理"按钮,弹出"设备管理"对话框,如图 2-50 所示。

图 2-50 添加"模拟设备"

3) 在"设备管理"对话框的可选设备列表中,选择"通用设备"下的"模拟数据设备",在下方出现"模拟设备"图标;双击"模拟设备"图标,即可将"模拟设备"添加到右侧选定设备列表中。

4) 选择"设备管理"列表中的"模拟设备",单击"确认"按钮,"模拟设备"即被添加到"设备工具箱"中,如图 2-51 所示。

5) 双击"设备工具箱"中的"模拟设备","模拟设备"被添加到"设备组态:设备窗口"窗口中,如图 2-52 所示。

图 2-51 "设备工具箱"对话框　　　图 2-52 "设备组态：设备窗口"对话框

6）双击"设备 0-［模拟设备］"，进入"设备属性设置"对话框，如图 2-53 所示。

7）单击该对话框的"基本属性"选项卡中的"内部属性"选项，右侧会出现 [...] 图标按钮，单击此图标按钮进入"内部属性"设置对话框。将 1 通道的"最大值"设置为"100"，"周期"设置为"1"秒，如图 2-54 所示。单击"确认"按钮，完成内部属性设置。

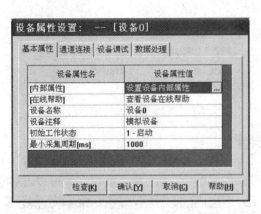

图 2-53 "设备属性设置"对话框　　　图 2-54 "内部属性"设置对话框

8）选择该对话框的"通道连接"选项卡，进行通道连接设置。选择 0 通道对应数据对象输入框，输入"液位"（或右击，弹出数据对象列表后，选择"液位"），如图 2-55 所示。

9）选择该对话框的"设备调试"选项卡，可看到 0 通道对应数据对象的值在变化，如图 2-56 所示。

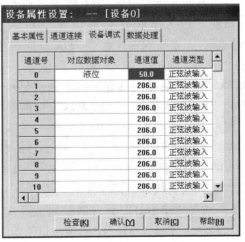

图 2-55 "通道连接"选项卡　　　图 2-56 "设备调试"选项卡

10）单击"确认"按钮，完成设备属性设置。

6. 建立动画连接

（1）"报警信息"窗口界面对象的动画连接

在"工作台"窗口中"用户窗口"选项卡（图2-1），双击"报警信息"窗口图标进入开发系统。通过双击界面（图2-31）中各图形对象，将各对象与定义好的数据连接起来。

1）建立"储藏罐"元件的动画连接。

双击界面（图2-31）中"储藏罐"元件，弹出"单元属性设置"对话框，选择"数据对象"选项卡，如图2-57所示。"连接类型"选择"大小变化"。单击右侧的"?"按钮，弹出"数据对象连接"对话框，双击数据对象"液位"，在"数据对象"选项卡"大小变化"行出现连接的数据对象"液位"，如图2-58所示。单击"确认"按钮完成"储藏罐"元件的数据连接。

图2-57　"单元属性设置"对话框

图2-58　"储藏罐"元件数据对象连接

2）建立液位值显示"输入框"构件的动画连接。

双击界面（图2-31）中液位值显示"输入框"构件，出现"输入框构件属性设置"对话框。在"操作属性"选项卡，将"对应数据对象的名称"设置为"液位"（可以直接输入，也可以单击文本框右边的"?"按钮，选择已定义好的数据对象"液位"），将"数值输入的取值范围中最小值"设为"0"，最大值设为"100"，如图2-59所示。单击"确认"按钮完成液位值显示"输入框"构件数据连接。

3）建立上限值显示"输入框"构件的动画连接。

双击界面（图2-31）中上限值"输入框"构件，出现"输入框构件属性设置"对话框。在"操作属性"选项卡中，将"对应数据对象的名

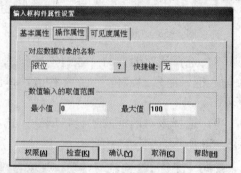

图2-59　"输入框"构件数据对象连接

称设置"为"液位上限"，将"数值输入的取值范围最小值"设为"50"，最大值设为"100"。单击"确认"按钮完成上限值显示"输入框"构件数据连接。

4）建立下限值显示"输入框"构件的动画连接。

双击界面（图2-31）中下限值"输入框"构件，出现"输入框构件属性设置"对话框。在"操作属性"选项卡中，将"对应数据对象的名称"设置为"液位下限"，将"数值输入的取值范围最小值"设为"0"，最大值设为"50"。单击"确认"按钮完成下限值显示"输入框"构件数据连接。

5）建立"指示灯"元件的动画连接。

双击界面（图2-31）中"指示灯"元件，弹出"单元属性设置"对话框。选择"数据对象"选项卡，如图2-60所示，连接类型选择"可见度"。单击右侧的"?"按钮，弹出

"数据对象连接"对话框,双击数据对象"上限灯",在"数据对象"选项卡"可见度"行出现连接的数据对象"上限灯",如图2-61所示。单击"确认"按钮完成"指示灯"元件的数据连接。

图2-60 "单元属性设置"对话框

图2-61 "指示灯"元件数据对象连接

同样方法可用于建立下限指示灯元件的数据连接,选择数据对象"下限灯"。

6)建立"报警显示"构件的动画连接。

双击界面(图2-31)中"报警显示"构件,弹出"报警显示构件属性设置"对话框,在"基本属性"选项卡,对应的数据对象的名称设为"液位",如图2-62所示。

(2)"实时曲线"窗口界面对象的动画连接

在"工作台"窗口中"用户窗口"选项卡(图2-1),双击"实时曲线"窗口图标进入开发系统。

双击界面(图2-31)中"实时曲线"构件,弹出"实时曲线构件属性设置"对话框。

1)在"标注属性"选项卡,"标注间隔"设为"1","时间格式"选择"MM:SS","时间单位"选择"秒钟","X轴长度"设为"60",如图2-63所示。

2)在"画笔属性"选项卡,选择"曲线1",表达式设为"液位",如图2-64所示。

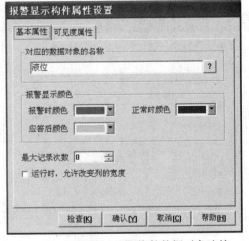

图2-62 "报警显示"构件数据对象连接

图2-63 "实时曲线"标注属性

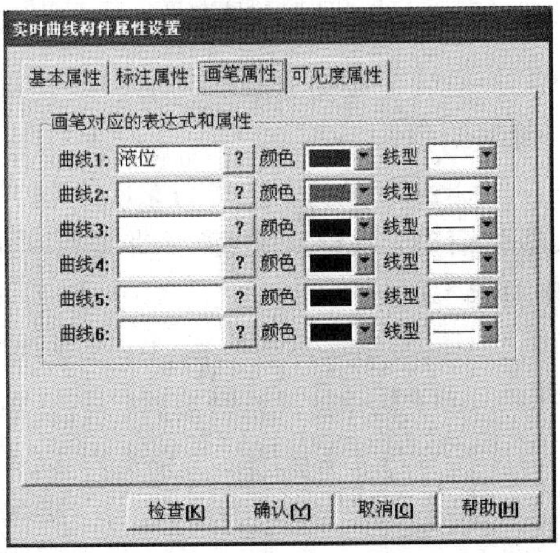

图2-64 "实时曲线"构件画笔属性

单击"确认"按钮完成"实时曲线"构件数据连接。

（3）"历史曲线"窗口界面对象的动画连接。

在"工作台"窗口中"用户窗口"选项卡（图2-1），双击"历史曲线"窗口图标进入开发系统。

双击界面（图2-31）中"历史曲线"构件，弹出"历史曲线构件属性设置"对话框。

1）在"基本属性"选项卡中，将"曲线名称"设为"液位历史曲线"。

2）在"存盘数据"选项卡中，"历史存盘数据来源"选择"组对象对应的存盘数据"单选按钮，在右侧下拉列表框中选择"液位组"，如图2-65所示。

3）在"标注设置"选项卡中，将"X轴长度"设为"5"，"时间单位"选择"分"，"标注间隔"设为"1"。

4）在"曲线标识"选项卡中，选择"曲线1"，"曲线内容"设为"液位"，"小数位数"设为"0"，"最小坐标"设为"0"，"最大坐标"设为"100"，"实时刷新"设为"液位"，如图2-66所示。

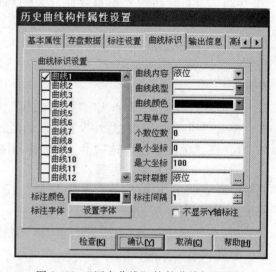

图2-65 "历史曲线"构件存盘属性　　　　图2-66 "历史曲线"构件曲线标识属性

单击"确认"按钮完成"历史曲线"构件数据连接。

7. 策略编程

在"工作台"窗口中"运行策略"选项卡，双击"循环策略"项，弹出"策略组态：循环策略"窗口，策略工具箱自动加载（如果未加载，右击，在弹出的快捷菜单中选择"策略工具箱"）。

单击"MCGS组态环境"窗口工具条中的"新增策略行"图标按钮，在"策略组态：循环策略"窗口中出现"新增策略"行。单击选中"策略工具箱"中的"脚本程序"项，将鼠标指针移动到策略块图标上单击以添加"脚本程序"构件。

双击"脚本程序"策略块，进入"脚本程序"编辑窗口，在编辑区输入如下程序：

```
        IF 液位<=液位下限 THEN
            下限灯=1
```

```
    ENDIF
    IF 液位>液位下限 AND 液位<液位上限 THEN
        下限灯 = 0
        上限灯 = 0
    ENDIF
    IF 液位>=液位上限 THEN
        上限灯 = 1
    ENDIF
    !SETALMVALUE(液位,液位上限,3)
    !SETALMVALUE(液位,液位下限,2)
```

程序的含义是：当液位小于等于设定的液位下限时，下限灯改变颜色；当液位大于等于设定的液位上限时，上限灯改变颜色；同时产生报警信息。

单击"确定"按钮，完成程序的输入。

关闭"策略组态：循环策略"窗口，保存程序，返回到"工作台"窗口中"运行策略"选项卡（图 2-1），单击选择"循环策略"项，单击"策略属性"按钮，弹出"策略属性设置"对话框，将策略执行方式的定时循环时间设置为"200"ms，单击"确认"按钮完成设置。

8. 程序运行

保存工程后，将"报警信息"窗口设为启动窗口，单击工具条"进入运行环境"图标按钮▤或按〈F5〉键，运行工程，"报警信息"窗口启动。

当储藏罐的液位高于上限报警值"80"或低于下限报警值"20"时，系统报警，此时上限灯或下限灯改变颜色，"报警信息"窗口显示报警类型、报警事件、当前值、界限值以及报警描述等报警信息；可以修改报警上、下限值。"报警信息"窗口运行界面如图 2-67 所示。

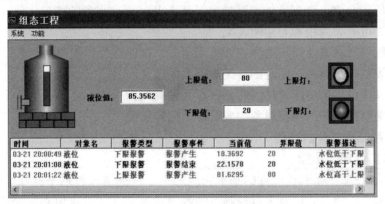

图 2-67　"报警信息"窗口运行界面

单击"报警信息"窗口"功能"菜单，选择"实时曲线"子菜单，出现"实时曲线"窗口界面。界面中显示容器液位的数据变化实时曲线。"实时曲线"窗口运行界面如图 2-68 所示。

单击"报警信息"窗口"功能"菜单，选择"历史曲线"子菜单，出现"历史曲线"窗口界面。界面中显示容器液位的数据变化历史曲线。"历史曲线"窗口运行界面如图 2-69 所示。

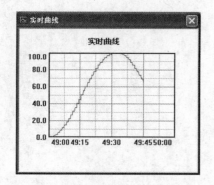

图 2-68 "实时曲线" 窗口运行界面

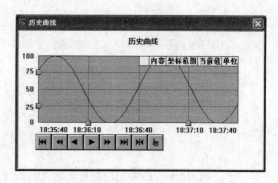

图 2-69 "历史曲线" 窗口运行界面

2.2 知识链接

2.2.1 控制系统应用软件概述

1. 控制系统应用软件的种类

测控软件可以分为单任务和多任务两大类。

单任务测控软件完成的任务比较简单，或程序所执行的任务是预先安排好的，这种单任务测控软件也可以在其中引入中断处理程序。

多任务测控软件比较复杂，系统并行地运行多个任务，分别处理不同的事件，并以某种方式分时占用计算机资源。多任务测控软件往往需要多任务操作系统的支持，由操作系统来完成多任务的调度工作。基于 DOS 的多任务功能往往由测控软件设计者自身完成，而基于多任务操作系统平台（如 Windows、OS/2、UNIX 等）的多任务功能则由操作系统来完成。鉴于 Windows 的普及性，许多软件商都推出了基于 Windows 平台的测控软件。

测控软件又可分为专用和通用两大类。

专用测控软件针对某个特定的测控系统而研制，检测点数、控制回路数、控制策略、显示界面以及报表功能都是相对固定的，无法做大的改动。

通用测控软件也称为组态软件，它不针对具体的测控对象，而是提供一个开发平台，使设计者能快速地根据不同的测控对象构成具体的测控系统。

2. 控制系统应用软件的功能

（1）数据输入/输出功能

过程数据输入/输出是测控软件的基本功能之一。数据输入包括来自现场的各种数据转换值、读数值和状态值等，以及来自控制台的各种输入值（如设定值和报警限等）。数据输出包括送往现场的控制量、逻辑控制信号以及送往控制台的各种指示信号。

即使是最简单的测控软件，也需具备数据采集功能和参数报警功能。

（2）回路控制功能

回路控制是测控软件最重要的功能之一。计算机测控系统的基本任务和周期性任务就是根据设定值与现场测量值获得偏差信号，由偏差信号经一定控制算法获得输出控制量，并将该控制量送往执行器，通过调节物料流量或能量，使控制对象的被控量逼近系统的目标值

（设定值）。由于信号的输入、输出构成了一个环路，且控制过程是周期性的，因此称之为回路控制。一个系统有多少个控制点就有多少个控制回路，检测点的数目至少等于控制回路的数目。

（3）界面显示功能

不同的测控系统所要求的显示界面是不同的。但界面的种类大体包括总貌显示界面、棒图显示界面、细目显示界面、实时趋势界面、历史趋势界面、报警界面、回路控制界面、参数总表界面、操作记录界面、事故追忆界面及工艺流程界面等。

（4）报表功能

报表的种类是多种多样的，不同的测控系统、不同的用户对报表的格式有不同的要求。根据报表的打印启动方式来分类，主要有定时报表、随机报表和条件报表等。时报表、班报表、周报表、月报表及年报表均可视为定时报表，定时报表在定时时间到点时由系统自动打印输出。随机报表可由操作人员随时启动报表打印输出；条件报表则只有条件满足时由系统自动启动打印操作，如出现某个事故或报警信号时，自动打印有关数据。

（5）系统生成功能

专用的测控软件一般不具有系统生成功能，而一个通用的测控软件往往具有系统生成功能。系统生成功能即系统组态功能，主要包括数据库生成、历史数据库生成、图形生成、报表生成、顺序控制生成及连续控制生成等诸多子系统。

（6）通信功能

运行在单机控制系统的测控软件一般不具有通信功能，即使有通信功能，也只用于扩充系统。运行在多机系统的测控软件必须具有通信功能。多机控制系统往往又是二级或多级控制系统。上位机与上位机之间一般采用通用的网络通信，如以太网、TCP/IP 等。上位机与下位机之间一般都采用 RS-485 总线式通信网络或具有实时性的通信网络及其协议，以确保控制功能的实时性和可靠性。

（7）其他功能

1）控制策略：为控制系统提供可供选择的控制策略方案。

2）数据存储：存储历史数据并支持历史数据的查询。

3）系统保护：自诊断、断电处理、备用通道切换和为提高系统可靠性、维护性采取的措施。

4）数据共享：具有与第三方程序的接口，方便数据共享。

应该指出，并非每项功能都是任何测控软件所必需的，有的测控软件可能只需要其中的几项功能。

3. 控制系统应用软件的功能模块

目前，在计算机控制系统中，控制软件除控制生产过程之外，还对生产过程实现管理，根据控制软件的功能，一个工业控制软件应包含以下几个主要模块。

（1）数据采集及处理模块

实时数据采集程序主要完成多路信号（包括模拟量、开关量、数字量和脉冲量）的采样、输入变换和存储等。数据处理程序包括：数字滤波程序，用来滤除干扰造成的错误数据或不宜使用的数据；线性化处理程序用以对检测元件或变送器的非线性应用软件补偿；标度变换程序用以把采集到的数字量转换成操作人员所熟悉的工程量；数字信号采集与处理程序用以对数字输入信号进行采集及码制之间的转换，如 BCD 码转换成 ASC Ⅱ 码等；脉冲信号处理程序用以对输入的脉冲信号进行电平高低判断和计数；开关信号处理程序用以判断开关信号输入状态的变化情况，如果发生变化，则执行相应的处理程序；数据可靠性检查程序用来检查是可靠输入数据还是故障数据。

（2）控制模块

控制算法程序是计算机控制系统中的一个核心程序模块，主要实现按所选控制规律的计算，产生对应的控制量。它主要实现对系统的调节和控制，它根据各种各样的控制算法和千差万别的被控对象的具体情况来编写，控制程序的主要目标是满足系统的性能指标。常用的有数字式 PID 调节控制程序、最优控制算法程序、顺序控制及插补运算程序等；还有运行参数设置程序，即对控制系统的运行参数进行设置，运行参数有采样通道号、采样点数、采样周期、信号量程范围、放大器增益系数和工程单位等。

（3）监控报警模块

将采样读入的数据或经计算机处理后的数据进行显示或打印，以实现对某些物理量的监视；根据控制策略，计算机要判断是否超出工艺参数的范围，如果超越了限定值，就需要由计算机或操作人员采取相应的措施，实时地对执行机构发出控制信号，完成控制，或输出其他有关信号，如报警信号等，确保生产的安全。

（4）系统管理模块

系统管理模块用于将各个功能模块程序组织成一个程序系统，并管理和调用各个功能模块程序；还用于管理数据文件的存储和输出。系统管理程序一般以文字菜单和图形菜单的人机界面技术来组织、管理和运行系统程序。

（5）数据管理模块

这部分程序用于生产管理部分，主要包括变化趋势分析、报警记录、统计报表、打印输出、数据操作、生产调度及库存管理等程序。

（6）人机交互模块

人机交互模块分为两部分：人机对话程序，包括显示、键盘和指示等程序；界面显示程序，包括用图、表及曲线在 CRT 显示器上形象地反映生产状况的远程监控程序等。

（7）数据通信模块

数据通信程序是用于完成计算机与计算机之间、计算机与智能设备之间大量信息的传递和交换。它的主要功能有：设置数据传送的波特率（速率）；上位机向下位机（数据采集站）发送指令，命令相应的下位机传送数据；上位机接收下位机传送来的数据。

4. 控制系统应用软件的开发工具

简化的计算机控制系统结构可分为两层，即 I/O 控制层和操作控制层。I/O 控制层主要完成对过程现场 I/O 处理，并实现直接数字控制（DDC）；操作控制层则实现一些与运行操作有关的人机界面功能，相关控制软件的编写常采用以下 3 种开发工具：一是采用机器语言、汇编语言等面向机器的低级语言来编制，二是采用 C、Visual Basic、Visual C++等高级语言来编制，三是采用监控组态软件来编制。

（1）面向机器的语言

机器语言是一种 CPU（中央处理器）指令系统，也称为 CPU 的机器语言，它是 CPU 可以识别的一组由 0 和 1 序列构成的指令码。用机器语言编制程序，就是从所使用的 CPU 的指令系统中挑选合适的指令，组成一个指令序列。这种程序可以被机器直接理解并执行，速度很快，但由于它们不直观、难记、难以理解、不易查错且开发周期长，现在只有专业人员在编制对于执行速度有很高要求的程序时才采用。

为了降低编程者的劳动强度，人们使用一些用于帮助记忆的符号来代替机器语言中的0、1指令，使得编程效率和质量都有了很大的提高。由这些助记符号组成的指令系统，称为汇编语言。汇编语言指令与机器语言指令基本上是一一对应的。因为这些助记符号不能被机器直接识别，所以汇编语言程序必须被编译成机器语言程序才能被机器理解和执行。编译之前的程序被称为"源程序"，编译之后的程序被称为"目标程序"。

汇编语言与机器语言都因 CPU 的不同而不同，所以统称为"面向机器的语言"。使用这类语言，可以编出效率极高的程序，但对程序设计人员的要求也很高。他们不仅要考虑解题思路，还要熟悉机器的内部结构，所以一般人很难掌握这类程序设计语言。

用汇编语言编写的程序代码针对性强，代码长度短，程序执行速度快，实时性强，要求的硬件也少，但编程繁琐，工作量大，调试困难，开发周期长，通用性差，不便于交流和推广。

（2）高级语言

常用的面向过程语言有 C、Visual Basic、Pascal 等。使用这类编程语言，程序设计者可以不关心机器的内部结构甚至工作原理，把主要精力集中在解决问题的思路和方法上。这类摆脱了硬件束缚的程序设计语言被统称为高级语言。高级语言的出现是计算机技术发展的里程碑，它大大地提高了编程效率，使人们能够开发出越来越大、功能越来越强的程序。

随着计算机技术的进一步发展，特别是像 Windows 这样具有图形用户界面的操作系统的广泛使用，人们又形成了一种面向对象的程序设计思想。这种思想把整个现实世界或是其中一部分看成是由不同种类对象组成的有机整体。同一类型的对象既有共同点，又各自不同的特性。各种类型的对象之间通过发送消息进行联系，消息能够激发对象做出相应的反应，从而构成了一个运动的整体。采用了面向对象思想的程序设计语言就是面向对象的程序设计语言，当前使用较多的面向对象的语言有 Visual Basic、Visual C++、Java 等。

高级语言通用性好，编程容易，功能多，数据运算和处理能力强，但实时性相对差些。

在计算机发展过程的早期，应用软件的开发大多采用汇编语言。在工业过程控制系统中，目前仍大量应用汇编语言。由于计算机技术的发展，工业控制计算机的基本系统逐渐与广泛使用的个人计算机兼容，而各种高级语言也都有各种 I/O 口操作语句，并具有对内存直接存取的功能。这样，就有可能用高级语言来编写需要进行许多 I/O 操作的工业控制系统的应用程序。从许多成功的应用来看，用高级语言开发工业控制和检测系统的应用程序，其速度快，可靠性高，质量好。

汇编语言和高级语言各有其优点和局限性。在程序设计中，应发挥汇编语言实时功能强、高级语言运算能力强的优点，所以在应用软件设计中，一般采用高级语言与汇编语言混合编程的方法，即用高级语言编写数据处理、数据管理、图形绘制、显示、打印和网络管理等程序；用汇编语言编写时钟管理、中断管理、输入/输出及数据通信程序等实时性强的程序。

（3）监控组态软件

监控组态软件是一种针对控制系统而设计的面向问题的开发软件，它为用户提供了众多的功能模块，例如控制算法模块（如 PID）、运算模块（如四则运算、开方、最大/最小值选择、一阶惯性、超前滞后、工程量变换及上下限报警等数十种）、计数/计时模块、逻辑运算模块、输入模块、输出模块、打印模块和 CRT 显示模块等。系统设计者只需根据控制要求，选择所需的模块就能十分方便地生成系统控制软件。

监控组态软件是标准化、规模化和商品化的通用开发软件，只需进行标准功能模块的软件组态和简单的编程，就可设计出标准化、专业化、通用性强并可靠性高的上位机人机界面监控程序（HMI 系统），且工作量较小，开发调试周期较短，对程序设计员要求也低一些。因此，监控组态软件是性能优良的软件产品，将成为开发上位机监控程序的主流开发工具。

工业控制软件包是由专业公司开发的控制软件产品，它具有标准化、模块组合化和组态生成化等特点，通用性强，实时性和可靠性高。利用工业控制软件包和用户组态软件，设计者可根据控制系统的需求来组态生成各种实际的应用软件。这种开发方式极大地方便了设计者，他们不必过多地了解和掌握如何编制程序的技术细节，只需要掌握工业控制软件包和组态软件的操作规程和步骤，就能开发、设计出符合需要的控制系统应用软件，从而大大缩短了研制时间，也提高了软件的可靠性。

在软件技术飞速发展的今天，各种软件开发工具琳琅满目，每种开发语言都有其各自的长处和短处。在设计控制系统的应用程序时，究竟选择哪种开发工具，还是几种软件混合使用，要根据被控对象的特点、控制任务的要求以及所具备的条件而定。

2.2.2　监控组态软件概述

随着工业自动化水平的迅速提高，计算机在工业领域的广泛应用，人们对工业自动化的要求也越来越高，种类繁多的控制设备和过程监控装置在工业领域的应用，使得传统的工业控制软件已无法满足用户的各种需求。在开发传统的工业控制软件时，当工业被控对象一旦有变动，就必须修改其控制系统的源程序，导致其开发周期长；已开发成功的工控软件又由于每个控制项目的不同而使其重复使用率很低，导致它的价格非常昂贵；在修改工控软件的源程序时，倘若原来的编程人员因工作变动而离去时，则必须由其他人员或新手进行源程序的修改，因而难度很大。

监控组态软件的出现为解决上述实际工程问题提供了一种崭新的方法，因为它能够很好地解决传统工业控制软件存在的种种问题，使用户能根据自己的控制对象和控制目的任意组态，完成最终的自动化控制工程。

1. 组态软件的含义

在使用工控软件时，人们经常提到组态一词。与硬件生产相对照，组态与组装类似。如要组装一台计算机，事先提供了各种型号的主板、机箱、电源、CPU、显示器、硬盘及光驱等，我们的工作就是用这些部件拼凑成自己需要的计算机。当然软件中的组态要比硬件的组装有更大的发挥空间，因为它一般要比硬件中的"部件"更多，而且每个"部件"都很灵活，因为软件都有内部属性，通过改变属性可以改变其规格（如大小、形状和颜色等）。

组态（Configuration）有设置、配置等含义，就是模块的任意组合。在软件领域内，是指操作人员根据应用对象及控制任务的要求，配置用户应用软件的过程（包括对象的定义、制作和编辑、对象状态特征属性参数的设定等），即使用软件工具对计算机及软件的各种资源进行配置，达到让计算机或软件按照预先设置自动执行特定任务，以满足使用者要求的目的，也就是把组态软件视为"应用程序生成器"。

组态软件更确切的称呼应该是人机界面（Human Machine Interface，HMI）/控制与数据采集（Supervisory Control And Data Acquisition，SCADA）软件。组态软件最早出现时，实现HMI和控制功能是其主要内涵，即主要解决人机界面和计算机数字控制问题。

组态软件是指一些数据采集与过程控制的专用软件，它们是在自动控制系统控制层一级的软件平台和开发环境，使用灵活的组态方式（而不是编程方式）为用户提供良好的用户开发界面和简捷的使用方法，它解决了控制系统通用性问题。其预设置的各种软件模块可以非常容易地实现和完成控制层的各项功能，并能同时支持各种硬件厂家的计算机和I/O产品，与工控计算机和网络系统结合，可向控制层和管理层提供软、硬件的全部接口，进行系统集成。组态软件应该能支持各种工控设备和常见的通信协议，并且通常应提供分布式数据管理和网络功能。对应于原有的HMI的概念，组态软件应该是一个使用户能快速建立自己的HMI的软件工具或开发环境。

在工业控制中，组态一般是指通过对软件采用非编程的操作方式（主要有参数填写、图形连接和文件生成等）使得软件乃至整个系统具有某种指定的功能。由于用户对计算机控制系统的要求千差万别（包括流程界面、系统结构、报表格式和报警要求等），而开发商又不可能专门为每个用户进行开发。所以，只能是事先开发好一套具有一定通用性的软件开发平台，生产（或者选择）若干种规格的硬件模块（如I/O模块、通信模块和现场控制模块等），然后再根据用户的要求在软件开发平台上进行二次开发，以及进行硬件模块的连接。这种软件的二次开发工作就称为组态。相应的软件开发平台就称为监控组态软件，简称组态软件。"组态"一词既可以用作名词也可以用作动词。计算机控制系统在完成组态之前只是一些硬件和软件的集合体，只有通过组态，才能使其成为一个具体的满足生产过程需要的应用系统。

2. 组态软件的地位

在实时工业控制应用系统中，为了实现特定的应用目标，需要进行应用程序的设计和开发。在过去，由于技术发展水平的限制，没有相应的软件可供利用。应用程序一般都需要应用单位自行开发或委托专业单位开发，这就影响了整个工程的进度，系统的可靠性和其他性能指标也难以得到保证。

为了解决这个问题，不少厂商在开发系统的同时，也致力于控制软件产品的开发。工业控制系统的复杂性，对软件产品提出了很高的要求。要想成功开发一个较好的通用的控制系统软件产品，需要投入大量的人力、物力，并需经实际系统检验，代价是很昂贵的，特别是功能较全、应用领域较广的软件系统，投入的费用更是惊人。

在组态软件出现之前，工控领域的用户通过手工或委托第三方编写HMI应用，开发时间长、效率低且可靠性差；或者购买专用的工控系统，通常是封闭的系统，选择余地小，往往不能满足需求，很难与外界进行数据交互，升级和增加功能都受到严重的限制。组态软件的出现，把用户从这些困境中解脱出来，用户可以利用组态软件的功能，构建一套最适合自己的应用系统。

采用组态技术构成的计算机控制系统在硬件设计上，除采用工业PC机外，系统大量采用各种技术成熟的通用的I/O接口设备和现场设备，基本不再需要单独进行具体电路设计。这不仅节约了硬件开发时间，更提高了工控系统的可靠性。

组态软件实际上是一个专为工控开发的工具软件。它为用户提供了多种通用工具模块，用户不需要掌握太多的编程语言技术（甚至不需要编程技术），就能很好地完成一个复杂工程所要求的所有功能。系统设计人员可以把更多的注意力集中在如何选择最优的控制方法，设计合理的控制系统结构，选择合适的控制算法等这些提高控制品质的关键问题上。另一方面，从管理的角度来看，用组态软件开发的系统具有与 Windows 一致的图形化操作界面，非常便于生产的组织与管理。

由于组态软件都是由专门的软件开发人员按照软件工程的规范来开发的，使用前又经过了比较长时间的工程运行考验，其质量是有充分保证的。因此，只要开发成本允许，采用组态软件是一种比较稳妥、快速和可靠的办法。

组态软件是标准化、规模化和商品化的通用工业控制开发软件，只需进行标准功能模块的软件组态和简单的编程，就可设计出标准化、专业化、通用性强和可靠性高的上位机人机界面控制程序，且工作量较小，开发调试周期短，对程序设计员要求也较低，因此，监控组态软件是性能优良的软件产品，已成为开发上位机控制程序的主流开发工具。

由 IPC（进程间通道）、通用接口部件和组态软件构成的组态控制系统是计算机控制技术综合发展的结果，是技术成熟化的标志。由于组态技术的介入，计算机控制系统的应用速度大大加快了。

3. 组态软件的系统构成

组态软件的结构划分有多种标准，下面以使用软件的工作阶段和软件体系的成员构成两种标准讨论其体系结构。

（1）以使用软件的工作阶段划分

从总体结构上看，组态软件一般都是由系统开发环境（或称为组态环境）与系统运行环境两大部分组成。系统开发环境和系统运行环境之间的联系纽带是实时数据库，三者之间的关系如图 2-70 所示。

图 2-70　系统组态环境、系统运行环境和实时数据库三者之间的关系

1）系统组态环境。

它是自动化工程设计工程师为实施其控制方案，在组态软件的支持下进行应用程序的系统生成工作所必需依赖的工作环境。通过建立一系列用户数据文件，生成最终的图形目标应用系统，供系统组态环境运行时使用。

系统开发环境由若干个组态程序组成，如图形界面组态程序和实时数据库组态程序等。

2）系统运行环境。

在系统运行环境下，目标应用程序被装入计算机内存并投入实时运行。系统运行环境由若干个运行程序组成，如图形界面运行程序和实时数据库运行程序等。

组态软件支持在线组态技术，即在不退出系统运行环境的情况下可以直接进入组态环境并修改组态，使修改后的组态直接生效。

自动化工程设计工程师最先接触的一定是系统组态环境，通过一定工作量的系统组态和调试，最终将目标应用程序在系统运行环境投入实时运行，完成一个工程项目。

一套好的组态软件应该能够为用户提供快速构建自己的计算机控制系统的手段。例如，对输入信号进行处理的各种模块、各种常见的控制算法模块、构造人机界面的各种图形要素、使用户能够方便地进行二次开发的平台或环境等。如果是通用的组态软件，还应当提供各类工控设备的驱动程序和常见的通信协议。

（2）按照成员构成划分

组态软件因为其功能强大，且每个功能相对来说又具有一定的独立性，因此其组成形式是一个集成软件平台，由若干程序组件构成。

组态软件必备的功能组件包括如下 6 个部分。

1）应用程序管理器。

应用程序管理器是提供应用程序的搜索、备份、解压缩和建立应用等功能的专用管理工具。在自动化工程设计工程师应用组态软件进行工程设计时，经常会遇到下面一些烦恼：经常要进行组态数据的备份，经常需要引用以往成功项目中的部分组态成果（如界面），经常需要迅速了解计算机中保存了哪些应用项目。虽然这些工作可以用手动方式实现，但效率低下，极易出错。有了应用程序管理器的支持，这些工作将变得非常简单。

2）图形界面开发程序。

它是自动化工程设计人员为实施其控制方案，在图形编辑工具的支持下进行图形系统生成工作所依赖的开发环境。通过建立一系列用户数据文件，生成最终的图形目标应用系统，供系统运行环境下运行时使用。

3）图形界面运行程序。

在系统运行环境下，图形目标应用系统被图形界面运行程序装入计算机内并投入实时运行。

4）实时数据库系统组态程序。

有的组态软件只在图形开发环境中增加了简单的数据管理功能，因而不具备完整的实时数据库系统。目前比较先进的组态软件都有独立的实时数据库组件，以提高系统的实时性，增强处理能力。实时数据库系统组态程序是建立实时数据库的组态工具，可以定义实时数据库的结构、数据来源、数据连接、数据类型及相关的各种参数。

5）实时数据库系统运行程序。

在系统运行环境下，目标实时数据库及其应用系统被实时数据库系统运行程序装入计算机内存，并执行预定的各种数据计算和数据处理任务。历史数据的查询、检索和报警的管理都是在实时数据库系统运行程序中完成的。

6）I/O 驱动程序。

它是组态软件中必不可少的组成部分，用于 I/O 设备通信，互相交换数据。DDE 和 OPC 客户端是两个通用的标准 I/O 驱动程序，用来支持 DDE 和 OPC 标准的 I/O 设备通信，多数组态软件的 DDE 驱动程序被整合在实时数据库系统或图形系统中，而 OPC 客户端则多数单独存在。

4. 组态软件的使用步骤

组态软件通过 I/O 驱动程序从现场 I/O 设备获得实时数据，对数据进行必要的加工后，一方面以图形方式直观地显示在计算机屏幕上；另一方面按照组态要求和操作人员的指令将控制数据送给 I/O 设备，对执行机构实施控制或调整控制参数。具体的工程应用前必须经过完整且详细的组态设计，才能使组态软件正常工作。

下面列出组态软件的使用步骤：

1）将所有 I/O 点的参数收集齐全，并填写表格，以备在控制组态软件和控制、检测设备上组态时使用。

2）搞清楚所使用的 I/O 设备的生产商、种类和型号，使用的通信接口类型，采用的通信协议，以便在定义 I/O 设备时做出准确选择。

3）将所有 I/O 点的 I/O 标识收集齐全，并填写表格，I/O 标识是唯一确定一个 I/O 点的关键字，组态软件通过向 I/O 设备发出 I/O 标识来请求对应的数据。在大多数情况下，I/O 标识是 I/O 点的地址或位号名称。

4）根据工艺过程绘制、设计界面结构和界面草图。

5）按照第 1）步统计出的表格，建立实时数据库，正确组态各种变量参数。

6）根据第 1）步和第 3）步的统计结果，在实时数据库中建立实时数据库变量与 I/O 点的一一对应关系，即定义数据连接。

7）根据第 4）步的界面结构和界面草图，组态每一幅静态的操作界面。

8）将操作界面中的图形对象与实时数据库变量建立动画连接关系，规定动画属性和幅度。

9）对组态内容进行分段和总体调试。

10）系统投入运行。

在一个自动控制系统中，投入运行的监控组态软件是系统的数据收集处理中心、远程监视中心和数据转发中心，处于运行状态的监控组态软件与各种控制、检测设备（如 PLC、智能仪表、DCS 等）共同构成快速响应的控制中心。

监控组态软件投入运行后，操作人员可以在它的支持下完成以下 6 项任务：

1）查看生产现场的实时数据及流程界面。

2）自动打印各种实时/历史生产报表。

3）自由浏览各个实时/历史趋势界面。

4）及时得到并处理各种过程报警和系统报警。

5）在需要时，人为干预生产过程，修改生产过程参数和状态。

6）与管理部门的计算机联网，为管理部门提供生产实时数据。

2.2.3 MCGS 组态软件简介

MCGS（Monitor and Control Generated System，通用监控系统）是一套用于快速构造和生成计算机监控系统的组态软件，由北京昆仑通态自动化软件科技有限公司开发。它能够在 Microsoft 的各种 Windows 平台上运行，通过对现场数据的采集处理，以动画显示、报警处理、流程控制和报表输出等多种方式向用户提供解决实际工程问题的方案，它充分利用了 Windows 图形功能完备、界面一致性好、操作简便和易学易用的特点，比以往使用专用机开发的工业控制系统更具有通用性，在自动化领域有着更广泛的应用。

1. MCGS 组态软件工程的构成

MCGS 组态软件所建立的工程由主控窗口、设备窗口、用户窗口、实时数据库和运行策略五部分构成，对每一部分分别进行组态操作，以完成不同的工作，因此具有不同的特性。

1）主控窗口。主控窗口是工程的主窗口或主框架。在主控窗口中可以放置一个设备窗口和多个用户窗口，负责调度和管理这些窗口。主要的组态操作包括：定义工程的名称、编制工程菜单、设计封面图形、确定自动启动的窗口、设定动画刷新周期、指定数据库存盘文件名称及存盘时间等。

2）设备窗口。设备窗口是连接和驱动外部设备的工作环境。在本窗口内配置数据采集与控制输出设备，注册设备驱动程序，定义连接与驱动设备用的数据变量。

3）用户窗口。用户窗口主要用于设置工程中人机交互的界面，诸如生成各种动画显示界面、报警输出和数据与曲线图表等。

4）实时数据库。实时数据库是工程各个部分的数据交换与处理中心，它将 MCGS 工程的各个部分连接成有机的整体。在本窗口内定义不同类型和名称的变量，作为数据采集、处理、输出控制、动画连接及设备驱动的对象。

5）运行策略。运行策略窗口主要完成工程运行流程的控制，包括编写控制程序，选用各种功能构件，如数据提取、历史曲线、定时器、配方操作和多媒体输出等。

综上所述，一个应用系统由主控窗口、设备窗口、用户窗口、实时数据库和运行策略五个部分组成。组态工作开始时，系统只为用户搭建了一个能够独立运行的空框架，提供了丰富的动画部件与功能部件。如果要完成一个实际的应用系统，应主要完成以下工作。

首先，要像搭积木一样，在组态环境中用系统提供的或用户扩展的构件构造应用系统，配置各种参数，形成一个有丰富功能，可实际应用的工程；然后，把组态环境中的组态结果提交给运行环境。运行环境和组态结果一起就构成了用户自己的应用系统。

2. MCGS 组态软件的工作方式

（1）MCGS 与设备进行通信

MCGS 通过设备驱动程序与外部设备进行数据交换，包括数据采集和发送设备指令。设备驱动程序是由 VB 程序设计语言编写的 DLL（动态链接库）文件，设备驱动程序中包含符合各种设备通信协议的处理程序，将设备运行状态的特征数据采集进来或发送出去。MCGS 负责在运行环境中调用相应的设备驱动程序，将数据传送到工程中各个部分，完成整个系统的通信过程。每个驱动程序独占一个线程，达到互不干扰的目的。

（2）MCGS 产生动画效果

MCGS 为每一种基本图形元素定义了不同的动画属性，如一个长方形的动画属性有可见度、大小变化、水平移动等，每一种动画属性都会产生一定的动画效果。所谓动画属性，实际上是反映图形大小、颜色、位置、可见度和闪烁性等状态的特征参数。

然而，我们在组态环境中生成的界面都是静止的，如何在工程运行中产生动画效果呢？方法是：图形的每一种动画属性中都有一个"表达式"设定栏，在该栏中设定一个与图形状态相联系的数据变量，连接到实时数据库中，以此建立相应的对应关系，MCGS 称之为动画连接。

当工业现场中测控对象的状态（如储油罐的液面高度等）发生变化时，通过设备驱动程序将变化的数据采集到实时数据库的变量中，该变量是与动画属性相关的变量，数值的变化，使图形的状态产生相应的变化（如大小变化）。现场的数据是连续被采集进来的，这样就会产生逼真的动画效果（如储油罐液面的升高和降低）。用户也可编写程序来控制动画界面，以达到满意的效果。

（3）MCGS 实施远程多机监控

MCGS 提供了一套完善的网络机制，可通过 TCP/IP 网、Modem 网和串口网将多台计算机连接在一起，构成分布式网络测控系统，实现网络间的实时数据同步、历史数据同步和网络事件的快速传递。同时，可利用 MCGS 提供的网络功能，在工作站上直接对服务器中的数据库进行读/写操作。分布式网络测控系统的每一台计算机都要安装一套 MCGS 工控组态软件。MCGS 把各种网络形式，以父设备构件和子设备构件的形式，供用户调用，并进行工作状态、端口号和工作站地址等属性参数的设置。

（4）对工程运行流程实施有效控制

MCGS 开辟了专用的"运行策略"窗口，建立用户运行策略。MCGS 提供了丰富的功能构件，供用户选用，通过构件配置和属性设置两项组态操作，生成各种功能模块（称为"用户策略"），使系统能够按照设定的顺序和条件，操作实时数据库，实现对动画窗口的任意切换，控制系统的运行流程和设备的工作状态。所有的操作均采用面向对象的直观方式，避免了烦琐的编程工作。

3. 组建用户工程的一般过程

（1）工程项目系统分析

分析工程项目的系统构成、技术要求和工艺流程，弄清系统的控制流程和测控对象的特征，明确监控要求和动画显示方式，分析工程中的设备数据采集及输出通道与软件中实时数据库变量的对应关系，分清哪些变量是要求与设备连接的，哪些变量是软件内部用来传递数据及动画显示的。

（2）工程立项搭建框架

在 MCGS 中称为建立新工程。其主要内容包括：定义工程名称、界面窗口名称和启动窗口（界面窗口退出后接着显示的窗口）名称，指定存盘数据库文件的名称以及存盘数据库，设定动画刷新的周期。经过此步操作，即在 MCGS 组态环境中，建立了由五部分组成的工程结构框架。界面窗口和启动窗口也可在建立了用户窗口后，再进行建立。

（3）设计菜单基本体系

为了对系统运行的状态及工作流程进行有效的调度和控制，通常要在主控窗口内编制菜单。编制菜单分两步进行，第一步首先搭建菜单的框架，第二步再对各级菜单命令进行功能组态。在组态过程中，可根据实际需要，随时对菜单的内容进行增加或删除，不断完善工程的菜单。

（4）制作动画显示界面

动画制作分为静态图形设计和动态属性设置两个过程。前一部分类似于"画画"，用户通过 MCGS 组态软件中提供的基本图形元素及动画构件库，在用户窗口内"组合"成各种复杂的界面。后一部分则设置图形的动画属性，与实时数据库中定义的变量建立相关性的连接关系，作为图形产生动画效果的驱动源。

（5）编写控制流程程序

在运行策略窗口内，从策略构件箱中，选择所需功能策略构件，构成各种功能模块（称为策略块），由这些模块实现各种人机交互操作。MCGS 还为用户提供了编程用的功能构件（称之为"脚本程序"功能构件），使用简单的编程语言，编写工程控制程序。

（6）完善菜单按钮功能

其包括对菜单命令、监控器件和操作按钮的功能组态；实现历史数据、实时数据、各种曲线、数据报表和报警信息输出等功能；建立工程安全机制等。

（7）编写程序调试工程

利用调试程序产生的模拟数据，检查动画显示和控制流程是否正确。

（8）连接设备驱动程序

选定与设备相匹配的设备构件，连接设备通道，确定数据变量的数据处理方式，完成设备属性的设置。此项操作在设备窗口内进行。

（9）工程完工综合测试

测试工程各部分的工作情况，完成整个工程的组态工作，实施工程交接。

习题与思考题

2-1　计算机实时操作系统有什么特点？

2-2　计算机实时控制系统采用的操作系统有什么特点？

2-3　在计算机控制系统中采用数据库的意义是什么？

2-4　组态软件有哪些功能？有什么特点？

2-5　组态软件常见的组态方式有哪几种？

2-6　工控领域常用的组态软件有哪些？各有什么特点？

2-7　叙述组态工控系统的组建过程。

2-8　计算机控制系统中采用的现代软件技术有哪些？

第3章 计算机开关量输入系统与实训

开关（数字）量输入信号的作用是记录和显示生产过程、设备运行的现行状态、逻辑关系和动作顺序；对生产过程中某些设备的状态进行检查，以便发现问题进行处理。例如监视电动机是否在运转或阀门是否开启，又如行程开关可以指示出某个部件是否到达规定的位置，如果已经到位，则行程开关接通，向计算机系统输入开关量信号。

本章通过几个生产生活实例了解开关量输入系统的应用和组成，并通过实训介绍使用 MCGS 软件实现开关量输入信号的采集和处理。

3.1 开关量输入系统生产生活实例

3.1.1 机械产品计数

1. 应用背景

工厂零件加工完成后，在装箱之前需要计数，以统计生产工作量。除了现场采用专门的计数器外，有时还需要传送到计算机中进行存储记录和报表统计等工作。

2. 计数系统

图 3-1 是对钢球进行计数的工作示意图，图 3-2 是对钢球计数的电路原理示意图。

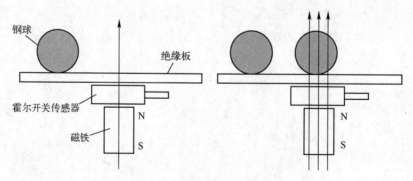

图 3-1 钢球计数工作示意图

图 3-1 中对钢球进行检测采用霍尔开关传感器（包括配套的磁铁），它能感受到很小的磁场变化。当钢球不在传感器上方时，穿过霍尔传感器霍尔元件的磁场较弱，输出电压较小，图 3-2 电路中三极管基极电位较低，三极管处于截止状态，N 点处于高电平，计数器不计数。

当钢球输送到传感器上方时，穿过传感器霍尔元件的磁场变强，传感器可输出峰值 20 mV 的脉冲电压，该电压经运算放大器 A 放大后，使电路中三极管基极电位升高，三极管导通，其集电极 N 点变为低电平，计数器开始计数，并由显示器显示检测数值。同时三极管集电极低电平信号通过输入模块被送入计算机，计数程序进行计数。

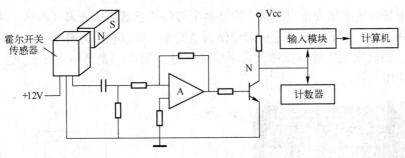

图 3-2　钢球计数电路原理示意图

3.1.2　银行防盗报警

1. 应用背景

银行、博物馆等重要场所，安全保卫工作非常重要。为防止不法人员闯入，除了配备必要的保安人员外，还安装有防盗报警系统。

当报警系统传感器检测到有人员闯入时，现场会出声光报警信号，还会将报警信号传到银行或公安监控室的计算机中，及时发现警情进行处置。

2. 报警系统

某银行防盗报警系统主要由传感器、检测电路、输入装置、声光报警器和计算机等部分组成，如图 3-3 所示。

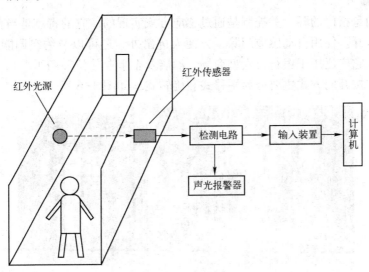

图 3-3　防盗报警系统

传感器采用透射式红外光电传感器，需要配套的红外光源。光源发出的红外光人体肉眼看不到。光源和传感器安装在过道两侧，正常情况下无物体遮挡，光源发出的红外光照射在传感器接收元件上，检测电路输出高电平，声光报警器和计算机不响应。

当有人闯入时，人体经过传感器会遮挡红外线，此时传感器的接收元件没有红外线照射，检测电路输出低电平，现场的声光报警器发出声光报警信号，监控室计算机做出响应，产生报警信息，通知安保人员快速处置。

为了使报警系统更加安全可靠，会安装多个红外传感器组成光幕，如图3-4所示。

在机械加工中，为了保护冲压机床操作人员安全，可以利用光幕组成检测控制系统，如图3-5所示。当机床工作时，操作人员手臂伸到危险部位，光幕中光线被遮挡，计算机控制机床停止冲压工作。

图3-4　光幕示意图

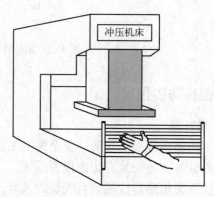
图3-5　冲压机床光幕安全保护示意图

3.1.3 自动感应门控制

1. 应用背景

自动感应门是指门的开、关控制是通过感应方式实现的。它的特点是当有人或物体靠近时，门会自动打开。使用自动感应门除了方便人进出外，还可以节约空调能源、降低噪音、防风和防尘等。它广泛用于银行、大型商场、酒店及企事业单位等场所。

自动感应门按开门方式主要分为平移式和旋转式，如图3-6所示。

图3-6　自动感应门产品图

2. 控制系统

某平移式自动感应门控制系统由计算机、传感器、输入装置、输出装置、驱动电路、减速器、电动机和其他装置组成，如图3-7所示。

传感器采用反射式红外光电传感器，它对物体存在进行反应，不管人员移动与否，只要处于传感器的扫描范围内，它都会产生触点（开关）信号。

自动感应门的工作过程是：安装在门上的反射式红外光电传感器的光源发射红外线，当

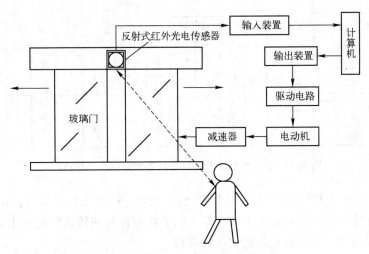

图 3-7　自动感应门控制系统组成示意图

有人接近时，红外线照射在人体并反射到传感器的接收元件上，产生开门触点信号，并经输入装置传给计算机。计算机接收开关信号后进行判断，通过输出装置发出控制信号驱动电动机正向运行，再通过执行装置将门开启；当人离开后由计算机做出判断，通知电动机作反向运动，将门关闭。

自动感应门还设置了安全辅助装置，当门正关闭时，安装在门侧的反射式红外光电传感器检测到有人进出，则控制门停止关闭并打开，防止夹人。

3.1.4　驾考汽车压线监测

1. 应用背景

小型汽车驾照考试包括三个科目：科目一、科目二和科目三。

科目一是理论考试，考试分为两个部分：第一部分主要考道路交通安全法律法规、交通信号和通行规则等最基本的知识，在学员接受场内驾驶技能培训之前进行；第二部分主要考核安全文明驾驶要求、复杂条件下的安全驾驶知识及紧急情况下的临危处置方法等，作为科目三的一个考试项目，放在路考后进行。

科目二是场地驾驶技能考试，包括倒车入库、坡道定点停车和起步、侧方停车、曲线行驶及直角转弯等 5 项内容。

科目三是路考，主要是实际道路驾驶技能考试，还有科目一的第二部分考核。

学员在科目二的 5 项考试中，都要求不得压碰库位和车道的边线，不得中途停止，保持连续运行的状态。学员在考试中一旦车轮压边线或中途停下，就会判定为考试不通过。

科目二一般在车管所指定的考试场地进行，场地内设有监测中心，对学员操作及考试车辆行驶状态进行全程自动化监测，并实时给出考试结果的判定。

2. 监测系统

某小型汽车驾考科目二自动监测系统主要由传感器、信息采集装置、无线数传模块、触摸屏（显示器）、输入/输出装置和计算机等部分组成，如图 3-8 所示。

倒车入库、坡道定点停车和起步、侧方停车、曲线行驶及直角转弯等 5 个考试项目的场地或车道边线下均埋设了感应线圈或压电电缆传感器。

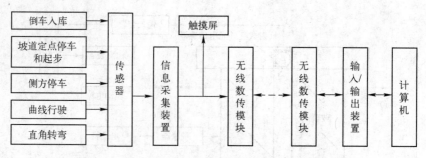

图 3-8　小型汽车驾考科目二自动监测系统组成框图

当汽车压上边线，传感器感受到压力变化产生高电平（开关）信号，信息采集装置获得该信号，经过处理后通过安装在考试汽车上的无线数传模块传送到监测中心，再由无线数传模块接收压线信号，并经输入装置送入计算机。

计算机获得汽车压线信号后给出考试成绩判定，考核信息通过输出装置和无线数传模块传送到考试汽车驾驶室的触摸屏（显示器），显示"汽车压线，考试不通过！"信息，并通过语音告知驾考学员。

图 3-9 是科目二直角转弯和倒车入库考试示意图。

图 3-9　小型汽车驾考科目二考试示意图

3.1.5　开关量输入系统总结

1. 开关量信号

开关量信号又称为数字量信号，是指在有限的离散瞬时上取值间断的信号，只有两种状态，相对于开和关一样，可用"0"和"1"表达。

在二进制系统中，数字信号是由有限字长的数字组成，其中每位数字不是"0"就是"1"。数字信号的特点是，它只代表某个瞬时的量值，是不连续的信号。

开关量信号反映了生产过程、设备运行的现行状态，又称为状态量。例如：行程开关可以指示出某个部件是否到达规定的位置，如果已经到位，则行程开关接通，并向工控机系统输入 1 个开关量信号；又如工控机系统欲输出报警信号，则可以输出 1 个开关量信号，通过继电器或接触器驱动报警设备，发出声光报警。如果开关量信号的幅值为 TTL/CMOS 电平，有时又将一组开关量信号称之为数字量信号。

有许多的现场设备往往只对应于两种状态，开关信号的处理主要是监测开关器件的状态变化。例如，按钮、行程开关的闭合和断开，马达、电动机的起动和停止，指示灯的亮和灭，继电器或接触器的释放和吸合，晶闸管的通和断，阀门的打开和关闭等，可以用开关输出信号去控制或者对开关量输入信号进行检测。

开关（数字）量输入有触点输入和电平输入两种方式；开关（数字）量输出信号也有触点输出和电平输出两种方式。一般把触点输入/输出信号称为开关信号，把电平/输出输入信号称为数字信号。它们的共同点是都可以用"0"和"1"表达。

电平有"高"和"低"之分，对于具体设备的状态和计算机的逻辑值可以事先约定，即电平"高"为"1"，电平"低"为"0"，或者相反。

触点又有常开和常闭之分，其逻辑关系正好相反，犹如数字电路中的正逻辑和负逻辑。工控机系统实际上是按电平进行逻辑运算和处理的，因此工控机系统必须为输入触点提供电源，将触点输入转换为电平输入。

对于开关量输出信号，可以分为两种形式：一种是电压输出，另一种是继电器输出。电压输出一般是通过晶体管的通断来直接对外部提供电压信号，继电器输出则是通过继电器触点的通断来提供信号。电压输出方式的速度比较快且外部接线简单，但带负载能力弱；继电器输出方式则与之相反。对于电压输出，又可分为直流电压和交流电压，相应的电压幅值可以有 5 V、12 V、24 V 和 48 V 等。

2. 开关量输入系统

上述实例中，有一个共同点，即钢球计数、防盗报警、感应自动门及驾考汽车压线等检测系统中，传感器检测信号经过检测电路变换输出的都是开关（数字）量信号，通过开关量输入装置送入计算机进行处理。上述实例的开关量的检测系统都可以用图 3-10 来表示。

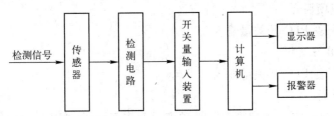

图 3-10　开关量检测系统组成框图

计算机完成开关信号的采集、处理和显示需要通过程序来实现。

下面的实训中，分别采用 PLC、数据采集卡和远程 I/O 模块作为开关量输入装置，使用 MCGS 组态软件编写计算机端程序以实现开关量的采集和处理。

3.2　计算机开关量输入实训

实训 3　三菱 PLC 开关量输入

【学习目标】

1）掌握计算机与三菱 PLC 串口通信、开关量输入的线路连接方法。

2）掌握用 MCGS 设计三菱 PLC 开关量输入程序的方法。

【线路连接】

通过 SC-09 编程电缆将计算机的串口 COM1 与三菱 FX_{2N}-32MR PLC 的编程口连接起来组成开关量输入系统，如图 3-11 所示。

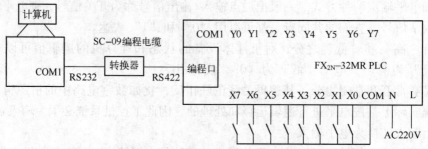

图 3-11 计算机与三菱 FX_{2N} PLC 组成的开关量输入系统

将按钮、行程开关和继电器开关等的常开触点连接到 PLC 开关量输入端点 X0、X1、……、X7，改变 PLC 某个输入端口的状态（打开/关闭）。

实际测试中，可用导线将 X0、X1、…、X7 与 COM 端点之间短接或断开产生开关量输入信号。

【实训任务】

采用 MCGS 编写程序实现计算机与三菱 FX_{2N}-32MR PLC 开关量输入，要求：计算机接收 PLC 发送的开关量输入信号状态值，并在程序界面中显示。

【任务实现】

1. 建立新工程项目

工程名称："三菱 PLC 开关量输入"；

窗口名称："DI"；

窗口标题："三菱 PLC 开关量输入"。

2. 制作图形界面

在"工作台"窗口中"用户窗口"选项卡，双击新建的"DI"窗口图标，进入界面开发系统。

1）通过工具箱"插入元件"工具为图形界面添加 8 个"指示灯"元件。

2）通过工具箱为图形界面添加 9 个"标签"构件，字符分别为"X0""X1""X2""X3""X4""X5""X6""X7"和"开关量输入指示"。

3）通过工具箱为图形界面添加 1 个"按钮"构件，将标题改为"关闭"。

设计的图形界面如图 3-12 所示。

图 3-12 界面图形

52

3. 定义数据对象

在"工作台"窗口中"实时数据库"选项卡，单击"新增对象"按钮，再双击新出现的对象，弹出"数据对象属性设置"对话框。

在"基本属性"选项卡，将"对象名称"改为"DI00"，"对象初值"设为"0"，对象类型选择"开关"单选按钮，如图3-13所示。

同样再定义7个开关型对象"DI01"～"DI07"。

建立的实时数据库如图3-14所示。

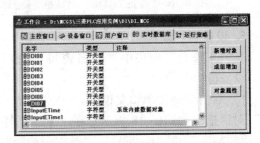

图3-13 对象"DI00"属性设置   图3-14 实时数据库

4. 添加三菱PLC设备

在"工作台"窗口中"设备窗口"选项卡，双击"设备窗口"图标，出现"设备组态：设备窗口"窗口，单击工具条上的"工具箱"图形按钮，弹出"设备工具箱"对话框。

1）单击该对话框"设备管理"按钮，弹出"设备管理"对话框。在"可选设备"列表中双击"通用串口父设备"项，将其添加到右侧的"选定设备"列表中，如图3-15所示。

图3-15 "设备管理"对话框

2）在"设备管理"对话框"可选设备"列表中依次选择"所有设备→PLC 设备 →三菱 →三菱_FX 系列编程口 →三菱_FX 系列编程口",单击"增加"按钮,将"三菱_FX 系列编程口"添加到右侧的"选定设备"列表中,如图 3-15 所示。单击"确认"按钮,将选定的设备添加到"设备工具箱"对话框中,如图 3-16 所示。

3）在"设备工具箱"对话框中双击"通用串口父设备",在"设备组态:设备窗口"窗口中出现"通用串口父设备 0-［通用串口父设备］"。同理,在"设备工具箱"对话框中双击"三菱_FX 系列编程口",在"设备组态:设备窗口"窗口中出现"设备 0-［三菱_FX 系列编程口］",设备添加完成,如图 3-17 所示。

图 3-16 "设备工具箱"对话框　　图 3-17 "设备组态:设备窗口"窗口

5. 设备属性设置

在"工作台"窗口中"设备窗口"选项卡,双击"设备窗口"图标,出现"设备组态:设备窗口"窗口。

1）双击"通用串口父设备 0-［通用串口父设备］"项,弹出"通用串口设备属性编辑"对话框,如图 3-18 所示。在"基本属性"选项卡中,"串口端口号"选"0-COM1","通讯波特率"选"6-9600","数据位位数"选"0-7 位","停止位位数"选"0-1 位","数据校验方式"选"2-偶校验"。参数设置完毕,单击"确认"按钮。

2）双击"设备 0-［三菱_FX 系列编程口］"项,弹出"设备属性设置"对话框,如图 3-19 所示。

图 3-18 "通用串口设备属性编辑"对话框　　图 3-19 "设备属性设置"对话框

3）在"设备属性设置"对话框选择"通道连接"选项卡,选择 1 通道对应的数据对象单元格,右击,弹出"连接对象"对话框,双击要连接的数据对象"DI00",完成对象连接。同理连接 2 通道～8 通道对应的数据对象"DI01"～"DI07",如图 3-20 所示。

4）在"设备属性设置"对话框选择"设备调试"选项卡,如果系统连接正常,可以观察 PLC 开关量输入通道值。如将线路中 PLC 的输入端口 X5 与 COM 端口短接,观察到数据对象"DI05"对应的通道值变为"1",如图 3-21 所示。

图 3-20 "通道连接"选项卡

图 3-21 "设备调试"选项卡

6. 建立动画连接

在"工作台"窗口中"用户窗口"选项卡,双击"DI"窗口图标进入开发系统。通过双击界面中各图形对象,将各对象与定义好的变量连接起来。

1)建立"指示灯"元件的动画连接

双击界面(图 3-12)中 X0 指示灯,弹出"单元属性设置"对话框。选择"数据对象"选项卡,如图 3-22 所示。连接类型选择"填充颜色"。单击右侧的"?"按钮,弹出"数据对象连接"对话框,双击数据对象"DI00",在"数据对象"选项卡"填充颜色"行出现连接的数据对象"DI00",如图 3-23 所示。单击"确认"按钮完成 X0 指示灯的数据连接。

图 3-22 "单元属性设置"对话框

图 3-23 "指示灯"元件数据对象连接

按照同样的步骤建立 X1 ~ X7 指示灯的数据连接,连接的数据对象分别为"DI01"~"DI07"。

2)建立"按钮"构件的动画连接

双击界面(图 3-12)"关闭"按钮构件,出现"标准按钮构件属性设置"对话框。在"操作属性"选项卡,"按钮对应的功能"选择"关闭用户窗口"复选按钮,在右侧下拉列表框选择"DI"窗口。

7. 程序测试与运行

保存该工程,将"DI"窗口设为启动窗口,运行工程。

将线路中 PLC 某输入端口如 X4 与 COM 端口短接,则线路中 PLC 上输入信号指示灯 X4 亮,程序界面中开关量输入指示灯 X4 变成红色;将线路中 PLC 上 X4 端口与 COM 端口断开,则线路中 PLC 输入信号指示灯 X4 灭,程序界面中开关量输入指示灯 X4 变成绿色。

同样可以测试其他输入端口的状态。

程序运行界面如图 3-24 所示。

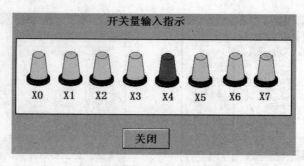

图 3-24　运行界面

实训 4　西门子 PLC 开关量输入

【学习目标】

1) 掌握计算机与西门子 S7-200 PLC 串口通信、开关量输入的线路连接方法。

2) 掌握用 MCGS 设计西门子 S7-200 PLC 开关量输入程序的方法。

【线路连接】

通过 PC/PPI 编程电缆将计算机的串口 COM1 与西门子 S7-200 PLC 的编程口连接起来组成开关量输入系统，如图 3-25 所示。

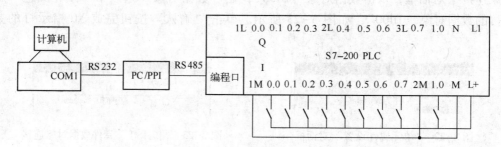

图 3-25　PC 与 S7-200 PLC 组成的开关量输入系统

采用按钮、行程开关和继电器开关等改变 PLC 某个开关量输入端口的状态（打开/关闭）。

用导线将 M、1M 和 2M 端点短接，将按钮和行程开关等的常开触点连接到 PLC 开关量输入端点 I0.0、I0.1、I0.2、…、I0.7。

实际测试中，可用导线将输入端点 I0.0、I0.1、I0.2、…、I0.7 与 L+端点之间短接或断开产生开关量输入信号。

【实训任务】

采用 MCGS 编写程序实现计算机与西门子 S7-200 PLC 开关量输入，要求：计算机接收 PLC 发送的开关量输入信号状态值，并在程序界面中显示。

【任务实现】

1. 建立新工程项目

工程名称："西门子 PLC 开关量输入"；

窗口名称："DI"；

窗口标题："西门子 PLC 开关量输入"。

2. 制作图形界面

在"工作台"窗口中"用户窗口"选项卡，双击新建的"DI"窗口图标，进入界面开发系统。

1）通过工具箱"插入元件"工具为图形界面添加 8 个"指示灯"元件。

2）通过工具箱为图形界面添加 9 个"标签"构件，字符分别为"I0.1""I0.1""I0.2""I0.3""I0.4""I0.5""I0.6""I0.7"和"开关量输入指示"。

3）通过工具箱为图形界面添加 1 个"按钮"构件，将标题改为"关闭"。

设计的图形界面如图 3-26 所示。

图 3-26　界面图形

3. 定义数据对象

在"工作台"窗口中"实时数据库"选项卡，单击"新增对象"按钮，再双击新出现的对象，弹出"数据对象属性设置"对话框。

在"基本属性"选项卡，将"对象名称"改为"DI00"，"对象初值"设为"0"，"对象类型"选"开关"，如图 3-27 所示。

同样再定义 7 个开关型对象"DI01"～"DI07"。

建立的实时数据库如图 3-28 所示。

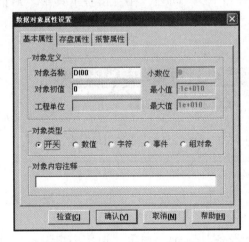

图 3-27　对象"DI00"属性设置

图 3-28　实时数据库

4. 添加西门子 PLC 设备

在"工作台"窗口中"设备窗口"选项卡，双击"设备窗口"图标，出现"设备组态：设备窗口"对话框，单击工具条上的"工具箱"图形按钮，弹出"设备工具箱"对话框。

1）在该对话框单击"设备管理"按钮，弹出"设备管理"对话框。在"可选设备"列表中双击"通用串口父设备"项，将其添加到右侧的"选定设备"列表中，如图3-29所示。

图3-29 "设备管理"对话框

2）在"设备管理"对话框"可选设备"列表中依次选择"所有设备→PLC设备→西门子→S7-200-PPI→西门子_S7200PPI"，单击"增加"按钮，将"西门子_S7200PPI"添加到右侧的选定设备列表中，如图3-29所示。单击"确认"按钮，将选定设备添加到"设备工具箱"对话框中，如图3-30所示。

3）在"设备工具箱"对话框中双击"通用串口父设备"，在"设备组态：设备窗口"窗口中出现"通用串口父设备0-［通用串口父设备］"。同理，在"设备工具箱"对话框中双击"西门子_S7200PPI"，在"设备组态：设备窗口"窗口中出现"设备0-［西门子_S7200PPI］"，设备添加完成，如图3-31所示。

图3-30 "设备工具箱"对话框

图3-31 "设备组态：设备窗口"窗口

5. 设备属性设置

在"工作台"窗口中"设备窗口"选项卡，双击"设备窗口"图标，出现"设备组态：设备窗口"窗口。

1）双击"通用串口父设备0-［通用串口父设备］"项，弹出"通用串口设备属性编辑"对话框，如图3-32所示。在"基本属性"选项卡中，"串口端口号"选"0-COM1"，"通信波特率"选"6-9600"，"数据位位数"选"1-8位"，"停止位位数"选"0-1位"，"数据校验方式"选"2-偶校验"。参数设置完毕，单击"确认"按钮。

2）双击"设备0-［西门子_S7200PPI］"项，弹出"设备属性设置"对话框，如

图 3-33 所示。

图 3-32　"通用串口设备属性编辑"对话框

图 3-33　"设备属性设置"对话框

3）在"设备属性设置"对话框选择"通道连接"选项卡，选中 1 通道对应的数据对象单元格，右击，弹出"连接对象"对话框，双击要连接的数据对象"DI00"，完成对象连接。同理连接 2 通道～8 通道对应的数据对象"DI01"～"DI07"，如图 3-34 所示。

4）在"设备属性设置"窗口选择"设备调试"选项卡，如果系统连接正常，可以观察 PLC 开关量输入通道值。如将线路中 PLC 的输入端口 I0.1 与 L+端口短接，观察到数据对象"DI01"对应的通道值变为"1"，如图 3-35 所示。

图 3-34　"通道连接"选项卡

图 3-35　"设备调试"选项卡

6. 建立动画连接

在"工作台"窗口中"用户窗口"选项卡，双击"DI"窗口图标进入开发系统。通过双击界面中各图形对象，将各对象与定义好的变量连接起来。

1）建立"指示灯"元件的动画连接

双击界面（图 3-26）中 I0.0 指示灯，弹出"单元属性设置"对话框。选择"数据对象"选项卡，如图 3-36 所示。"连接类型"选择"填充颜色"。单击右侧的"?"按钮，弹出"数据对象连接"对话框，双击数据对象"DI00"，在"数据对象"选项卡"填充颜色"行出现连接的数据对象"DI00"，如图 3-37 所示。单击"确认"按钮完成 I0.0 指示灯的数据连接。

图 3-36 "单元属性设置"对话框　　　　图 3-37 "指示灯"元件数据对象连接

按照同样的步骤建立 I0.1 ～ I0.7 指示灯的数据连接，连接的数据对象分别为 "DI01" ～ "DI07"。

2）建立"按钮"构件的动画连接

双击界面（图 3-26）上的"关闭"按钮构件，出现"标准按钮构件属性设置"对话框。在"操作属性"选项卡，"按钮对应的功能"选择"关闭用户窗口"复选按钮，在右侧下拉列表框选择"DI"窗口。

7. 程序测试与运行

保存该工程，将"DI"窗口设为启动窗口，运行工程。

将线路中 PLC 某输入端口如 I0.5 端口与 L+端口短接，则线路中 PLC 上输入信号指示灯 I0.5 亮，程序界面中状态指示灯 I0.5 变成红色；将线路中 PLC 上 I0.5 端口与 L+端口断开，则线路中 PLC 上输入信号指示灯 I0.5 灭，程序界面中状态指示灯 I0.5 变成绿色。

同样可以测试其他输入端口的状态。

程序运行界面如图 3-38 所示。

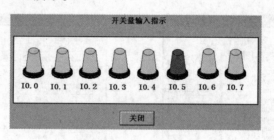

图 3-38　运行界面

实训 5　数据采集卡开关量控制

【学习目标】

1）掌握用数据采集板卡进行开关量输入的硬件连接方法。

2）掌握用 MCGS 设计数据采集卡开关量输入程序的方法。

【线路连接】

计算机与 PCI-1710HG 数据采集卡组成的开关量输入系统如图 3-39 所示。

图 3-39 中，由电气开关控制 1 个电磁继电器 KM1，继电器有两路常开开关，其中，继电器的一个常开开关 KM11 接指示灯，另一常开开关 KM12 接数据采集卡数字量输入 0 通道（56 端点和 48 端点）；由光电接近开关（也可采用电感接近开关）控制 1 个电磁继电器 KM2，继电器有两路常开开关，其中，继电器的一个常开开关 KM21 接指示灯，另一常开开关 KM22 接数据采集卡数字量输入 1 通道（22 端点和 48 端点）。

也可直接使用按钮和行程开关等的常开触点连接到数字量输入端口（56 端点是 DI0，22

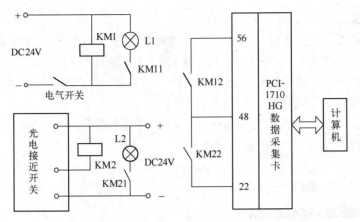

图 3-39　计算机与数据采集卡组成的开关量输入系统

端点是 DI1，48 端点是 DGND）。其他数字量输入通道信号输入接线方法与通道 1 相同。

实际测试中，可用导线将数字量输入端点（如 56）与数字地（48 端点）之间短接或断开产生开关量输入信号。

注：PCI-1710HG 数据采集卡介绍、软硬件安装及配置参见配套资源习题 3-6 参考答案。

【实训任务】

采用 MCGS 编写程序实现计算机与 PCI-1710HG 数据采集卡开关量输入。要求：计算机接收数据采集卡发送的开关量输入信号状态值，使程序界面中开关量输入指示灯颜色改变，同时计数器数字从 0 开始累加。

【任务实现】

1. 建立新工程项目

工程名称："数据采集卡开关量输入"；

窗口名称："DI"；

窗口标题："数据采集卡开关量输入"。

2. 制作图形界面

在"工作台"窗口中"用户窗口"选项卡，双击新建的"DI"窗口图标，进入界面开发系统。

1）通过工具箱"插入元件"工具为图形界面添加 1 个"指示灯"元件。

2）通过工具箱为图形界面添加 3 个"标签"构件，字符分别为"开关量输入指示"、"计数器"和"000"（保留边线）。

3）通过工具箱为图形界面添加 1 个"按钮"构件，将标题改为"关闭"。

设计的图形界面如图 3-40 所示。

3. 定义对象

在"工作台"窗口中"实时数据库"选项卡，单击"新增对象"按钮，再双击新出现的对象，弹出

图 3-40　图形界面

"数据对象属性设置"对话框。

1）在该对话框"基本属性"选项卡，将"对象名称"改为"开关量输入"，"对象初值"设为"0"，"对象类型"选择"开关"单选按钮，如图3-41所示。

2）新增对象。在"基本属性"选项卡，将"对象名称"改为"指示灯"，"对象初值"设为"0"，"对象类型"选择"开关"单选按钮。

3）新增对象。在"基本属性"选项卡，将"对象名称"改为"num"，"对象类型"选"数值"单选按钮，"对象初值"设为"0"，"最小值"设为"0"，"最大值"设为"100"。

建立的实时数据库如图3-42所示。

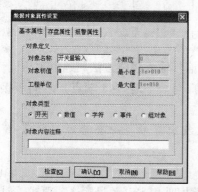

图 3-41 对象"开关量输入"属性设置

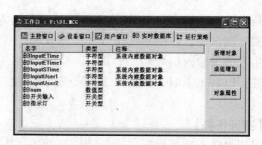

图 3-42 实时数据库

4. 添加设备

在"工作台"窗口中"设备窗口"选项卡，双击"设备窗口"图标，出现"设备组态：设备窗口"窗口，单击工具条上的"工具箱"按钮，弹出"设备工具箱"对话框。

1）单击"设备管理"按钮，弹出"设备管理"对话框。在"可选设备"列表中依次选择"所有设备→采集板卡→研华板卡→PCI-1710HG→研华_PCI-1710HG"，单击"增加"按钮，将"研华_PCI-1710HG"添加到右侧的"选定设备"列表中，如图3-43所示。单击"确认"按钮，将选定设备添加到"设备工具箱"对话框中，如图3-44所示。

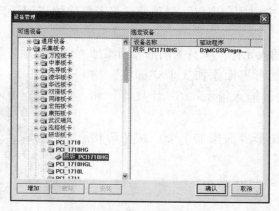

图 3-43 "设备管理"对话框

2) 在"设备工具箱"对话框双击"研华_PCI-1710HG"，在"设备组态：设备窗口"窗口中出现"设备0-［研华_PCI-1710HG］"，设备添加完成，如图3-45所示。

图3-44 "设备工具箱"对话框　　图3-45 "设备组态：设备窗口"窗口

5. 设备属性设置

在"工作台"窗口中"设备窗口"选项卡，双击"设备窗口"图标，出现"设备组态：设备窗口"窗口。双击"设备0-［研华_PCI-1710HG］"，弹出"设备属性设置"对话框。

1) 在"基本属性"选项卡，将"IO基地址（16进制）"设为"e800"（IO基地址即PCI板卡的端口地址，在Windows设备管理器中查看，该地址与板卡所在插槽的位置有关），如图3-46所示。

2) 在"通道连接"选项卡，选择通道16对应的数据对象单元格，右击，弹出"连接对象"对话框，双击要连接的数据对象"开关量输入"，完成对象连接，如图3-47所示。

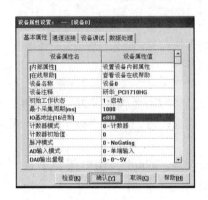

图3-46 "设备属性设置"对话框　　图3-47 "通道连接"选项卡

3) 在"设备调试"选项卡，如果系统连接正常，可以观察PCI-1710HG板卡数字量输入通道值。如将线路中数据采集卡的数字量输入56端口（即0通道）与48端口（即DGND）短接，观察到数据对象"开关量输入"对应的通道值变为"0"，如图3-48所示。

6. 建立动画连接

在"工作台"窗口中"用户窗口"选项卡，双击"DI"窗口图标进入开发系统。通过双击界面中各图形对象，将各对象与定义好的变量连接起来。

1) 建立"指示灯"元件的动画连接。

双击界面（图3-38）中开关量输入指示灯，弹出"单元属性设置"对话框，选择"数据对象"选项卡，如图3-49所示。连接类型选择"可见度"。单击右侧的"?"按钮，弹出"数据对象连接"对话框，双击数据对象"指示灯"，在"数据对象"选项卡"可见度"行出现连接的数据对象"指示灯"，如图3-50所示。单击"确认"按钮完成开关量输入指

图 3-48 "设备调试" 选项卡

示灯的数据连接。

图 3-49 "单元属性设置" 对话框

图 3-50 输入指示灯数据对象连接

2) 建立计数"标签"构件"000"动画连接。

双击界面（图 3-28）中的标签"000"，弹出"动画组态属性设置"对话框。在"属性设置"选项卡，输入/输出连接选择"显示输出"复选按钮，出现"显示输出"选项卡，如图 3-51 所示。

选择"显示输出"选项卡，表达式选择数据对象"num"，输出值类型选"数值量输出"单选按钮，整数位数设为"2"，如图 3-52 所示。

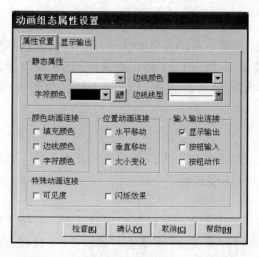

图 3-51 "动画组态属性设置" 对话框

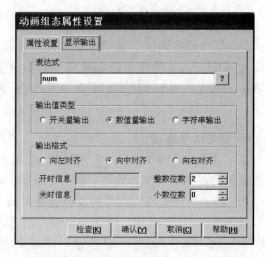

图 3-52 标签构件"000"数据对象连接

3）建立"按钮"构件的动画连接。

双击界面（图3-28）"关闭"按钮，出现"标准按钮构件属性设置"对话框。选择"操作属性"选项卡，选择"按钮对应的功能"下的"关闭用户窗口"复选按钮，在右侧下拉列表框选择"DI"窗口。

7. 策略编程

在"工作台"窗口中"运行策略"选项卡，单击"新建策略"按钮，出现"选择策略的类型"对话框，选择"事件策略"项，单击"确定"按钮，"运行策略"窗口出现新建的"策略1"。

选中"策略1"项，单击"策略属性"按钮，弹出"策略属性设置"对话框，将策略名称改为"开关计数"，"对应表达式"选择数据对象"开关量输入"，"事件的内容"选择"表达式的值有改变时，执行一次"，如图3-53所示。

图3-53 "策略属性设置"对话框

在"工作台"窗口中"运行策略"选项卡，双击"开关量输入"事件策略，弹出"策略组态：开关量输入"窗口。单击"MCGS组态环境"窗口工具条中的"新增策略行"图标按钮，在"策略组态：开关量输入"窗口中出现"新增策略"行。单击选中策略工具箱中的"脚本程序"项，再将鼠标指针移动到策略块图标上单击以添加"脚本程序"构件。

双击"脚本程序"策略块，进入"脚本程序"编辑窗口，在编辑区输入如下程序：

```
If 开关量输入 = 0 Then
        指示灯 = 0
        num = num + 1
Else
        指示灯 = 1
Endif
```

程序的含义是：在数据采集卡开关量输入0通道输入开关信号，使程序界面中开关量输入指示灯颜色改变；开关每闭合1次计数器数字加1。

单击"确定"按钮，完成程序的输入。

8. 程序测试与运行

保存该工程，将"DI"窗口设为启动窗口，运行工程。

用导线将数据采集卡开关量输入 56 端口（DI0）和 48 端口（DGND）短接或断开，使数据采集卡开关量输入 0 通道输入开关信号，程序界面中开关量输入指示灯改变颜色，开关每闭合（短接）1 次计数器数字加 1。程序运行界面如图 3-54 所示。

图 3-54　程序运行界面

实训 6　远程 I/O 模块开关量控制

【学习目标】

1）掌握用远程 I/O 模块进行开关量信号输入的硬件连接方法。

2）掌握用 MCGS 设计远程 I/O 模块开关量输入程序的方法。

【线路连接】

计算机与 ADAM4000 系列远程 I/O 模块组成的开关量输入系统如图 3-55 所示。

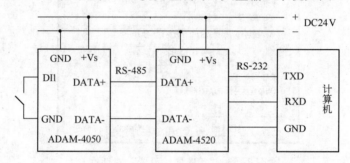

图 3-55　计算机与远程 I/O 模块组成的开关量输入系统

如图 3-55 所示，ADAM-4520（RS232 与 RS485 转换模块）与计算机的串口 COM1 连接，将 RS-232 总线转换为 RS-485 总线；ADAM-4050（数字量输入与输出模块）的信号输入端子 DATA+、DATA−分别与 ADAM-4520 的 DATA+、DATA−连接。模块电源端子+Vs、GND 分别与 DC24V 电源的+、−连接。

开关量输入：可使用按钮和行程开关等的常开触点连接到数字量输入端口如 DI1。

实际测试中，可用导线将输入端口如 DI1 与数字地（GND）之间短接或断开产生开关量输入信号。

其他数字量输入通道接线方法与 DI1 通道接线方法相同。

线路连好后，将 ADAM-4050 模块的地址设为 02。

注：有关 ADAM4000 系列远程 I/O 模块的软硬件安装及地址设定方法参见配套资源习题 3-7 参考答案。

【实训任务】

采用 MCGS 编写程序实现计算机与远程 I/O 模块开关量输入。任务要求：计算机接收远程 I/O 模块发送的开关量输入信号状态值，使程序界面中开关量输入指示灯颜色改变，同时程序计数器数字从0开始累加。

【任务实现】

1. 建立新工程项目

工程名称："远程 I/O 模块开关量输入"；

窗口名称："DI"；

窗口标题："远程 I/O 模块开关量输入"。

2. 制作图形界面

在"工作台"窗口中"用户窗口"选项卡，双击新建的"DI"窗口图标，进入界面开发系统。

1）通过工具箱"插入元件"工具为图形界面添加1个"指示灯"元件。

2）通过工具箱为图形界面添加3个"标签"构件，字符分别为"开关量输入指示""计数器"和"000"（保留边线）。

3）通过工具箱为图形界面添加1个"按钮"构件，将标题改为"关闭"。

设计的图形界面如图3-56所示。

图3-56　图形界面

3. 定义对象

在"工作台"窗口中"实时数据库"选项卡，单击"新增对象"按钮，再双击新出现的对象，弹出"数据对象属性设置"对话框。

1）在"基本属性"选项卡，将"对象名称"改为"开关量输入"，"对象初值"设为"0"，"对象类型"选择"开关"单选按钮，如图3-57所示。

2）新增对象。在"数据对象属性设置"对话框"基本属性"选项卡，将"对象名称"改为"指示灯"，"对象初值"设为"0"，"对象类型"选择"开关"单选按钮。

3）新增对象。在"数据对象属性设置"对话框"基本属性"选项卡，将"对象名称"改为"num"，"对象类型"选"数值"单选按钮，"对象初值"设为"0"，"最小值"设为"0"，"最大值"设为"100"。

建立的实时数据库如图3-58所示。

图3-57　对象"开关量输入"属性设置

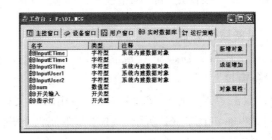

图3-58　实时数据库

4. 添加设备

在"工作台"窗口中"设备窗口"选项卡，双击"设备窗口"图标，出现"设备组态：设备窗口"窗口，单击工具条上的"工具箱"图标按钮，弹出"设备工具箱"对话框。

1）单击"设备管理"按钮，弹出"设备管理"对话框。在"可选设备"列表中双击"通用串口父设备"项，将其添加到右侧的"选定设备"列表中，如图 3-59 所示。

图 3-59 "设备管理"对话框

2）在"设备管理"对话框"可选设备"列表中依次选择"所有设备→智能模块 → 研华模块 → ADAM4000 → 研华-4050"，单击"增加"按钮，将"研华-4050"添加到右侧的"选定设备"列表中，如图 3-59 所示。单击"确认"按钮，将选定设备添加到"设备工具箱"对话框中，如图 3-60 所示。

3）在"设备工具箱"对话框中双击"通用串口父设备"，在"设备组态：设备窗口"窗口中出现"通用串口父设备 0-［通用串口父设备］"。同理，在"设备工具箱"对话框中双击"研华-4050"，在"设备组态：设备窗口"窗口中出现"设备 0-［研华-4050］"，设备添加完成，如图 3-61 所示。

图 3-60 "设备工具箱"对话框

图 3-61 "设备组态：设备窗口"窗口

5. 设备属性设置

在"工作台"窗口中"设备窗口"选项卡，双击"设备窗口"图标，出现"设备组态：设备窗口"窗口。

1）双击"通用串口父设备 0-［通用串口父设备］"项，弹出"通用串口设备属性编辑"对话框，如图 3-62 所示。在"基本属性"选项卡中，"串口端口号"选"0-COM1"，"通讯波特率"选"6-9600"，"数据位位数"选"1-8 位"，"停止位位数"选"0-1 位"，"数据校验方式"选"0-无校验"。参数设置完毕，单击"确认"按钮。

2）双击"设备 0-［研华-4050］"项，弹出"设备属性设置"对话框，如图 3-63 所示。

图 3-62 "通用串口设备属性编辑"对话框

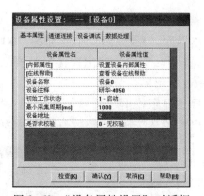

图 3-63 "设备属性设置"对话框

在"基本属性"选项卡中将"设备地址"设为"2"。在"通道连接"选项卡,选择2通道对应的数据对象单元格,右击,弹出"连接对象"对话框,双击要连接的"对应数据对象"的"开关量输入",完成对象连接,如图3-64所示。

在"设备调试"选项卡,如果系统连接正常,可以观察模块开关量输入通道值。如将线路中模块的输入 DI1 端口与 GND 端口短接,观察到数据对象"开关量输入"对应的通道值变为"0",如图3-65所示。

图 3-64 "通道连接"选项卡

图 3-65 "设备调试"选项卡

6. 建立动画连接

在"工作台"窗口中"用户窗口"选项卡,双击"DI"窗口图标进入开发系统。通过双击界面中各图形对象,将各对象与定义好的变量连接起来。

1)建立"指示灯"元件的动画连接。

双击界面(图3-56)中开关量输入指示灯,弹出"单元属性设置"对话框,选择"数据对象"选项卡,如图3-66所示。"连接类型"选择"可见度"。单击右侧的"?"按钮,弹出"数据对象连接"对话框,双击数据对象"指示灯",在"数据对象"选项卡"可见度"行出现需连接的数据对象"指示灯",如图3-67所示。单击"确认"按钮完成开关量输入指示灯的数据连接。

图 3-66 "单元属性设置"对话框

图 3-67 指示灯数据对象连接

2）建立计数"标签"构件"000"动画连接。

双击界面（图3-56）中的标签"000"，弹出"动画组态属性设置"对话框。在"属性设置"选项卡，"输入输出连接"选择"显示输出"复选按钮，出现"显示输出"选项卡，如图3-68所示。

选择"显示输出"选项卡，"表达式"选择数据对象"num"，"输出值类型"选"数值量输出"单选按钮，"整数位数"设为"2"，如图3-69所示。

图3-68 "动画组态属性设置"对话框

图3-69 标签构件"000"数据对象连接

3）建立"按钮"构件的动画连接。

双击界面（图3-56）"关闭"按钮，出现"标准按钮构件属性设置"对话框。选择"操作属性"选项卡，选择按钮对应的功能"关闭用户窗口"，在右侧的下拉列表框选择"DI"窗口。

7. 策略编程

在"工作台"窗口中"运行策略"选项卡，单击"新建策略"按钮，出现"选择策略的类型"对话框，选择"事件策略"项，单击"确定"按钮，"运行策略"窗口出现新建的"策略1"。

选中该窗口"策略1"项，单击"策略属性"按钮，弹出"策略属性设置"对话框，将"策略名称"改为"开关计数"，"对应表达式"选择数据对象"开关量输入"，"事件的内容"选择"表达式的值有改变时，执行一次"，如图3-70所示。

图3-70 "策略属性设置"对话框

在"工作台"窗口中"运行策略"选项卡，双击"开关量输入"事件策略，弹出"策略组态：开关量输入"窗口。单击"MCGS组态环境"窗口工具条中的"新增策略行"图标按钮 ![icon]，在"策略组态：开关量输入"窗口中出现"新增策略"行。单击选中策略工具箱中的"脚本程序"项，再将鼠标指针移动到策略块图标上单击以添加"脚本程序"构件。

双击"脚本程序"策略块，进入"脚本程序"编辑窗口，在编辑区输入如下程序。

```
If 开关量输入 = 0 Then
        指示灯 = 0
        num = num + 1
Else
        指示灯 = 1
Endif
```

程序的含义是：在远程 I/O 模块开关量输入 DI1 通道输入开关信号，使程序界面中开关量输入指示灯颜色改变；开关每闭合 1 次程序计数器数字加 1。

单击"确定"按钮，完成程序的输入。

8. 程序测试与运行

保存该工程，将"DI"窗口设为启动窗口，运行工程。

用导线将远程 I/O 模块开关量输入 DI1 端口和 GND 数字地短接或断开，使远程 I/O 模块开关量输入 DI1 通道输入开关信号，程序界面中开关量输入指示灯改变颜色，开关每闭合（短接）1 次计数器数字加 1。

程序运行界面如图 3-71 所示。

图 3-71　程序运行界面

3.3　知识链接

3.3.1　传感器

传感器是一种将各种被测非电信号转换成可用电信号的测量装置或元件。

应当指出，这里所谓的"可用信号"是指便于传输、处理、显示、记录和控制的信号。当今只有电信号满足上述要求，因此，可把传感器狭义地定义为：把非电信号转换成电信号输出的装置。

如果将被测的物理量转换为标准的电信号（一般为 $4 \sim 20\,mA$ 或 $1 \sim 5\,V$ 等），则传感器被称为变送器。

1. 传感器的地位

现代信息技术的三大支柱是信息的采集、传输和处理技术，即传感技术、通信技术和计算机技术，它们分别构成了信息技术系统的"感官"、"神经"和"大脑"。信息采集系统的首要部件是传感器，且置于系统的最前端。

在一个现代控制系统中，如果没有传感器，就无法监测与控制以表征生产过程中各个环节的各种参数，也就无法实现自动控制。因此，传感器是现代控制技术的基础。

传感器的应用领域主要包括如下几个方面：

1）生产过程的测量与控制。在工农业生产过程中，对温度、压力、流量、位移、液位和气体成分等参数进行检测，从而实现对工作状态的控制。

2）报警与环境保护。传感器可对高温、放射性污染以及粉尘弥漫等恶劣工作条件下的过程参数进行远距离测量与控制，可用于监控、防灾及防盗等方面的报警系统。在环境保护方面可用于对大气与水质污染的监测、放射性与噪声的测量等方面。

3）自动化设备和机器人。传感器可提供各种反馈信息，尤其是传感器与计算机的结合，使生产设备的自动化程度大大提高。现代机器人中大量使用了传感器，其中包括力、扭矩、位移、超声波、转速和射线等传感器。

4）交通运输和资源探测。传感器可用于交通工具、道路和桥梁的管理，以保证运输的效率并防止事故的发生。还可用于陆地与海洋资源的探测以及空间环境、气象等方面的监测。

5）医疗卫生和家用电器。利用传感器可实现对患者的自动监测与监护，可进行微量元素的测定和食品卫生检疫等。

2. 常用的传感器

（1）电阻式传感器

电阻式传感器种类繁多，应用广泛。它的基本原理是将被测非电信号的变化转换成电阻的变化。导电材料的电阻不仅与材料的类型、尺寸有关，还与温度、湿度和变形等因素有关。不同导电材料，对同一非电物理量的敏感程度不同，甚至差别很大。因此，利用某种导电材料的电阻对某一非电物理量具有较强的敏感特性，就可制成测量该物理量的电阻式传感器。

常用的电阻传感器有电位器式、电阻应变式、热敏电阻、气敏电阻、光敏电阻和湿敏电阻等。利用电阻传感器可以测量应变、力、位移、荷重、加速度、压力、转矩、温度、湿度、气体成分及浓度等。图 3-72 是电阻应变式荷重传感器产品图。

（2）电容式传感器

电容式传感器是以各种类型的电容器作为敏感元件，将被测物理量的变化转换为电容量的变化，再由测量电路转换为电压、电流或频率的变化，以达到检测的目的。因此，凡是能引起电容量变化的有关非电信号，均可用电容式传感器进行电测变换。

根据变换原理的不同，电容式传感器有变极距型、变面积型和变介质型 3 种。该类传感器不仅能测量荷重、位移、振动、角度和加速度等机械量，还能测量压力、液位、物位和成分含量等热工量。图 3-73 是电容式差压变送器产品。这种传感器具有结构简单、灵敏度高及动态特性好等一系列优点，在机电控制系统中占有十分重要的地位。

图 3-72　电阻应变式荷重传感器产品图　　　图 3-73　电容式差压变送器产品

（3）电感式传感器

电感式传感器是利用线圈自感或互感系数的变化来实现非电信号测量的一种装置。电感式传感器一般分为自感式、互感式和电涡流式 3 大类。习惯上将自感式传感器称为电感式传感器，而互感式传感器由于是利用变压器原理，又往往做成差动式，故常被称为差动变压器式传感器。

电感式传感器能对位移、压力、振动、应变和流量等参数进行测量。它具有结构简单、灵敏度高、输出功率大、输出阻抗小、抗干扰能力强及测量精度高等一系列优点，因此在机电控制领域中得到广泛的应用。它的主要缺点是响应速度较慢，不宜于快速动态测量。图3-74是电感式传感器产品。

a)   b)

图3-74　电感式传感器产品
a）差动式　b）电涡流式

（4）压电式传感器

压电式传感器利用某些电介质材料具有压电效应而制成。当有些电介质材料在一定方向上受到外力（压力或拉力）作用而变形时，在其表面上会产生电荷；当外力去掉后，又回到不带电状态，这种将机械能转换成电能的现象，称为压电效应。

压电材料常使用晶体材料，但自然界中多数晶体压电效应太微弱，没有实用价值，只有石英晶体和人工制造的压电陶瓷具有良好的压电效应。压电传感器主要用来测量力、加速度和振动等动态物理量。图3-75是压电式力和加速度传感器产品。

a)   b)

图3-75　压电式力和加速度传感器产品图
a）力传感器　b）加速度传感器

（5）光电式传感器

光电式传感器是将光信号转化为电信号的一种传感器。它的理论基础是光电效应。光电效应大致可分为如下3类。

第一类是外光电效应，即在光照射下，能使电子逸出物体表面，利用这种效应做成的器件有真空光电管和光电倍增管等；第二类是内光电效应，即在光线照射下，能使物质的电阻率改变，这类器件包括各类半导体光敏电阻；第三类是光生伏特效应，即在光线作用下，物体内产生电动势的现象，此电动势称为光生电动势，这类器件包括光电池、光敏二极管和光敏晶体管等。

光电开关是一种利用感光元件对变化的入射光加以接收，进行光电转换，并加以某种形式的放大和控制，从而获得最终控制输出的"开"、"关"信号的器件，如图3-76所示。光电开关广泛应用于工业控制、自动化包装线及安全装置中作为光控制和光探测装置。可在自动控制系统中用作物体检测、产品计数、料位检测、尺寸控制、安全报警及计算机输入接口等。

图 3-76　光电开关

（6）热电式传感器

热电式传感器主要用来检测温度变化。主要包括热电偶传感器和热电阻传感器。

热电偶传感器的测温原理是热电效应。常用的热电偶有铂

铑 10-铂（分度号为 S）、镍铬-镍硅（分度号为 K）、镍铬-铜镍（分度号为 E）等，因为 K 型热电偶稳定性好，价格便宜，因而在工业上广泛应用。图 3-77 是热电偶传感器产品。

图 3-77　热电偶传感器产品

热电阻传感器测温基于热电阻现象，即导体或半导体的电阻率随温度的变化而变化的现象。利用物质的这一特性制成的温度传感器有金属热电阻传感器（简称热电阻）和半导体热电阻传感器（简称热敏电阻）。

在工业上使用最多的热电阻是铂电阻和铜电阻，常用的分度号是 Pt100 和 Cu50。

（7）数字式传感器

机电控制系统对检测技术提出了数字化、高精度、高效率和高可靠性等一系列要求。数字式传感器能满足这种要求。它具有很高的测量精度，易于实现系统的快速化、自动化和数字化，易于与微型计算机配合，组成数控系统，在机械工业的生产、自动测量以及机电控制系统中得到广泛的应用。常用的数字式传感器有光栅式、码盘式、磁栅式和感应同步器等。图 3-78 是数字式传感器产品。

图 3-78　数字式传感器产品

3. 传感器的选用

现代传感器的原理与结构千差万别，即使对于相同种类的测量对象也可采用不同工作原理的传感器，如何根据具体的测量条件、使用条件以及传感器的性能指标合理地选用传感器是进行某个物理量测量时首先要解决的问题。当传感器确定之后，与之配套的测量方法和测量设备也就可以确定了。测量结果的好坏，在很大程度上取决于传感器的选用是否合理。可以从以下几个方面来选用传感器。

（1）传感器的类型

要进行一个具体的测量工作前，首先要考虑采用何种原理的传感器，这需要分析多方面的因素之后才能确定。因为，即使是测量同一物理量，也有基于不同测量原理的传感器可供选用，哪一种传感器更为合适，则需要根据被测量的特点和传感器的使用条件来考虑以下一些具体问题：量程的大小；被测位置对传感器体积的要求；测量方式为接触式还是非接触式；信号的引出方法，有线或是非接触测量；传感器的来源，国产还是进口；价格能否承受；购买还是自行研制等。在考虑了上述问题之后，就能确定选用何种类型的传感器，然后再考虑传感器的具体性能指标。

（2）灵敏度

通常在传感器的线性范围内，希望传感器的灵敏度越高越好。因为只有灵敏度高，被测量变化时所对应的输出信号的值才比较大，有利于信号处理。但要注意的是，传感器的灵敏度高，与被测量无关的外界噪声也容易混入，也会被放大系统放大，影响测量精度。因此，要求传感器本身应具有较高的信噪比，尽量减少从外界引入的干扰信号。

传感器的灵敏度是有方向性的，如果被测量是单向量，而且对其方向性要求较高，则应选择方向灵敏度小的传感器；如果被测量是多维向量，则要求传感器的交叉灵敏度越小越好。

（3）精度

精度是传感器的一个重要的性能指标，它是关系到整个测量系统测量精度的一个重要环节。传感器的精度指标常与经济性联系在一起，精度越高，其价格越昂贵，因此，传感器的精度只要满足整个测量系统的精度要求就可以，不必选得过高。这样就可以在满足同一测量目的的诸多传感器中选择比较便宜和简单的传感器。

如果测量目的是定性分析，选用重复精度高的传感器即可，而不宜选用绝对量值精度高的；如果是为了定量分析，必须获得精确的测量值，就需选用精度等级能满足要求的传感器。

（4）线性度

线性度反映了输出量与输入量之间保持线性关系的程度。一般来说，人们都希望输出量与输入量之间呈线性关系。因为在线性情况下，模拟式仪表的刻度就可以做成均匀刻度，而数字式仪表就可以不必加入线性化环节；此外，当线性的传感器作为控制系统的一个组成部分时，它的线性性质常可使整个系统的设计分析得到简化。

实际上，任何传感器都不能保证绝对的线性，其线性度是相对的。当所要求测量精度比较低时，在一定的范围内，可将非线性误差较小的传感器近似看成线性的，这会给测量带来极大的方便。

（5）稳定性

传感器使用一段时间后，其性能保持不变的能力称为稳定性。通常在不指明影响量时，它反映的是传感器不受时间变化影响的能力。稳定性有短期稳定性和长期稳定性之分。

影响传感器长期稳定性的因素除传感器本身的结构外，主要是传感器的使用环境。因此要使传感器具有良好的稳定性，传感器必须有较强的环境适应能力。

在某些要求传感器能长期使用而又不能轻易更换或标定的场合，稳定性要求更严格，要能够经受住长时间的考验。

（6）频率响应特性

传感器的频率响应特性决定了被测量的频率范围，必须在允许频率范围内保持不失真的测量条件，实际上传感器的响应总有一定延迟，希望延迟时间越短越好。

传感器的频率响应高，可测的信号频率范围就宽。在动态测量中，应根据信号的特点（稳态、瞬态或随机等）来确定所需传感器的频率响应特性，以免产生过大的误差。

总之，应从传感器的基本工作原理出发，所选择的传感器最好既能满足使用性能要求又价格低廉。

3.3.2 数据采集卡

为了满足计算机用于数据采集与控制的需要，国内外许多厂商生产了各种各样的数据采集板卡（或 I/O 板卡）。用户只要把这类板卡插入计算机主板上相应的 I/O（ISA 或 PCI）扩展槽中，就可以迅速且方便地构成一个数据采集系统，既节省大量的硬件研制时间和投资，又可以充分利用计算机的软、硬件资源，还可以使用户集中精力对数据采集与处理中的理论和方法、系统设计以及程序编制等进行研究。

在各种计算机控制系统中，计算机插卡式是最基本的构成形式。

1. 数据采集卡的功能

一个典型的数据采集卡的功能有模拟输入、模拟输出、数字 I/O 及计数器/计时器等，这些功能分别由相应的电路来实现。

（1）模拟输入

模拟输入是采集卡最基本的功能之一，它将一个模拟信号转换为数字信号。该项功能一般通过多路开关、放大器、采样保持电路以及 A-D 转换器来实现。A-D 转换器的性能和参数直接影响着模拟量输入的质量，要根据实际需要的精度选择合适的 A-D 转换器。

（2）模拟输出

模拟输出通常为采集系统提供激励。输出信号受 D-A 转换器的参数建立时间、转换率和分辨率等因素影响。参数建立时间和转换率则决定了输出信号幅值改变的快慢。参数建立时间短、转换率高的 D-A 转换器就可以提供一个较高频率的信号。

（3）数字 I/O

数字 I/O 通常用来控制过程、产生测试信号及与外设进行通信等。它的重要参数包括数字接口路数、接收（发送）频率和驱动能力等。

如果用输出去驱动电动机、灯和开关等，就不必用较高的数据转换率。路数要与控制对象配合。需要的电流要小于采集卡所能提供的驱动电流，但加上合适的数字信号调理设备，仍可以用采集卡输出的低电流 TTL 电平信号去监控高电压和大电流的工业设备。

（4）计数/计时器

许多场合都要用到计数器，如定时和产生方波等。计数器包括 3 个重要信号：门限信号、计数信号和输出信号。门限信号实际上是触发信号（使计数器工作或不工作）；计数信号也是信号源，它提供了计数器操作的时间基准；输出信号是在输出线上产生脉冲或方波。计数器最重要的参数是分辨率和时钟频率。

2. 数据采集卡的类型

基于计算机总线的板卡是指计算机厂商为了满足用户需要，利用总线模板化结构设计的通用功能模板。基于计算机总线的板卡种类很多，其分类方法也有很多种。按照板卡处理信号的不同可以分为模拟量输入板卡（A-D卡）、模拟量输出板卡（D-A卡）、开关量输入板卡、开关量输出板卡和脉冲量输入板卡和多功能板卡等。其中多功能板卡可以集成多个功能，如数字量输入/输出板卡将数字量输入和数字量输出集成在同一张卡上。根据总线的不同，可分为PCI板卡和ISA板卡。各种类型板卡依据其所处理的数据不同，都有相应的评价指标，现在较为流行的板卡大都是基于PCI总线设计的。

数据采集卡的性能优劣对整个系统举足轻重。选购时不仅要考虑其价格，更要综合考虑、比较其质量、软件支持能力、后续开发和服务能力。

表3-1列出了部分数据采集卡的种类和用途，板卡详细的信息资料请查询相关公司的宣传资料。

表 3-1　数据采集卡的种类和用途

输入/输出信息来源及用途	信息种类	相配套的接口板卡产品
温度、压力、位移、转速和流量等来自现场设备运行状态的模拟电信号	模拟量输入信息	模拟量输入板卡
限位开关状态、数字装置的输出状态、接点通断状态、"0"、"1"电平变化	数字量输入信息	数字量输入板卡
执行机构的执行、记录等（模拟电流/电压）	模拟量输出信息	模拟量输出板卡
执行机构的驱动执行、报警显示和蜂鸣器等（数字量）	数字量输出信息	数字量输出板卡
流量计算、电功率计算、转速、长度测量等脉冲形式输入信号	脉冲量输入信息	脉冲计数/处理板卡
操作中断、事故中断、报警中断及其他需要中断的输入信号	中断输入信息	多通道中断控制板卡
前进驱动机构的驱动控制信号输出	间断信号输出	步进电动机控制板卡
串行/并行通信信号	通信收发信息	多口RS-232/RS-422通信板卡
远程输入/输出模拟（数字）信号	远程模拟/数字量信息	远程I/O板卡（模块）

还有其他一些专用I/O板卡，如虚拟存储板（电子盘）、信号调理板和专用（接线）端子板等，这些种类齐全且性能良好的I/O板卡与计算机配合使用，使系统的构成十分容易。

值得一提的是智能接口板卡。在多任务实时控制系统中，为了提高实时性，要求模拟量板卡具有更高的采集速度，通信板卡具有更高的通信速度。当然可以采用多种办法来提高采集和通信速度，但在实时性要求特别高的场合，则需要采用所谓智能接口板卡。某智能CAN接口板卡产品如图3-79所示。

所谓"智能"就是增加了CPU或控制器的I/O板卡，使I/O板卡与CPU具有一定的并行性。例如，除了计算机主机从智能模拟量板卡读取结果时是串行操作外，模拟量的采集和计算机主机处理其他事件是同时进行的。

3. 数据采集卡的选择

要建立一个数据采集与控制系统，数据采集卡的选择至关重要。

在挑选数据采集卡时，用户主要考虑的是根据需求选取适当的总线形式、适当的采样速率、适当的模拟输入/模拟输出通道数量，适当的数字输入/输出通道数量等。并根据操作系

图 3-79　某智能 CAN 接口板卡产品图

统以及数据采集的需求选择适当的软件。主要选择依据如下。

（1）通道的类型及个数

根据测试任务选择满足要求的通道数，选择具有足够的模拟量输入/输出通道数、足够的数字量输入/输出通道数的数据采集卡。

（2）最高采样速度

数据采集卡的最高采样速度决定了能够处理信号的最高频率。

根据奈奎斯特采样理论，采样频率 f_s 必须是信号最高频率 f_{max} 的 2 倍或 2 倍以上，即 $f_s \geqslant 2f_{max}$，采集到的数据才可以有效地复现出原始的采集信号。工程上一般选择 $f_s = (5 \sim 10) f_{max}$。一般的过程通道板卡的采样频率可以达到 $30 \sim 100$ kHz。快速 A-D 卡可达到 1000 kHz 或更高的采样频率。

（3）总线标准

数据采集卡有 PXI、PCI、ISA 等多种类型，一般是将板卡直接安装在计算机的标准总线插槽中。需根据计算机上的总线类型和数量选择相应的采集卡。

（4）其他

如果模拟信号是低电压信号，用户就要考虑选择采集卡时需要高增益。如果信号的灵敏度比较低，则需要高的分辨率。同时还要注意最小可测的电压值和最大输入电压值，采集系统对同步和触发是否有要求等。

数据采集卡的性能优劣对整个系统举足轻重。选购时不仅要考虑其价格，更要综合考虑各种因素，比较其质量、软件支持能力、后续开发和服务能力等。

4. 数据采集卡测控系统特点

随着计算机和总线技术的发展，越来越多的科学家和工程师采用基于计算机的数据采集系统来完成实验室研究和工业控制中的测试测量任务。

基于计算机的 DAQ 系统（简称 PCs）的基本特点是输入、输出装置为板卡的形式，并将板卡直接与计算机的系统总线相连，即直接插在计算机主机的扩展槽上。这些输入、输出板卡往往按照某种标准由第三方批量生产，开发者或用户可以直接在市场上购买，也可以由开发者自行制作。一块板卡的点数（指测控信号的数量）少的有几点，多的 64 点甚至更多。

构成 PCs 的计算机可以用普通的商用机，也可以用自己配置的计算机，还可以使用工业控制计算机。

PCs 主要采用 Windows 操作系统，应用软件可以由开发者利用 C、VC++、VB 等语言自行开发，也可以在市场上购买组态软件进行组态后生成。

总之，由于 PCs 价格低廉、组成灵活、标准化程度高、结构开放、配件供应来源广泛及应用软件丰富等特点，是一种有应用前景广阔的计算机控制系统。

习题与思考题

3-1 数据采集卡由哪几部分组成？

3-2 数据采集卡有哪些主要的性能指标？

3-3 在信号采集中，对模拟信号的采样频率是依据什么来确定的？

3-4 试列举出 5 个你所了解的自动测量与控制装置中使用的传感器或变送器（不同种类），它们在系统中起什么作用？

3-5 上网搜索各种商品化的温度、压力、物位、流量、振动、位移和加速度等传感器的技术资料，列出它们的型号、生产厂家及性能特点等。

3-6 查阅文献资料，了解 PCI-1710HG 数据采集卡的软/硬件安装及配置方法。

3-7 查阅文献资料，了解 ADAM4000 系列远程 I/O 模块软/硬件安装及配置方法。

第4章　计算机模拟量输入系统与实训

在工业控制系统中，输入信号往往是模拟量，如温度和压力等物理量，这些参数大小由传感器进行检测，传感器输出与被测物理量成一定比例的电信号，一般为模拟电压或电流，然后通过信号调理电路和输入装置转换为计算机能接受的数字量信号送入计算机。

本章通过几个生产生活实例了解模拟量输入系统的应用和组成，并通过实训介绍使用MCGS软件实现模拟量输入信号的采集和处理。

4.1　模拟量输入系统生产生活实例

4.1.1　货车自动称重

1. 应用背景

载货车辆称重在企业工厂中应用广泛，传统的手工称重记录模式弊病诸多，例如称重流程复杂且效率低下，手动记录的称重数据容易出错以及易滋生营私舞弊的行为等，图4-1所示为货车在称重。

随着各种传感器技术、计算机控制技术和其他监控技术的发展，人们对称重提出新的需求，自动称重（或称智能称重）应运而生。

图4-1　货车在称重

自动称重系统在称重的整个过程做到自动可靠采集计量数据、自动判别、自动指挥、自动处理和自动控制，最大限度地降低人工操作所带来的弊端和工作强度，提高了系统的信息化和自动化程度。

对于管理部门，可以通过自动称重系统中的汇总报表了解当前的生产及物流状况；对于财务结算部门，则可以拿到清晰又准确的结算报表；对于仓管部门，则可以了解到自己的收、发货物的情况。

因此货车自动称重系统在公司企业仓库和高速公路货车计重收费等领域得到广泛应用。

2. 称重系统

货车自动称重系统主要由计算机、承重传力机构（秤体）、称重传感器、称重仪表、大屏幕显示器以及打印机等部分组成，系统组成示意图如图4-2所示。

传力机构将物体的重量传递给称重传感器的机械平台；称重传感器是系统的核心部件，将重量值转换成对应的可测电信号；称重仪表用于测量传感器传输的电信号，再通过程序处理并显示其重量读数，并将数据进一步传递至计算机、大屏幕显示器；计算机用于重量数据的进一步处理、记录储存、报表统计和网络传输等；大屏幕显示器用于远距离及放大显示重量数据；打印机用于打印重量数据表单。

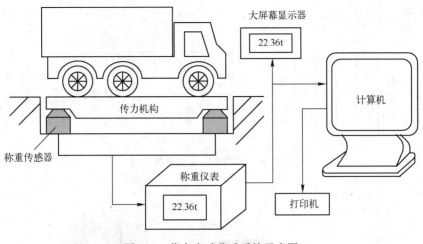

图 4-2 货车自动称重系统示意图

4.1.2 水库水位监测

1. 应用背景

水库是指在山沟或河流的狭口处拦河坝建造形成的人工湖泊，如图 4-3 所示。水库建成后，可起防洪、蓄水灌溉、供水、发电和养鱼等作用。

图 4-3 水库

水库的规划设计，首先要合理确定各种库容和相应的库水位。具体讲，就是要根据河流的水文条件、坝址的地形地质条件和各用水部门的需水要求，通过调节计算，并从政治、技术和经济等方面进行全面的综合分析论证，来确定水库的各种特征水位及相应的库容值。

特征水位包括正常蓄水位、设计低水位、防洪限制水位、防洪高水位和设计洪水位等。这些特征水位各有其特定的任务和作用，体现着水库利用和正常工作的各种特定要求，因此需要水库管理部门建立实时监测系统随时掌握这些特征水位值。

2. 监测系统

水库水位无线监测系统主要由现场监测站和监测中心两大部分组成。现场监测站包括水位传感器、信号调理器、数据采集模块和无线数传模块等；监测中心主要包括计算机、无线数传模块、报警器和打印机等。某水库水位无线监测系统如图 4-4 所示。

水位传感器可采用超声波式或投入式水位计，完成水位数据的检测。某投入式水位计产品如图 4-5 所示。

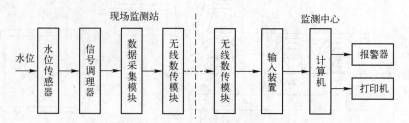

图 4-4 水库水位无线监测系统

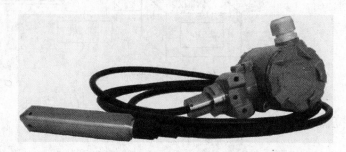

图 4-5 某投入式水位计产品

信号调理器对传感器的输出信号进行转换处理。

数据采集模块接收反映水位的电信号，并经过无线数传模块传送到监控中心。

监控中心计算机通过无线数传模块（含输入装置）接收现场监测站传来的水位电信号，进行解析、处理、显示、存储和判断，如果超过设定水位进行报警提示，也可通过打印机打印每日水位变化的监测数据报表。

图 4-6 所示为某水库水位现场监测站，采用超声波式传感器检测水位变化。

图 4-6 某水库水位现场监测站

4.1.3 发动机台架试验

1. 应用背景

发动机的各项性能指标、参数及各类特性曲线都是在发动机试验台架上按规定的试验方法进行测定的。汽车发动机出厂前必须通过台架试验之后方能投入使用。

传统的内燃机台架试验机试验过程中数据记录和数据处理采用人工方式,功能简单,测试效率低,因此,目前多采用计算机数据采集与处理系统。

2. 检测系统

某型号柴油发动机的主要额定参数如下:发动机功率 280 kW,发动机转速 1500 r/min,转矩 400 N·m,最高燃烧压力 11 MPa,冷却水温度 75 ~ 80 ℃,进气温度 50 ~ 70 ℃,排气温度 80 ~ 200 ℃,机油温度 85 ~ 90 ℃,燃油消耗 210 g/kW·h,机油消耗 1 g/kW·h。

为了测量上述参数,采用了柴油机台架试验自动检测系统,其结构框图如图 4-7 所示。

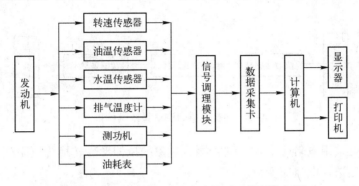

图 4-7 柴油机台架试验自动检测系统结构框图

整个检测系统由 3 个部分组成。第一部分是传感器和一次仪表,其功能是把发动机的性能参数通过传感器转换为相应的电信号;第二部分是信号调理模块和数据采集卡,主要功能是对信号进行采样、放大和 A—D 转换,并把采集到的数据以一定格式传送给计算机;第三部分为计算机处理系统,其功能是实现数据的采集、处理、显示、存储以及图表打印等,比如显示柴油机的转速和进气温度等参数,获得柴油机的负荷特性、速度特性和功率特性等。

某发动机台架试验中计算机自动检测与信息处理系统如图 4-8 所示。

图 4-8 某发动机台架试验中计算机自动检测与信息处理系统

4.1.4 万能材料试验机

1. 应用背景

万能材料试验机是用来针对各种材料进行静载、拉伸、压缩、弯曲、剪切、撕裂和剥离等力学性能试验用的加以机械力的试验机，适用于塑料板材、管材、异型材，塑料薄膜及橡胶、电线电缆、钢材、玻璃纤维等材料的各种物理机械性能测试，为材料开发、物性试验、教学研究和质量控制等不可缺少的检测设备。

2. 试验系统

某试验机拉力测试系统由拉力传感器、电阻应变仪、数据采集卡和计算机等部分组成，如图 4-9 所示。

图 4-9　试验机拉力测试系统结构框图

拉力传感器可采用电阻应变式，它将测试对象的拉伸形变转换为电阻变化，经过电桥电路转换为电压变化送入电阻应变仪。

电阻应变仪把传感器输入的信号进行变换，输出电压信号到数据采集卡。

数据采集卡采集反映压力的电压信号，经 A—D 转换变为计算机能接受的数字信号。

计算机内置功能强大的测试软件，集测量、计算和存储功能于一体。可自动计算应力、抗拉强度和弹性模量；可自动统计测量结果，自动记录应力最大点、断裂点和指定点的应力值或伸长量；可动态显示试验曲线并进行数据处理；试验结束后可通过图形处理软件对曲线进行放大、分析和编辑，并可打印报表。

拉力机夹具作为设备的重要组成部分，不同的材料需要不同的夹具，也是试验能否顺利进行及试验结果准确度高低的一个重要因素。

拉（压）力试验机产品如图 4-10 所示。

图 4-10　拉（压）力试验机产品

万能试验机可在试验中使用计算机控制交流伺服电动机，驱动减速机，带动滚珠丝杠使中横梁上下移动，来实现材料的性能的自动测量。

4.1.5　模拟量输入系统总结

1. 模拟量信号

在工业生产控制过程中，特别是在连续型的生产过程（如化工生产过程）中，经常会要求对一些物理量如温度、压力和流量等进行控制。这些物理量都是随时间而连续变化的。在控制领域，把这些随时间连续变化的物理量称为模拟量。

模拟信号是指随时间连续变化的信号，这些信号在规定的一段连续时间内，其幅值为连续值，即从一个量变到下一个量时中间没有间断。

模拟信号有两种类型：一种是由各种传感器获得的低电平信号；另一种是由仪器和变送器输出的 $4 \sim 20$ mA 的电流信号或 $1 \sim 5$ V 的电压信号。这些模拟信号经过采样和 A/D 转换输入计算机后，常要进行数据正确性判断、标度变换和线性化等处理。

模拟信号非常便于传送，但它对干扰信号很敏感，容易使传送中的信号的幅值或相位发生畸变。因此，有时还要对模拟信号进行零漂改正和数字滤波等处理。

当控制系统输出的模拟信号需要被传输较远的距离时，一般采用电流信号而不是电压信号，因为电流信号在一个回路中不会衰减，因而抗干扰能力比电压信号好；当控制系统输出的模拟信号需要被传输给多个其他仪器仪表或控制对象时，一般采用直流电压信号而不是直流电流信号。

模拟信号的常用规格有以下两种。

（1） $1 \sim 5$ V 电压信号

此信号规格有时称为 DDZ-Ⅲ型仪表电压信号规格。$1 \sim 5$ V 电压信号规格通常用于计算机控制系统的过程通道。工程量中量程的下限值对应的电压信号为 1 V，工程量上限值对应的电压信号为 5 V，整个工程量的变化范围与 $1 \sim 5$ V 相对应。过程通道也可用于输出 $1 \sim 5$ V 电压信号，用于控制执行机构。

（2） $4 \sim 20$ mA 电流信号

$4 \sim 20$ mA 电流信号通常用于过程通道和变送器之间的传输信号。工程量或变送器的量程下限值对应的电流信号为 4 mA，量程上限对应的电流信号为 20 mA，整个工程量的变化范围与 $4 \sim 20$ mA 相对应。过程通道也可用于输出 $4 \sim 20$ mA 电流信号，用于控制执行机构。

有的传感器的输出信号是毫伏级的电压信号，如 K 分度热电偶在 1 000 ℃时输出信号为 41.296 mV。这些信号要经过变送器转换成标准信号（$4 \sim 20$ mA），再被送给过程通道。热电阻传感器的输出信号是电阻值，一般要经过变送器转换为标准信号（$4 \sim 20$ mA），再被送到过程通道。对于采用 $4 \sim 20$ mA 电流信号的系统，只需采用 250 Ω 电阻就可将其变换为 $1 \sim 5$ V 直流电压信号。

有必要说明的是，以上两种标准都不包括零值在内，这是为了避免与断电或断线的情况混淆，使信息的传送更为确切。同时把晶体管器件起始时的非线性段避开了，使信号值与被测参数的大小更接近线性关系，所以受到国际的推荐和普遍的采用。

2. 模拟量输入系统

上述实例中，有一个共同点，即自动检测系统中都需要采用传感器把货车重量，水库水位，发动机油温、水温、油耗，以及拉力试验机测试对象承受的拉力等被测物理量转换为模拟电压信号，经过信号调理器变换（如放大和滤波等），通过模拟量输入装置转换为数字量后被送入计算机进行处理。

上述实例的模拟量输入系统组成可以用图 4-11 来表示。

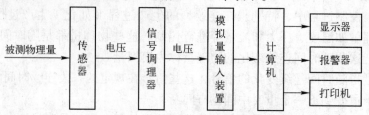

图 4-11　模拟量输入系统组成框图

计算机完成模拟电压的采集、处理、显示需要通过程序来实现。

下面实训中，分别采用数据采集卡、远程 I/O 模块和 PLC 作为模拟量输入装置，使用 MCGS 组态软件编写计算机端程序以实现模拟电压的采集和处理。

因为采集的电压值与水位、温度等物理量参数有对应关系，程序中通过它们之间的数学关系就可以将电压值转换为水位、温度等物理量值。

4.2　计算机模拟量输入实训

实训 7　数据采集卡电压采集

【学习目标】

1）掌握用数据采集卡进行电压采集的硬件线路连接方法。

2）掌握用 MCGS 设计数据采集卡组成的电压采集系统程序的方法。

【线路连接】

计算机与 PCI-1710HG 数据采集卡组成的电压采集系统如图 4-12 所示。

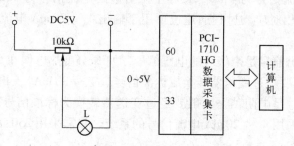

图 4-12　PC 与数据采集卡组成的电压采集系统

图 4-12 中，将直流 5 V 电压接到一电位器两端，通过电位器产生一个模拟电压的变化（范围是 0 ~ 5 V），将其送入 PCI-1710HG 数据采集卡模拟量输入 3 通道（33 端点是 AI3，60 端点是 AIGND），同时在电位器电压输出端接一信号指示灯 L。

也可在模拟量输入 0 通道接稳压电源提供的 0 ~ 5 V 电压。

其他模拟量输入通道其输入电压接线方法与 3 通道相同，如模拟电压输入 0 通道，接

68 端点和 60 端点。

注：PCI-1710HG 数据采集卡介绍、软硬件安装及配置参见配套资源习题 3-6 参考答案。

【实训任务】

采用 MCGS 编写程序实现计算机与 PCI-1710HG 数据采集卡组成的电压采集系统中模拟电压采集。要求：计算机读取数据采集卡中电压测量值，并在程序界面中以数值或曲线形式显示。

【任务实现】

1. 建立新工程项目

工程名称："数据采集卡模拟量输入"；

窗口名称："AI"；

窗口标题："数据采集卡模拟电压输入"。

2. 制作图形界面

在"工作台"窗口中"用户窗口"选项卡，双击新建的"AI"窗口图标，进入界面开发系统。

1）通过工具箱为图形界面添加 3 个"标签"构件，字符分别是"电压值:""000"（保留边线）和"V"。

2）通过工具箱为图形界面添加 1 个"实时曲线"构件。

3）通过工具箱为图形界面添加 1 个"按钮"构件，将按钮标题改为"关闭"。

设计的图形界面如图 4-13 所示。

3. 定义数据对象

在"工作台"窗口中"实时数据库"选项卡，单击"新增对象"按钮，再双击新出现的对象，弹出"数据对象属性设置"对话框，如图 4-14 所示。

1）在该对话框"基本属性"选项卡，将"对象名称"改为"电压"，"小数位"设为"2"，"最小值"设为"0"，"最大值"设为"10"，"对象类型"选"数值"单选按钮，填好后，单击"确认"按钮。

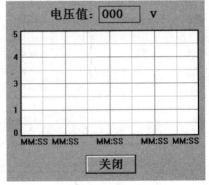

图 4-13　图形界面

2）在"实时数据库"选项卡，再次单击"新增对象"按钮，双击新出现的对象，弹出"数据对象属性设置"对话框新增对象。在"基本属性"选项卡，将"对象名称"改为"电压1"，"小数位"设为"0"，"最小值"设为"0"，"最大值"设为"10000"，"对象类型"选"数值"单选按钮，填好后，单击"确认"按钮。

建立的实时数据库如图 4-15 所示。

4. 添加设备

在"工作台"窗口中"设备窗口"选项卡，双击"设备窗口"图标，出现"设备组态: 设备窗口"窗口，单击工具条上的"工具箱"图标按钮，弹出"设备工具箱"对话框。

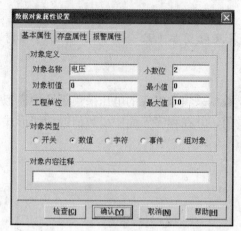

图 4-14　对象"电压"属性设置

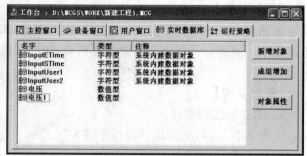

图 4-15　实时数据库

1）单击"设备管理"按钮，弹出"设备管理"对话框。在"可选设备"列表中依次选择"所有设备→采集板卡→研华板卡→PCI_1710HG→研华_PCI_1710HG"，单击"增加"按钮，将"研华_PCI1710HG"添加到右侧的选定设备列表中，如图 4-16 所示。单击"确认"按钮，将选定设备添加到"设备工具箱"对话框中，如图 4-17 所示。

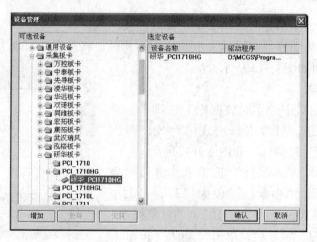

图 4-16　"设备管理"对话框

2）在"设备工具箱"对话框中双击"研华_PCI1710HG"，在"设备组态：设备窗口"窗口中出现"设备 0-[研华_PCI1710HG]"，设备添加完成，如图 4-18 所示。

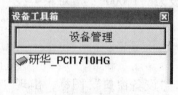

图 4-17　"设备工具箱"对话框

图 4-18　"设备组态：设备窗口"对话框

5. 设备属性设置

在"工作台"窗口中"设备窗口"选项卡,双击"设备窗口"图标,出现"设备组态:设备窗口"窗口。双击"设备 0-[研华_PCI1710HG]",弹出"设备属性设置"对话框,如图 4-19 所示。

1)在"基本属性"选项卡,将"IO 基地址(16 进制)"设为"e800"(IO 基地址即 PCI 板卡的端口地址,在 Windows 设备管理器中查看,该地址与板卡所在插槽的位置有关)。

2)在"通道连接"选项卡,选择 3 通道对应的数据对象单元格,右击,弹出"连接对象"对话框,双击要连接的数据对象"电压 1",完成对象连接,如图 4-20 所示。

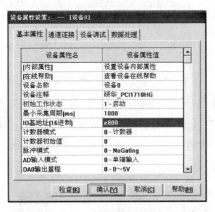

图 4-19 "设备属性设置"对话框

图 4-20 "通道连接"选项卡

3)在"设备调试"选项卡,如果系统连接正常,可以观察研华_PCI1710HG 数据采集卡模拟量输入 3 通道输入的电压值,当前显示 2.2387 V(显示值需除以 1 000),如图 4-21 所示。

6. 建立动画连接

在"工作台"窗口中"用户窗口"选项卡,双击"AI"窗口图标进入开发系统。通过双击界面中各图形对象,将各对象与定义好的数据连接起来。

1)建立标签构件"000"的动画连接。

双击界面(图 4-13)中标签构件"000",弹出"动画组态属性设置"对话框,在"属性设

图 4-21 "设备调试"选项卡

置"选项卡中,"输入输出连接"选择"显示输出"复选按钮,出现"显示输出"选项卡,如图 4-22 所示。

选择"显示输出"选项卡,将"表达式"设为"电压"(可以直接输入,也可以单击表达式文本框右边的"?"号,选择数据对象"电压"),输出值类型选择"数值量输出"单选按钮,输出格式选择"向中对齐"单选按钮,"整数位数"设为"1","小数位"设为"2",如图 4-23 所示。

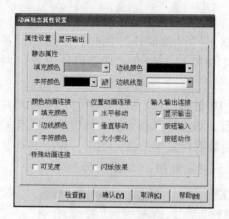

图 4-22 "动画组态属性设置"对话框

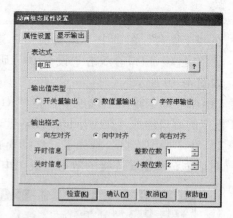

图 4-23 标签构件"000"数据对象连接

2）建立"实时曲线"构件的动画连接。

双击界面中"实时曲线"构件，弹出"实时曲线构件属性设置"对话框。在"画笔属性"选项卡中，单击曲线 1 表达式文本框右边的"?"号，选择数据对象"电压"，如图 4-24所示。在"标注属性"选项卡中，"X 轴长度"设为"2"，Y 轴"最大值"设为"5"，如图 4-25 所示。

图 4-24 实时曲线画笔属性设置

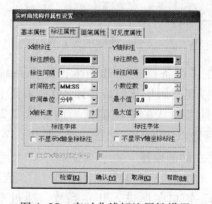

图 4-25 实时曲线标注属性设置

3）建立"按钮"构件的动画连接。

双击界面中"关闭"按钮，出现"标准按钮构件属性设置"对话框。选择"操作属性"选项卡，按钮对应的功能选择"关闭用户窗口"复选按钮，在其右侧下拉列表框中选择"AI"窗口。

7. 策略编程

在"工作台"窗口中"运行策略"选项卡，双击"循环策略"项，弹出"策略组态：循环策略"窗口，策略工具箱自动加载（如果未加载，右击，选择"策略工具箱"）。

单击"MCGS 组态环境"窗口工具条中的"新增策略行"图标按钮 ，在"策略组态：循环策略"窗口中出现新增策略行。单击选中策略工具箱中的"脚本程序"项，将鼠标指针移动到策略块图标上单击，以添加"脚本程序"构件。

双击"脚本程序"策略块，进入"脚本程序"编辑窗口，在编辑区输入程序，如

图 4-26 所示程序。程序的含义是：将采集的数字量值除以 1 000 转换为测量电压实际值。单击"确定"按钮，完成程序的输入。

关闭"策略组态：循环策略"窗口，保存程序，返回到"工作台"窗口中"运行策略"选项卡，选择"循环策略"项，单击"策略属性"按钮，弹出"策略属性设置"对话框，将策略执行方式的定时循环时间设置为"1 000"ms，单击"确认"按钮完成设置。

8. 调试与运行

保存该工程，将"AI"窗口设为启动窗口，运行工程。

在数据采集卡模拟量输入 3 通道输入电压 0 ～ 5 V，程序界面中电压值和实时曲线都将随输入电压变化而变化。

程序运行界面如图 4-27 所示。

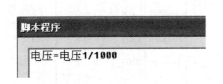

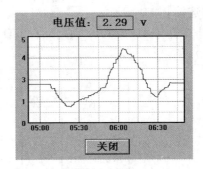

图 4-26　脚本程序　　　　　图 4-27　运行界面

【实训任务拓展】

工业控制现场的模拟量，如温度、压力、物位和流量等参数可通过相应的变送器转换为 1 ～ 5 V 的标准电压信号，因此本实训提供的电压采集程序同样可以进行温度、压力、物位和流量等参数的采集，只需在程序设计时作相应的标度变换。

例如：使用 PCI_1710HG 数据采集卡进行温度检测时，采用 Pt100 热电阻传感器检测温度变化，通过温度变送器（测量范围 0 ～ 200℃）转换为 4 ～ 20 mA 电流信号，再经过 250 Ω 电阻转换变为 1 ～ 5 V 电压信号送入采集卡模拟量输入 3 通道（引脚 33），如图 4-28 所示。

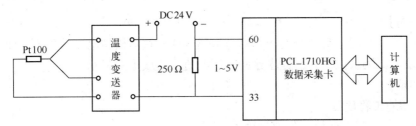

图 4-28　PC 与数据采集卡组成的温度检测系统

计算机通过数据采集卡采集到 1 ～ 5 V 电压值，它对应的测量温度范围是 0 ～ 200℃，温度与电压是线性关系，在编程时只需增加公式"温度 =（电压 -1）* 50"就可把采集的电压值转换为温度值。

如果温度变送器测温范围是 0 ～ 100℃，同样输出 1 ～ 5 V 电压，编程时公式改为"温度=（电压-1）＊25"，就可把采集的电压值转换为温度值。

使用 PCI_1710HG 数据采集卡进行温度检测的 MCGS 程序编写参见实训 21。

如果进行压力检测，同样可以使用压力变送器将压力信号转换为 1～5V 的标准电压信号，例如压力变送器的测量范围是 0～1 000 Pa，压力与电压是线性关系，在编程时可利用公式"压力=（电压-1）＊250"就可把采集的电压值转换为压力值。

实训 8　远程 I/O 模块电压采集

【学习目标】

1）掌握用远程 I/O 模块进行电压采集的硬件连接方法。

2）掌握用 MCGS 设计远程 I/O 模块电压采集程序的方法。

【线路连接】

个人计算机与 ADAM4000 系列远程 I/O 模块组成的电压采集系统如图 4-29 所示。

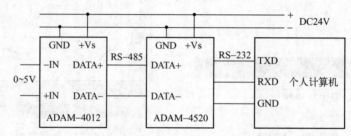

图 4-29　个人计算机与远程 I/O 模块组成的电压采集系统

如图 4-29 所示，ADAM-4520（RS232 与 RS485 转换模块）与个人计算机的串口 COM1 连接，将 RS-232 总线转换为 RS-485 总线；ADAM-4012（模拟量输入模块）的信号输入端子 DATA+、DATA-分别与 ADAM-4520 的 DATA+、DATA-连接。模块电源端子+Vs、GND 分别与 DC24 V 电源的+、-连接。

使用稳压电源在模拟量输入通道（+IN 和-IN 之间）输入模拟电压 0～5 V。

线路连接好后，将 ADAM-4012 模块的地址设为 01。

注：有关 ADAM4000 系列远程 I/O 模块的软硬件安装及地址设定方法参见配套资源习题 3-7 参考答案。

【实训任务】

采用 MCGS 编写程序实现个人计算机与远程 I/O 模块对模拟电压的采集。要求：个人计算机读取模块电压测量值，并在程序界面中以数值或曲线形式显示。

【任务实现】

1. 建立新的工程项目

工程名称："远程 I/O 模块模拟量输入"；

窗口名称："AI"；

窗口标题："远程 I/O 模块模拟电压输入"。

2. 制作图形界面

在"工作台"窗口中"用户窗口"选项卡，双击新建的"AI"窗口图标，进入界面开发系统。

1) 通过工具箱为图形界面添加3个"标签"构件，字符分别是"电压值:"、"000"（保留边线）和"V"。

2) 通过工具箱为图形界面添加1个"实时曲线"构件。

3) 通过工具箱为图形界面添加1个"按钮"构件，将按钮标题改为"关闭"。

设计的图形界面如图4-30所示。

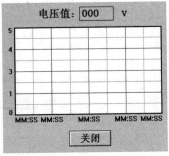

3. 定义数据对象

在"工作台"窗口中"实时数据库"选项卡，单击"新增对象"按钮，再双击新出现的对象，弹出"数据对象属性设置"对话框。

在"基本属性"选项卡，将对象名称改为"电压"，"小数位"设为"2"，"最小值"设为"0"，"最大值"设为"10"，"对象类型"选"数值"单选按钮，如图4-31所示。

图4-30　图形界面

建立的实时数据库如图4-32所示。

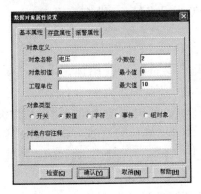

图4-31　对象"电压"属性设置

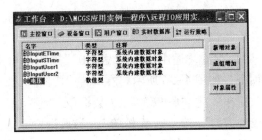

图4-32　实时数据库

4. 添加设备

在"工作台"窗口中"设备窗口"选项卡，双击"设备窗口"图标，出现"设备组态：设备窗口"窗口，单击工具条上的"工具箱"图标按钮 X，弹出"设备工具箱"对话框。

1) 单击"设备管理"按钮，弹出"设备管理"对话框。在"可选设备"列表中双击"通用串口父设备"，将其添加到右侧的"选定设备"列表中，如图4-33所示。

2) 在"设备管理"对话框"可选设备"列表中依次选择"所有设备→智能模块 → 研华模块 → ADAM4000 → 研华-4012"，单击"增加"按钮，将"研华-4012"添加到右侧的"选定设备"列表中，如图4-33所示。单击"确认"按钮，将选定设备添加到"设备工具箱"对话框中，如图4-34所示。

3) 在"设备工具箱"对话框中双击"通用串口父设备"，在"设备组态：设备窗口"窗口中出现"通用串口父设备 0-[通用串口父设备]"。同理，在"设备工具箱"对话框中双击"研华-4012"，在"设备组态：设备窗口"窗口中出现"设备 0-[研华-4012]"，设备添加完成，如图4-35所示。

图 4-33 "设备管理"对话框

图 4-34 "设备工具箱"对话框

图 4-35 "设备组态：设备窗口"窗口

5. 设备属性设置

在"工作台"窗口中"设备窗口"选项卡，双击"设备窗口"图标，出现"设备组态：设备窗口"窗口。

1）双击"通用串口父设备 0-［通用串口父设备］"项，弹出"通用串口设备属性编辑"对话框，如图 4-36 所示。在"基本属性"选项卡中，"串口端口号"选"0-COM1"，"通讯波特率"选"6-9600"，"数据位位数"选"1-8 位"，"停止位位数"选"0-1 位"，"数据校验方式"选"0-无校验"。参数设置完毕，单击"确认"按钮。

2）双击"设备 0-［研华-4012］］"项，弹出"设备属性设置"对话框，如图 4-37 所示。在"基本属性"选项卡中将"设备地址"设为"1"。

图 4-36 "通用串口设备属性编辑"对话框

图 4-37 "设备属性设置"对话框

在"通道连接"选项卡，选择 1 通道对应的数据对象单元格，右击，弹出"连接对象"对话框，双击要连接的数据对象"电压"，完成对象连接，如图 4-38 所示。

在"设备调试"选项卡，如果系统连接正常，可以观察研华-4012 模块模拟量输入通道输入的电压值，当前显示为"2.7 V"，如图4-39所示。

图4-38 "通道连接"选项卡　　　　图4-39 "设备调试"选项卡

6. 建立动画连接

在"工作台"窗口中"用户窗口"选项卡，双击"AI"窗口图标进入开发系统。通过双击界面中各图形对象，将各对象与定义好的数据连接起来。

1）建立标签构件"000"的动画连接

双击界面（图4-30）中标签构件"000"，弹出"动画组态属性设置"对话框，在"属性设置"选项卡中，"输入输出"连接选择"显示输出"复选按钮，如图4-40所示，出现"显示输出"选项卡。

选择"显示输出"选项卡，将表达式设为"电压"（可以直接输入，也可以单击表达式文本框右边的"?"号，选择数据对象"电压"），"输出值类型"选择"数值量输出"单选按钮，"输出格式"选择"向中对齐"单选按钮，"整数位数"设为"1"，"小数位"设为"2"，如图4-41所示。

2）建立"实时曲线"构件的动画连接

双击界面中"实时曲线"构件，弹出"实时曲线构件属性设置"对话框。在"画笔属性"选项卡中，单击曲线1表达式文本框右边的"?"号，选择数据对象"电压"，如图4-42所示。在"标注属性"选项卡中，"X轴长度"设为"2"，Y轴"最大值"设为"5"，如图4-43所示。

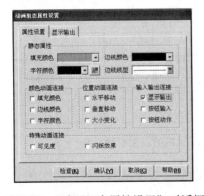

图4-40 "动画组态属性设置"对话框　　　图4-41 标签构件"000"数据对象连接

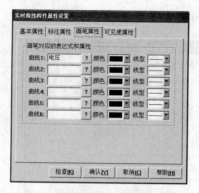

图 4-42　实时曲线"画笔属性"设置

图 4-43 实时曲线"标注属性"设置

3）建立"按钮"构件的动画连接

双击界面中"关闭"按钮，出现"标准按钮构件属性设置"对话框。选择"操作属性"选项卡，选择"按钮对应的功能"下的"关闭用户窗口"复选按钮，在其右侧下拉列表框中选择"AI"窗口。

7. 调试与运行

保存该工程，将"AI"窗口设为启动窗口，运行工程。

在远程 I/O 模块 ADAM-4012 模拟量输入通道输入电压 0 ～ 5 V，程序界面中电压值和实时曲线都将随输入电压变化而变化。

程序运行界面如图 4-44 所示。

【实训任务拓展】

工业控制现场的模拟量，如温度、压力、物位和流量等参数可通过相应的变送器转换为 1 ～ 5 V 的标准电压信号，因此本实训提供的电压采集程序同样可以进行温度、压力、物位和流量等参数的采集，只需在程序设计时作相应的标度变换。

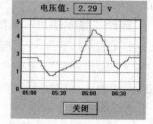

图 4-44　运行界面

例如：使用远程 I/O 模块 ADAM-4012 进行温度检测时，采用 Pt100 热电阻传感器检测温度变化，通过温度变送器（测量范围 0 ～ 200℃）转换为 4 ～ 20 mA 电流信号，再经过 250 Ω 电阻转换变为 1 ～ 5 V 电压信号送入模块模拟量输入通道，如图 4-45 所示。

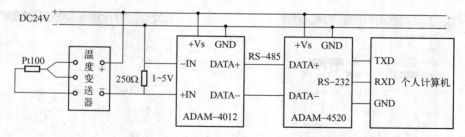

图 4-45　个人计算机与模块 ADAM-4012 组成的温度检测系统

计算机通过模块采集到 1 ～ 5 V 电压值，它对应的测量温度范围是 0 ～ 200℃，温度与电压是线性关系，在编程时只需增加公式"温度 =（电压 -1）* 50"就可把采集的电压值转换为温度值。

如果温度变送器测温范围是 $0 \sim 100℃$，同样输出 $1 \sim 5V$ 电压，编程时公式改为"温度 = （电压-1）* 25"，就可把采集的电压值转换为温度值。

使用远程 I/O 模块 ADAM-4012 进行温度检测的 MCGS 程序编写参见实训 22。

如果进行压力检测，同样可以使用压力变送器将压力信号转换为 $1 \sim 5V$ 的标准电压信号，例如压力变送器的测量范围是 $0 \sim 1\,000\,Pa$，压力与电压是线性关系，在编程时可利用公式"压力 = （电压-1）* 250"就可把采集的电压值转换为压力值。

实训 9　三菱 PLC 温度检测

一、学习目标

1）掌握用三菱模拟量输入扩展模块进行温度采集与控制的硬件线路连接方法。

2）采用 MCGS 编写温度采集与控制程序，实现温度显示与超限报警。

二、线路连接

将三菱 FX_{2N}-32MR PLC 的编程口通过 SC-09 编程电缆与计算机的串口 COM1 连接起来组成温度监控系统，如图 4-46 所示。

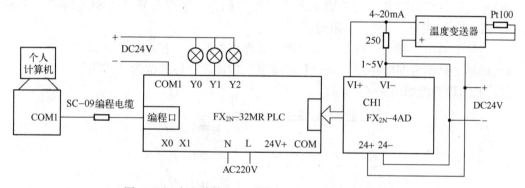

图 4-46　个人计算机与三菱 PLC 组成的温度监控系统

将三菱模拟量输入扩展模块 FX_{2N}-4AD 与 PLC 主机通过扁平电缆相连。FX_{2N}-4AD 模块的 ID 号为 0。PLC 的模拟量输入模块（FX_{2N}-4AD）负责 A-D 转换，即将模拟量信号转换为 PLC 可以识别的数字量信号。

温度传感器中的 Pt100 热电阻接到温度变送器输入端，温度变送器输入范围是 $0 \sim 200℃$，输出 $4 \sim 20mA$，经过 250Ω 电阻将电流信号转换为 $1 \sim 5V$ 电压信号，然后将其输入到扩展模块 FX_{2N}-4AD 模拟量输入 1 通道（CH1）端口 V+和 V-。

PLC 主机输出端口 Y0、Y1、Y2 接指示灯。FX_{2N}-4AD 空闲的输入端口一定要用导线短接以免干扰信号窜入。

注：三菱 PLC 模拟量扩展模块 FX_{2N}-4AD 的工作性能参见配套资源习题 4-4 参考答案。

三、实训任务

1）采用 MCGS 编写程序，实现计算机与三菱 FX_{2N}-32MR PLC 温度监测，具体要求是：读取并显示三菱 PLC 检测的温度值，绘制温度变化曲线；当测量温度小于下限值时，程序界面下限指示灯为红色；当测量温度大于等于下限值且小于等于上限值时，上、下限指示灯均为绿色；当测量温度大于上限值时，程序界面上限指示灯为红色。

2）采用 SWOPC-FXGP/WIN-C 编程软件编写 PLC 程序，实现三菱 FX_{2N}-32MR PLC 温度监控。当测量温度小于下限值时，Y0 端口置位；当测量温度大于等于下限值且小于等于上限值时，Y0 和 Y1 端口复位；当测量温度大于上限值时，Y1 端口置位。

【任务实现】

1. PC 端采用 MCGS 实现温度监测

（1）建立新工程项目

工程名称："三菱 PLC 模拟量输入"；

窗口名称："AI"，

窗口标题："三菱 PLC 温度监控"。

将 "AI" 窗口设为启动窗口。

（2）制作图形界面

在 "工作台" 窗口中 "用户窗口" 选项卡，双击新建的 "AI" 窗口图标，进入界面开发系统。

1）通过工具箱为图形界面添加 1 个 "实时曲线" 构件。

2）通过工具箱为图形界面添加 4 个 "标签" 构件，字符分别是 "温度值:"、"000"（保留边线）、"下限灯:" 和 "上限灯:"。

3）通过工具箱 "插入元件" 工具为图形界面添加两个 "指示灯" 元件。

4）通过工具箱为图形界面添加 1 个 "按钮" 构件，将标题改为 "关闭"。

设计的图形界面如图 4-47 所示。

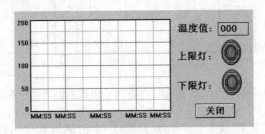

图 4-47　图形界面

（3）定义数据对象

在 "工作台" 窗口中 "实时数据库" 选项卡，单击 "新增对象" 按钮，再双击新出现的对象，弹出 "数据对象属性设置" 对话框。

1）定义两个数值型对象。

在 "基本属性" 选项卡，将 "对象名称" 改为 "温度"，"小数位" 设为 "1"，"最小值" 设为 "0"，"最大值" 设为 "200"，"对象类型" 选择 "数值" 单选按钮，如图 4-48 所示。

再次新增对象，在 "基本属性" 选项卡，"对象名称" 改为 "数字量"，"小数位" 设为 "0"，"最小值" 设为 "0"，"最大值" 设为 "2000"，将 "对象类型" 选择 "数值" 单选按钮，如图 4-49 所示。

图 4-48　对象"温度"属性设置　　　　　图 4-49 对象"数字量"属性设置

2）定义两个开关型对象。

新增对象，在"基本属性"选项卡，将"对象名称"改为"上限灯"，"对象初值"设为"0"，"对象类型"选择"开关"单选按钮，如图 4-50 所示。

再次新增对象，在"基本属性"选项卡，将"对象名称"改为"下限灯"，"对象初值"设为"0"，"对象类型"选择"开关"单选按钮，如图 4-51 所示。

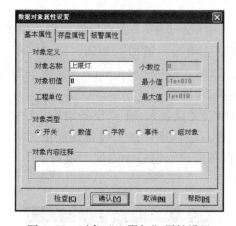

图 4-50　对象"上限灯"属性设置　　　　　图 4-51　对象"下限灯"属性设置

建立的实时数据库如图 4-52 所示。

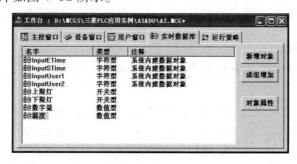

图 4-52　实时数据库

（4）添加 PLC 设备

在"工作台"窗口中"设备窗口"选项卡，双击"设备窗口"图标，出现"设备组态：

设备窗口"窗口,单击工具条上的"工具箱"图标按钮✄,弹出"设备工具箱"对话框。

1) 单击"设备管理"按钮,弹出"设备管理"对话框。在"可选设备"列表中双击"通用串口父设备",将其添加到右侧的"选定设备"列表中,如图4-53所示。

图4-53 "设备管理"对话框

2) 在"设备管理"对话框"可选设备"列表中依次选择"所有设备→PLC设备→三菱→三菱_FX系列编程口→三菱_FX系列编程口",单击"增加"按钮,将"三菱_FX系列编程口"添加到右侧的"选定设备"列表中,如图4-54所示。单击"确认"按钮,将选定设备添加到"设备工具箱"对话框中,如图4-54所示。

3) 在"设备工具箱"对话框中双击"通用串口父设备",在"设备组态:设备窗口"窗口中出现"通用串口父设备0-[通用串口父设备]"。同理,在"设备工具箱"对话框中双击"三菱_FX系列编程口",在"设备组态:设备窗口"窗口中出现"设备0-[三菱_FX系列编程口]",设备添加完成,如图4-55所示。

图4-54 "设备工具箱"对话框

图4-55 "设备组态:设备窗口"窗口

(5) 设备属性设置

在"工作台"窗口中"设备窗口"选项卡,双击"设备窗口"图标,出现"设备组态:设备窗口"窗口。

1) 双击"通用串口父设备0-[通用串口父设备]"项,弹出"通用串口设备属性编辑"对话框,如图4-56所示。在"基本属性"选项卡中,"串口端口号"[ln255]选"0-COM1","通讯波特率"选"6-9600","数据位位"数选"0-7位","停止位位数"选"0-1位","数据校验方式"选"2-偶校验"。参数设置完毕,单击"确认"按钮。

2) 双击"设备0-[三菱_FX系列编程口]"项,弹出"设备属性设置"对话框,如图4-57所示。

图 4-56 "通用串口设备属性编辑"对话框

图 4-57 "设备属性设置"对话框

选择"基本属性"选项卡中的"设置设备内部属性",出现 ... 图标按钮,单击该图标按钮弹出"三菱_FX 系列编程口通道属性设置"对话框,如图 4-58 所示。

图 4-58 "三菱_FX 系列编程口通道属性设置"对话框

单击"增加通道"按钮,弹出"增加通道"对话框,寄存器类型选择"D 数据寄存器","数据类型"选择"16 位无符号二进制","寄存器地址"设为"100","通道数量"设为"1","操作方式"选"只读"单选按钮,如图 4-59 所示。单击"确认"按钮,"三菱_FX 系列编程口通道属性设置"对话框中出现新增加的 9 通道"只读 DWUB0100",如图 4-60 所示。

3)在"设备属性设置"对话框选择"通道连接"选项卡,选择 9 通道对应数据对象单元格,右击,弹出"连接对象"对话框,双击要连接的数据对象"数字量",完成对象连接,如图 4-61 所示。

4)在"设备属性设置"对话框中选择"设备调试"选项卡,如果系统连接正常,可以观察到三菱 PLC 模拟量输入 CH1 通道输入电压(反映温度大小)的数字量值,如图 4-62 所示。

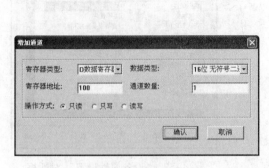

图 4-59　增加通道　　　　　　　　　　图 4-60　设备新增通道

图 4-61　"通道连接"选项卡　　　　　　图 4-62　"设备调试"选项卡

（6）建立动画连接

在"工作台"窗口中"用户窗口"选项卡，双击"AI"窗口进入开发系统。通过双击界面中各图形对象，将各对象与定义好的数据连接起来。

1）建立"实时曲线"构件的动画连接。

双击界面（图 4-47）中"实时曲线"构件，弹出"实时曲线构件属性设置"对话框。在"画笔属性"选项卡，曲线 1 表达式选择数据对象"温度"，如图 4-63 所示。

在"标注属性"选项卡中，"时间单位"选"分钟"，"X 轴长度"设为"5"，"Y 轴标注""最大值"设为"200"，如图 4-64 所示。

2）建立温度显示标签构件"000"的动画连接。

双击界面中的"000"标签，弹出"动画组态属性设置"对话框，选择"输入输出连接"中的"显示输出"复选按钮，如图 4-65 所示，出现"显示输出"选项卡。

选择"显示输出"选项卡，"表达式"显示数据对象为"温度"，"输出值类型"选择"数值量输出"单选按钮，输出格式选择"向中对齐"单选按钮，整数位数设为"3"，"小数位"设为"1"，如图 4-66 所示。

图 4-63 实时曲线"画笔属性"设置　　　　　图 4-64 实时曲线"标注属性"设置

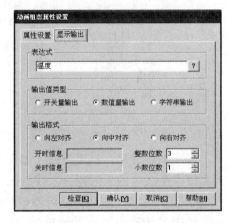

图 4-65 "动画组态属性设置"对话框　　　　　图 4-66 标签构件"000"数据对象连接

3）建立"指示灯"元件的动画连接。

双击界面中"指示灯"元件，弹出"单元属性设置"对话框。选择"数据对象"选项卡，（图 4-67），连接类型选择"可见度"，单击右侧的"?"按钮，弹出"数据对象连接"对话框，双击数据对象"上限灯"，在"数据对象"选项卡"可见度"行出现连接的数据对象"上限灯"，如图 4-68 所示。

图 4-67 "单元属性设置"对话框

图 4-68 "指示灯"元件数据对象连接

单击"确认"按钮完成上限"指示灯"元件的数据连接。

同样建立下限指示灯元件的数据连接，选择数据对象"下限灯"。

4）建立"按钮"构件的动画连接。

双击界面中"关闭"按钮构件，出现"标准按钮构件属性设置"对话框。选择"操作属性"选项卡，"按钮对应的功能"选择"关闭用户窗口"，在其右侧下拉列表框中选择

"AI"窗口。

（7）策略编程

在"工作台"窗口中"运行策略"选项卡，双击"循环策略"项，弹出"策略组态：循环策略"窗口，策略工具箱自动加载（如果未加载，右击，选择"策略工具箱"）。

单击"MCGS组态环境"窗口工具条中的"新增策略行"图标按钮，在"策略组态：循环策略"窗口中出现"新增策略"行。单击选中策略工具箱中的"脚本程序"项，将鼠标指针移动到策略块图标上单击，添加"脚本程序"构件。

双击"脚本程序"策略块，进入"脚本程序"编辑窗口，在编辑区输入如下程序：

```
温度=(数字量-200)/4
IF 温度>50 THEN
    上限灯=1
ENDIF
IF 温度>=30 AND 温度<=50 THEN
    下限灯=0
    上限灯=0
ENDIF
IF 温度<30 THEN
    下限灯=1
ENDIF
```

程序的含义是：利用公式"温度=(数字量-200)/4"把采集的数字量值转换为温度值；当温度大于设定的上限值，上限灯改变颜色，当温度小于设定的下限值，下限灯改变颜色。

单击"确定"按钮，完成程序的输入。

关闭"策略组态：循环策略"窗口，保存程序，返回到"工作台"窗口中"运行策略"选项卡，选择"循环策略"项，单击"策略属性"按钮，弹出"策略属性设置"对话框，将策略执行方式的定时循环时间设置为"1000"ms，单击"确认"按钮完成设置。

（8）调试与运行

运行程序之前，PLC与PC需正确连接，PLC需下载温度监控程序，然后运行程序。

PC读取并显示三菱PLC检测的温度值，绘制温度变化曲线。当测量温度小于下限值30℃时，程序界面下限指示灯为红色，PLC的Y0端口置位；当测量温度大于等于下限值30℃且小于等于上限值50℃时，程序界面上、下限指示灯均为绿色，Y0和Y1端口复位；当测量温度大于上限值50℃时，程序界面上限指示灯为红色，Y1端口置位。

程序运行界面如图4-69所示。

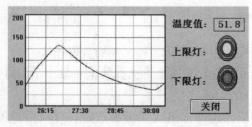

图4-69　运行界面

2. PLC 端温度监控程序

（1）PLC 梯形图

三菱 FX_{2N}-32MR 型 PLC 使用 FX_{2N}-4AD 模拟量输入模块实现温度采集。采用 SWOPC-FXGP/WIN-C 编程软件编写的温度监控程序梯形图如图 4-70 所示。

程序的主要功能是：实现三菱 FX_{2N}-32MR PLC 温度采集，当测量温度小于 30℃时，Y0 端口置位，当测量温度大于等于 30℃而小于等于 50℃时，Y0 和 Y1 端口复位，当测量温度大于 50℃时，Y1 端口置位。

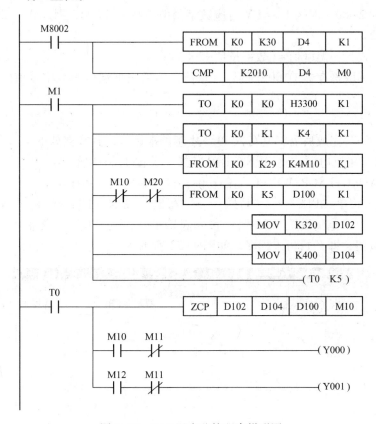

图 4-70　PLC 温度监控程序梯形图

程序说明：

第 1 逻辑行，首次扫描时从 0 号特殊功能模块的 BFM# 30 中读出标识码，即模块 ID 号，并放到基本单元的 D4 中。

第 2 逻辑行，检查模块 ID 号，如果是 FX_{2N}-4AD，结果送到 M0。

第 3 逻辑行，设定通道 1 的量程类型。

第 4 逻辑行，设定通道 1 平均滤波的周期数为 4。

第 5 逻辑行，将模块运行状态从 BFM#29 读入 M10 ～ M25。

第 6 逻辑行，如果模块运行正常，且模块数字量输出值正常，通道 1 的平均采样值（温度的数字量值）存入寄存器 D100 中。

第 7 逻辑行，将下限温度数字量值 320（对应温度 30℃）放入寄存器 D102 中。

第 8 逻辑行，将上限温度数字量值 400（对应温度 50℃）放入寄存器 D104 中。

第 9 逻辑行，延时 0.5 s。

第 10 逻辑行，将寄存器 D102 和 D104 中的值（上、下限）与寄存器 D100 中的值（温度采样值）进行比较。

第 11 逻辑行，当寄存器 D100 中的值小于寄存器 D102 中的值，Y000 端口置位。

第 12 逻辑行，当寄存器 D100 中的值大于寄存器 D104 中的值，Y001 端口置位。

温度与数字量值的换算关系为：要求 0 ～ 200℃ 对应电压值 1 ～ 5 V，由于 0 ～ 10 V 对应数字量值 0 ～ 2 000，那么 1 ～ 5 V 对应数字量值 200 ～ 1 000，因此 0 ～ 200℃ 对应数字量值 200 ～ 1 000。

得到计算公式是：温度值 =（数字量值-200）/4。

上位机程序读取寄存器 D100 中的数字量值，然后根据温度与数字量值的对应关系计算出温度测量值。

（2）程序写入

PLC 端程序编写完成后需将其写入 PLC 才能正常运行，其步骤如下：

1）接通 PLC 主机电源，将 RUN/STOP 转换开关置于 STOP 位置。

2）运行 SWOPC-FXGP/WIN-C 编程软件，打开温度监控程序。

3）依次执行菜单"PLC"→"传送"→"写出"命令（图 4-71），打开"PC 程序写入"对话框，选中"范围设置"单选按钮，"起始步"设为"0"，"终止步"设为"100"，单击"确认"按钮，即开始写入程序，如图 4-72 所示。

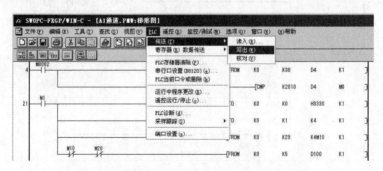

图 4-71　执行菜单"PLC→传送→写出"命令

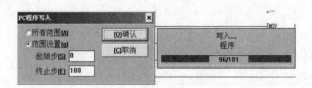

图 4-72　计算机程序的写入

4）程序写入完毕，将 RUN/STOP 转换开关置于 RUN 位置，即可进行温度监控。

（3）程序监控

PLC 端程序写入后，可以进行实时监控，其步骤如下：

1）接通 PLC 主机电源，将 RUN/STOP 转换开关置于 RUN 位置。

2）运行 SWOPC-FXGP/WIN-C 编程软件，打开温度监控程序，并写入。

3）依次执行菜单"监控/测试"→"开始监控"命令，即可开始监控程序的运行，如图 4-73 所示。

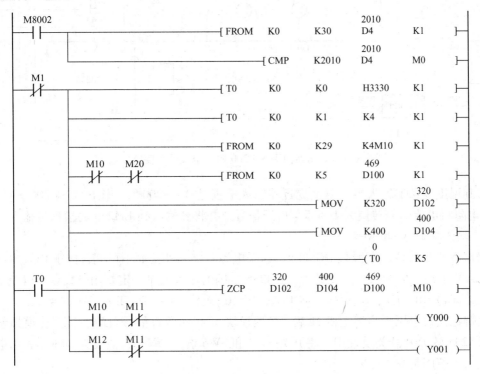

图 4-73 PLC 程序监控

监控界面中，寄存器 D100 上的数字如 469 就是模拟量输入 1 通道的电压实时采集值（换算后的电压值为 2.345 V，与万用表测量值相同，换算后温度值为 67.25℃），改变温度值，输入电压改变，该数值随着改变。

当寄存器 D100 中的值小于寄存器 D102 中的值时，Y000 端口置位；当寄存器 D100 中的值大于寄存器 D104 中的值时，Y001 端口置位。

4）监控完毕，依次执行菜单"监控/测试"→"停止监控"命令，即可停止监控程序的运行。

注意：必须停止监控，否则影响上位机程序的运行。

实训 10 西门子 PLC 温度检测

【学习目标】

1）掌握用西门子模拟量扩展模块进行温度采集与控制的硬件线路连接方法。

2）采用 MCGS 编写温度采集与控制程序，实现温度显示与超限报警。

【线路连接】

将西门子 S7-200 PLC 的编程口通过 PC/PPI 编程电缆与计算机的串口 COM1 连接起来组成温度监控系统，如图 4-74 所示。

将模拟量扩展模块 EM235 与 PLC 主机通过扁平电缆相连，温度传感器中的 Pt100 热电

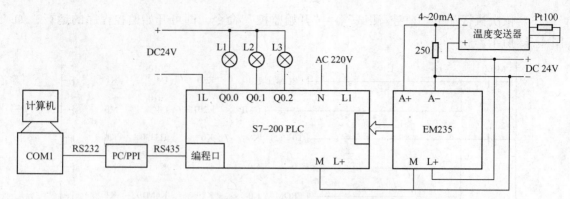

图 4-74   PC 与西门子 S7-200 PLC 组成的温度监控系统

阻连接到温度变送器输入端，温度变送器输入范围是 $0 \sim 200\,℃$，输出 $4 \sim 200\,mA$，经过 $250\,\Omega$ 电阻将电流信号转换为 $1 \sim 5\,V$ 电压信号，并将其输入到 EM235 的模拟量输入 1 通道（CH1）输入端口 A+和 A-。

EM235 扩展模块的电源是 DC 24 V，这个电源一定要外接而不可就近接于 PLC 本身输出的 DC 24 V 电源，但两者一定要共地。EM235 空闲的输入端口一定要用导线短接以免干扰信号窜入，即将 RB、B+、B-短接，将 RC、C+、C-短接，将 RD、D+、D-短接。

为避免共模电压，须将主机 M 端、扩展模块 M 端和所有信号负端连接。在模拟量扩展模块 EM235 的 DIP 开关设置中，将开关 SW1 和 SW6 设为 ON，其他设为 OFF，表示电压单极性输入，范围是 $0 \sim 5\,V$。

注：西门子模拟量扩展模块 EM235 的工作性能参见配套资源习题 4-5 参考答案。

【实训任务】

1）采用 MCGS 软件编写程序，实现计算机与西门子 S7-200 PLC 温度监测，具体要求是：读取并显示西门子 PLC 检测的温度值，绘制温度变化曲线；当测量温度小于下限值时，程序界面下限指示灯为红色，当测量温度大于等于下限值且小于等于上限值时，上、下限指示灯均为绿色，当测量温度大于上限值时，程序界面上限指示灯为红色。

2）采用 STEP 7-Micro/WIN 编程软件编写 PLC 程序，实现西门子 S7-200 PLC 温度监控。当测量温度小于下限值时，Q0.0 端口置位；当测量温度大于等于下限值且小于等于上限值时，Q0.0 和 Q0.1 端口复位；当测量温度大于上限值时，Q0.1 端口置位。

【任务实现】

1. PC 端采用 MCGS 实现温度监测

（1）建立新工程项目

工程名称："西门子 PLC 模拟量输入"；

窗口名称："AI"；

窗口标题："西门子 PLC 温度监控"。

将"AI"窗口设为启动窗口。

（2）制作图形界面

在"工作台"窗口中"用户窗口"选项卡，双击新建的"AI"窗口图标，进入界面开发系统。

1）通过工具箱为图形界面添加1个"实时曲线"构件。

2）通过工具箱为图形界面添加4个"标签"构件，字符分别是"温度值:"、"000"（保留边线）、"下限灯:"和"上限灯:"。

3）通过工具箱"插入元件"工具为图形界面添加两个"指示灯"元件。

4）通过工具箱为图形界面添加1个"按钮"构件，将标题改为"关闭"。

设计的图形界面如图4-75所示。

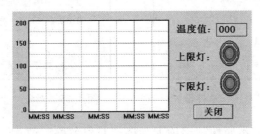

图4-75　图形界面

（3）定义数据对象

在"工作台"窗口中"实时数据库"选项卡，单击"新增对象"按钮，再双击新出现的对象，弹出"数据对象属性设置"对话框。

1）定义3个数值型对象。

在"基本属性"选项卡，将"对象名称"改为"温度"，"最大值"为"200"，"对象类型"选"数值"单选按钮，如图4-76所示。

① 新增对象。在"基本属性"选项卡，将"对象名称"改为"数字量"，"最大值"为"32000"，对象类型选"数值"单选按钮，如图4-77所示。

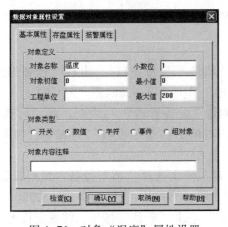

图4-76　对象"温度"属性设置

图4-77　对象"数字量"属性设置

② 新增对象。在"基本属性"选项卡，将"对象名称"改为"电压"，"对象类型"选"数值"单选按钮，"最大值"为"5"，如图4-78所示。

2）定义两个开关型对象。

① 新增对象。在"基本属性"选项卡，将"对象名称"改为"上限灯"，"对象类型"选"开关"单选按钮，如图4-79所示。

图 4-78 对象"电压"属性设置

图 4-79 对象"上限灯"属性设置

② 新增对象。在"基本属性"选项卡，将"对象名称"改为"下限灯"，"对象类型"选"开关"单选按钮。

建立的实时数据库如图 4-80 所示。

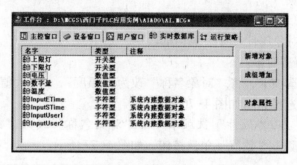

图 7-80 实时数据库

（4）添加 PLC 设备

在"工作台"窗口中"设备窗口"选项卡，双击"设备窗口"，出现"设备组态：设备窗口"，单击工具条上的"工具箱"图标按钮🔧，弹出"设备工具箱"对话框。

1）在该对话框单击"设备管理"按钮，弹出"设备管理"对话框。在"可选设备"列表中双击"通用串口父设备"项，将其添加到右侧的"选定设备"列表中，如图 4-81 所示。

2）在"设备管理"对话框"可选设备"列表中依次选择"所有设备→PLC 设备 →西门子 →S7-200-PPI →西门子_S7200PPI"，单击"增加"按钮，将"西门子_S7200PPI"添加到右侧的"选定设备"列表中，如图 4-81 所示。单击"确认"按钮，将选定设备添加到"设备工具箱"对话框中，如图 4-82 所示。

3）在"设备工具箱"对话框中双击"通用串口父设备"项，在"设备组态：设备窗口"窗口中出现"通用串口父设备 0-[通用串口父设备]"。同理，在"设备工具箱"对话框中双击"西门子_S7200PPI"项，在"设备组态：设备窗口"窗口中出现"设备 0-[西门子_S7200PPI]"，设备添加完成，如图 4-83 所示。

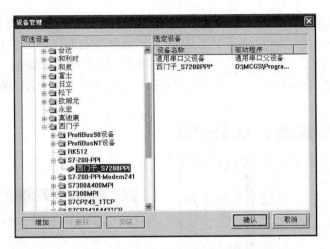

图 4-81 "设备管理"对话框

图 4-82 "设备工具箱"对话框

图 4-83 "设备组态：设备窗口"窗口

(5) 设备属性设置

在"工作台"窗口的"设备窗口"选项卡，双击"设备窗口"图标，出现"设备组态：设备窗口"窗口。

1) 双击"通用串口父设备 0-[通用串口父设备]"项，弹出"通用串口设备属性编辑"对话框。在"基本属性"选项卡中，"串口端口号"选"0-COM1"，"通信波特率"选"6-9600"，"数据位位数"选"1-8 位"，"停止位位数"选"0-1 位"，"数据校验方式"选"2-偶校验"，如图 4-84 所示。参数设置完毕，单击"确认"按钮。

2) 双击"设备 0-[西门子_S7200PPI]"项，弹出"设备属性设置"对话框，如图 4-85 所示。选择"基本属性"选项卡中的"设置设备内部属性"，出现图标按钮，单击该图标按钮弹出"西门子_S7200PPI 通道属性设置"对话框，如图 4-86 所示。

图 4-84 "通用串口设备属性编辑"对话框

图 4-85 "设备属性设置"对话框

单击"增加通道"按钮，弹出"增加通道"对话框，"寄存器类型"选择"V 寄存器"，"数据类型"选择"16 位无符号二进制"，"寄存器地址"设为"100"，"通道数量"设为"1"，"操作方式"选"只读"单选按钮，如图 4-87 所示。单击"确认"按钮，"西门子_S7200PPI 通道属性设置"对话框中出现新增加的 9 通道"只读 VWUB100"，如图 4-88 所示。

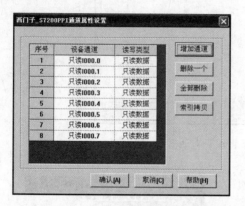

图 4-86 "西门子_S7200PPI 通道属性设置"对话框

图 4-87 "增加通道"对话框

图 4-88 设备新增通道

3）在"设备属性设置"对话框选择"通道连接"选项卡，选中 9 通道对应数据对象单元格，右击，弹出"连接对象"对话框，双击要连接的数据对象"数字量"，完成对象连接，如图 4-89 所示。

4）在"设备属性设置"对话框中选择"设备调试"选项卡，如果系统连接正常，可以观察到西门子 PLC 模拟量扩展模块中模拟量输入 CH1 通道输入电压（反映温度大小）的数字量值，如图 4-90 所示。

（6）建立动画连接

在"工作台"窗口的"用户窗口"选项卡，双击"AI"窗口图标进入开发系统。通过双击界面中各图形对象，将各对象与定义好的数据连接起来。

1）建立"实时曲线"构件的动画连接。

双击界面（图 4-75）中实时曲线构件，弹出"实时曲线构件属性设置"对话框。

图 4-89　设备通道连接 　　　　　　　　　　图 4-90　设备调试

在"画笔属性"选项卡，曲线 1 表达式选择数据对象"温度"，如图 4-91 所示。

在"标注属性"选项卡，"时间单位"选择"分钟"，"X 轴长度"设为"2"，Y 轴标注"最大值"设为"200"，如图 4-92 所示。

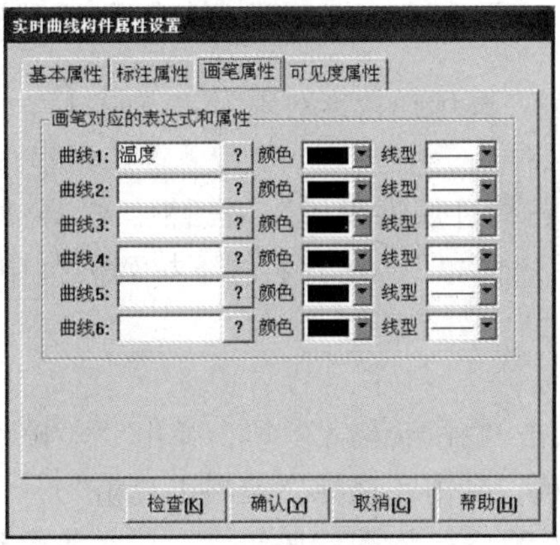

图 4-91　实时曲线"画笔属性"设置 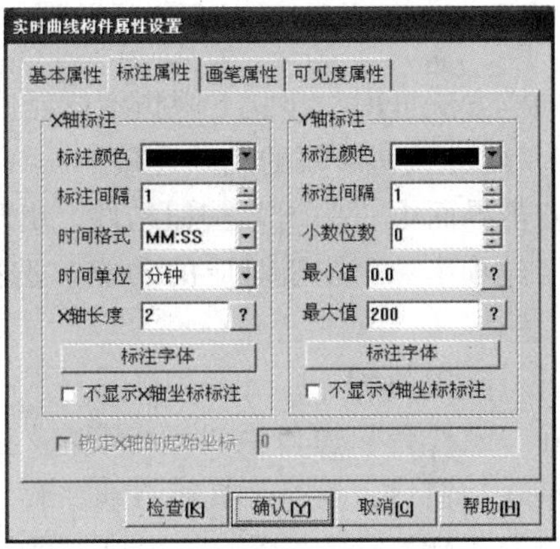　　　　图 4-92　实时曲线"标注属性"设置

2）建立温度显示标签构件"000"的动画连接。

双击界面中的"000"标签，弹出"动画组态属性设置"对话框，选择"输入输出连接"中的"显示输出"复选按钮，出现"显示输出"选项卡，如图 4-93 所示。

选择"显示输出"选项卡，表达式选择数据对象"温度"，"输出值类型"选择"数值量输出"单选按钮，"输出格式"选择"向中对齐"单选按钮，"整数位数"设为"3"，"小数位"设为"1"，如图 4-94 所示。

3）建立"指示灯"元件的动画连接。

双击界面中"指示灯"元件，弹出"单元属性设置"对话框。选择"数据对象"选项卡，"连接类型"选择"可见度"，如图 4-95 所示。单击右侧的"？"按钮，弹出"数据对象连接"对话框，双击数据对象"上限灯"，在"数据对象"选项卡"可见度"行出现连接的数据对象"上限灯"，如图 4-96 所示。单击"确认"按钮完成上限"指示灯"元件的数据连接。

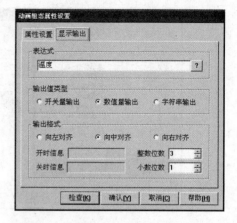

图 4-93 "动画组态属性设置" 对话框　　　　图 4-94 标签构件 "000" 数据对象连接

图 4-95 "单元属性设置" 对话框

图 4-96 "指示灯" 元件数据对象连接

　　同样方法可用于建立下限指示灯元件的数据连接，其选择数据对象为 "下限灯"。

　　4）建立按钮对象的动画连接。

　　双击界面中 "关闭" 按钮构件，出现 "标准按钮构件属性设置" 对话框。选择 "操作属性" 选项卡，"按钮对应的功能" 选择 "关闭用户窗口"，在其右侧下拉列表框中选择 "AI" 窗口。

　　（7）策略编程

　　在 "工作台" 窗口中 "运行策略" 选项卡，双击 "循环策略" 项，弹出 "策略组态：循环策略" 窗口，策略工具箱自动加载（如果未加载，右击，选择 "策略工具箱"）。

　　单击 "MCGS 组态环境" 窗口工具条中的 "新增策略行" 图标按钮，在 "策略组态：循环策略" 窗口中出现 "新增策略" 行。单击选中策略工具箱中的 "脚本程序" 项，将鼠标指针移动到策略块图标上单击，以添加 "脚本程序" 构件。

　　双击 "脚本程序" 策略块，进入 "脚本程序" 编辑窗口，在编辑区输入如下程序：

```
电压 = 数字量/6400
温度 = (电压-1) * 50
IF 温度>50 THEN
     上限灯 = 1
ENDIF
IF 温度>= 30 AND 温度<= 50 THEN
     下限灯 = 0
     上限灯 = 0
ENDIF
IF 温度<30 THEN
```

下限灯 = 1
        ENDIF

程序的含义是：利用公式"电压＝数字量/6400"把采集的数字量值转换为电压值，利用公式"温度＝(电压−1)∗50"把电压值转换为温度值；当温度大于设定的上限值，上限灯改变颜色，当温度小于设定的下限值，下限灯改变颜色。

单击"确定"按钮，完成程序的输入。

关闭"策略组态：循环策略"窗口，保存程序，返回到"工作台"窗口中"运行策略"选项卡，选择"循环策略"项，单击"策略属性"按钮，弹出"策略属性设置"对话框，将策略执行方式的定时循环时间设置为"1000"ms，单击"确认"按钮完成设置。

（8）调试与运行

运行程序之前，PLC 与计算机需正确连接，PLC 需下载温度监控程序，然后运行程序。

计算机读取并显示西门子 S7-200 PLC 检测的温度值，绘制温度变化曲线。当测量温度小于下限值30℃时，程序界面下限灯为红色，PLC 的 Q0.0 端口置位；当测量温度大于等于下限值30℃且小于等于上限值50℃时，程序界面上、下限灯均为绿色，Q0.0 和 Q0.1 端口复位；当测量温度大于上限值50℃时，程序界面上限灯为红色，Q0.1 端口置位。

程序运行界面如图 4-97 所示。

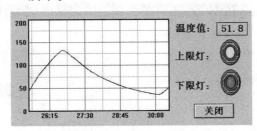

图 4-97　运行界面

2. PLC 端温度监控程序

（1）PLC 梯形图

为了保证 S7-200 PLC 能够正常与计算机进行温度检测，需要在 PLC 中运行一段程序，如图 4-98 所示。

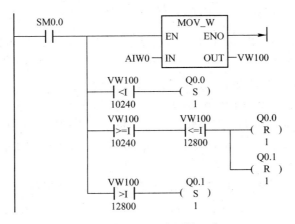

图 4-98　PLC 温度测控程序

程序设计思路为：将采集到的电压数字量值（在寄存器 AIW0 中）送给寄存器 VW100。当 VW100 中的值小于 10240（代表 30 ℃）时，Q0.0 端口置位；当 VW100 中的值大于等于 10240（代表 30 ℃）且小于等于 12800（代表 50 ℃）时，Q0.0 和 Q0.1 端口复位；当 VW100 中的值大于 12800（代表 50 ℃），Q0.1 端口置位。

上位机组态程序读取寄存器 VW100 的数字量值，然后根据温度与数字量值的对应关系计算出温度测量值。

温度与数字量值的换算关系是：要求 0 ～ 200 ℃对应电压值 1 ～ 5 V，由于 0 ～ 5 V 对应数字量值 0 ～ 32 000，那么 1 ～ 5 V 对应数字量值 6 400 ～ 32 000，因此 0 ～ 200 ℃对应数字量值 6 400 ～ 32 000。

得到计算公式是：温度值=(数字量值-6400)/128。

（2）程序下载

PLC 端程序编写完成后需将其下载到 PLC 才能正常运行，其步骤如下：

1）接通 PLC 主机电源，将 RUN/STOP 转换开关置于 STOP 位置。

2）运行 STEP 7-Micro/WIN 编程软件，打开温度监控程序。

3）依次执行菜单"File"→"Download"命令，打开"Download"对话框，单击"Download"按钮，即可开始下载程序，如图 4-99 所示。

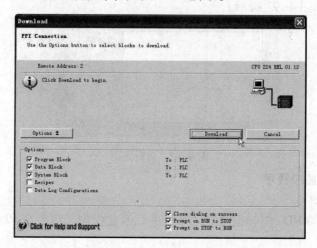

图 4-99　程序下载

4）程序下载完毕，将 RUN/STOP 转换开关置于 RUN 位置，即可进行温度的采集。

（3）程序监控

PLC 端程序写入后，可以进行实时监控，其步骤如下：

1）接通 PLC 主机电源，将 RUN/STOP 转换开关置于 RUN 位置。

2）运行 STEP 7-Micro/WIN 编程软件，打开温度监控程序，将其下载到 PLC 上。

3）依次执行菜单"Debug"→"Start Program Status"命令，即可开始监控程序的运行，如图 4-100 所示。

寄存器 VW100 右边的数字如 17 833 就是模拟量输入 1 通道的电压实时采集值（数字量形式，根据 0 ～ 5 V 对应 0 ～ 32 000，换算后的电压实际值为 2.786 V，与万用表测量值相同），再根据 0 ～ 200 ℃对应电压值 1 ～ 5 V，换算后的温度测量值为 89.32 ℃，改变测量温

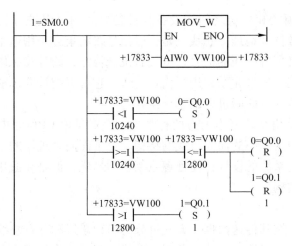

图 4-100　PLC 程序监控

度后该数值随着改变。

当 VW100 中的值小于 10 240（代表 30 ℃）时，Q0.0 端口置位；当 VW100 中的值大于等于 10 240（代表 30 ℃）且小于等于 12 800（代表 50 ℃）时，Q0.0 和 Q0.1 端口复位；当 VW100 中的值大于 12 800（代表 50 ℃）时，Q0.1 端口置位。

4）监控完毕，依次执行菜单"Debug"→"Stop Program Status"命令，即可停止监控程序的运行。注意：必须停止监控，否则影响上位机程序的运行。

4.3　知识链接

4.3.1　总线技术

总线是一组信号线的集合，是一种在各模块间传送信息的公共通道。在计算机控制系统中，利用总线实现芯片内部、印制电路板各部件之间、机箱内各插件板之间、主机与外部设备之间或系统与系统之间的连接与通信。

总线是计算机控制系统的重要组成部分。总线的性能对计算机控制系统的性能具有举足轻重的作用。采用总线技术，可大大简化系统结构，增加系统的开放性、兼容性、可靠性和可维护性。

1. 总线的概念

计算机作为控制设备在测试与控制领域中得到了广泛应用，并形成了多种类型的应用系统。在应用系统内部，有各种单元模块，如 I/O 接口、A—D、D—A 等。这些模块之间必然要进行信息交换，而在各个独立的应用系统之间也需要进行必要的信息交换。前者一般按数据线的位数进行传递，被称为并行传送。而后者则根据两个独立应用系统相互间距离的远近，可进行并行传送也可进行串行传送。

无论信息传送的方式如何，都必须遵循某种原则，如内部插件的几何尺寸应相同，插头、插座的规格应统一，针数应相同，各个插针的定义应统一，控制插件相同，信号定义和工作时序应相同等，这就导致了"总线"的诞生。

所谓总线就是在模块和模块之间或设备与设备之间的一组进行互连和传输信息的信号线，信息包括指令、数据和地址。总线就是一组信号线的集合，用这个集合可以组成系统的标准信息通道，它定义了各引线的信号、电气和机械特性，使计算机内部各组成部分之间以及不同的计算机之间建立信号联系，进行信息传送。它可以把计算机或控制系统的模板或各种设备连成一个整体以便彼此间进行信息交换。

当今世界上的计算机系统基本上有两种结构：一种是以 CPU 为中心的面向处理器的结构，另一种则是以总线为中心的面向总线的结构。对于面向处理器的结构，虽然可以根据处理器的特点来进行整个系统的设计，使处理效率达到最优，但是在通用性和兼容性等诸多方面却不如面向总线的结构。

2. 总线的类别

总线的类别很多。按其传送数据的方式可分为串行总线和并行总线；按应用的场合可分为芯片总线、板内总线、机箱总线、设备互连总线、现场总线及网络总线等；按用途可分为计算机总线、外设总线和控制系统总线；按总线的作用域可分为全局总线和本地总线；按标准化程度可分为标准总线和非标准（专用）总线等。

计算机中的总线可分为内部总线和外部总线。

内部总线是计算机内部功能模板之间进行通信的总线，它按功能又可分为数据总线、地址总线、控制总线和电源总线 4 部分，每种型号的计算机都有自身的内部总线。

外部总线是计算机与计算机之间或计算机与其他智能设备之间进行通信的连线，又称为通信总线。常用的外部总线有 IEEE-481 并行总线和 RS-232C 串行总线。如果数据在信号线上是以位为单位进行传输，则称为串行总线；如果数据在信号线上是以字节甚至多个字节为单位进行传输，则称为并行总线。

下面介绍计算机内部总线的功能。总线结构示意图如图 4-101 所示。

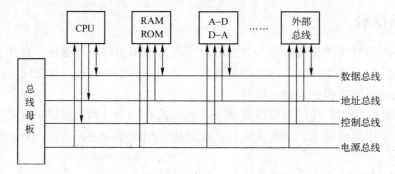

图 4-101　总线结构示意图

（1）数据总线

数据总线用于 CPU 与其他部件之间传送信息（数据和指令代码）。具有三态（高阻、"1" 和 "0"）控制功能，而且是双向传输的，即 CPU 通过数据总线可以接收来自其他部件的信息，也可以通过数据总线向其他部件发送信息。如 ISA 总线数据线是 16 位，PCI 总线是 32 位或 64 位。数据线的宽度表示了总线数据传输的能力，反映了总线的性能。

（2）地址总线

地址总线用来传送 CPU 要访问的存储单元或 I/O 接口地址信号。地址信号一般由 CPU

118

发往其他芯片，属于单向总线，但也具有三态控制功能。

地址总线的数据位数决定了该总线构成的微型计算机系统的寻址能力。例如，ISA 总线有 24 位地址线，可寻址到 16 MB，PCI 总线有 32 位地址线，可寻址到 4 GB。地址总线的宽度视 CPU 所能直接访问的存储空间的容量而定。

（3）控制总线

控制总线用于传输控制命令和状态信息。根据不同的使用条件，控制总线有的为单向，有的为双向；有的为三态，有的为非三态。

控制总线用于传送控制信息、时序信息和状态信息。比如，I/O 读/写信号、存储器读/写信号和中断信号等。控制总线是最能体现总线特色的信号线，它决定总线功能的强弱和适应性。

通常，微机系统总线都做成多个插槽的形式，各插槽相同的引脚通过总线连在一起。总线接口引脚的定义、传输速率的设定、驱动能力的限制、信号电平的规定、时序的安排以及信息格式的约定等，都有统一的标准。外部总线则使用标准的接口插头，其结构和通信规约也是标准的。

3. 采用总线的优点

总线是联系计算机及控制设备的纽带。由于总线中每一条线、每一个信号都有严格的定义，因此总线标准就是一种规定。一旦选中某种总线，任何厂家和用户都要严格遵守这个法规，这就使系统设计、生产、使用和维护上具有如下优点。

（1）简化系统结构

将所有的模块都做成相同的接插板通过总线连接，使系统的结构清晰，简单明了，节省了连接线。在采用面向总线的结构中，各插座同编号的各个针都使用总线信号，因而可用短接线把它们连接起来，这就可用印制电路板实现整个插座连接，从而简化了系统的设计和制造工序，用户可根据需要直接选用符合总线标准的功能板卡，而不必考虑板卡插件之间的匹配和兼容问题。

（2）简化硬件与软件的设计

由于面向总线的结构中总线是严格定义的，挂在总线上的模块或设备只需满足总线标准并辅以相应的软件即可正常工作。因此，可以分别对各个模块或设备进行设计，而无需考虑其他模块或设备。

采用面向总线标准的结构设计，使系统结构简化。根据系统的总体性能，将其分为若干个功能子系统或功能模块，利用总线将这些功能模块联系起来，按一定的规约协调工作，使系统的结构紧凑、简洁。由于硬件是积木式接插件结构，也给整个软件设计带来了特有的模块性，每一块插件在系统中仅与总线打交道，从而使硬件的调试简单，调试周期短，节省工时。加之模块化程序设计可供多个用户重复使用，提高了效率，降低了成本，缩短了研制周期。

（3）便于系统的扩充与更新

由于总线的标准具有国际性，规范是公开的，因此各国厂商都可根据市场的需要，设计生产符合某总线标准的功能模块和配套软件。如果要扩充规模，只需往总线上多插几块同类型的插件；如果要变换功能，用户只需选择相应的功能板卡插在总线插槽上即可构成新的系统，无须重新设计；如果要扩充新功能，只要根据总线标准，设计制造新的模块即可。随着电子技术的发展，产品的更新换代是必然的；如果采用总线结构，在要提高产品性能时，只要更换新型器件，不必对系统进行大的更改，有时只需更换个别模块即可。

（4）便于组织生产，提高产品质量，降低产品造价

由于采用总线的系统产品是模块化，各模块间可通过总线规范进行联系。又由于各模块有一定的独立性，这就可组织专业化生产，使产品的性能和质量得到进一步提高。模块的单一性又可简化调试设备，降低对调试工人的技术要求，便于组织大规模生产，降低产品的造价。接插板由多个厂家生产，用户有了选择的余地，并能选到最优的产品，从而有利于产品的更新换代。

（5）可维护性好

采用总线标准模块化设计的产品，一般可用相应诊断软件，很容易诊断到模块级的故障，因此，一旦发现故障可立即更换模块，系统很快就可修复。

4. 总线标准

总线是计算机系统的组成基础和重要资源，是联系计算机内部各部分资源的高速公路。因此，计算机系统中总线结构性能的好坏、速度的高低和总线结构的优化合理程度将直接影响到计算机的性能。总线标准的建立对计算机应用和普及是至关重要的。

总线上的各个单元，如芯片之间、扩展卡之间以及系统之间，如果要进行正确的连接与传输信息，就应遵守协议与规范，这些协议与规范称为总线标准。总线标准包括：各个信号线的功能定义、总线工作的时钟频率、总线系统的结构、总线仲裁机构与配置机构、信号的逻辑电平、时序要求、电路驱动能力、抗干扰能力、机械规范（包括接插件的几何形状与尺寸）和实施总线协议的驱动与管理程序。

为了可靠有效地进行各种信息交换而对总线信号传送规则及传送信号的物理介质所做的一系列物理性规定称为总线规约，某一标准化组织批准或推荐的总线规约称为某种总线标准。

许多外部设备提供商和兼容机生产厂商都遵循这些标准，使这类标准与国际标准有同等的作用，最典型的是 ISA 总线和 PCI 总线等。

图 4-102 是某型号计算机主板上的 PCI 和 ISA 插槽示意图。其中有 5 个短白色的是 PCI 扩展槽，2 个长黑色的是 ISA 扩展槽。

PCI插槽 　　　　　　　　　　　ISA扩展槽

图 4-102　计算机主板上的 PCI 和 ISA 插槽示意图

4.3.2　I/O 接口

一套计算机系统除中央处理器外，还有存储器、系统总线、接口电路和外部设备等部

分。各类外部设备和存储器，都通过各种接口电路连接到计算机系统的总线上，用户可根据不同用途，选择不同类型的外部设备，设置相应的接口电路，把它挂接到系统总线上，构成不同用途、不同规模的计算机应用系统。

微型计算机接口技术是采用硬件与软件相结合的方法，使微处理器与外部设备进行最佳的匹配，实现 CPU 与外部设备之间高效、可靠的信息交换的一门技术。

所谓接口，就是微处理器与外部连接的部件，是 CPU 与外部设备进行消息交换的中转站。如源程序或数据要通过接口从输入设备送入计算机，运算结果要通过接口向输出设备送出；控制命令通过接口发出，现场状态通过接口传送进来等。

所谓标准接口，就是指明确定义了几何尺寸、信号功能和信号电平等的接口。有了标准接口，可以使不同类型及不同生产厂家的数据终端和数据通信设备进行方便地通信。

接口技术是工业实时控制和数据采集中非常重要的微机应用技术，它可实现 CPU 与存储器、I/O 设备、控制设备、测量设备、通信设备、A—D 和 D—A 转换器等的信息交换。

1. I/O 设备与 I/O 接口

（1）I/O 设备

为了将计算机应用于数据采集、参数检测和实时控制等领域，必须向计算机输入反映控制对象状态和变化的信息，经过中央处理器处理后，再向控制对象输出控制信息。这些输入信息和输出信息的表现形式是千差万别的，可能是开关量或数字量，更可能是各种不同性质的模拟量，如温度、湿度、压力、流量和浓度等，因此需要把各种传感器和执行机构与微处理器或微型计算机连接起来。所用的这些设备统称为外部设备或输入/输出设备，即 I/O 设备。

I/O 设备是数据、程序、信息和结果进出计算机的重要硬件部件。由于 I/O 设备和 CPU 之间可能存在工作上逻辑时序的不一致，处理的数据类型（包括数字量、模拟量和开关量）比 CPU 处理的数据类型（只有数字量）要复杂和广泛，并且工作速度比 CPU 慢，因此计算机和 I/O 设备之间需要一个接口电路来作为桥梁，以实现信息的交换。

外部设备是微型计算机系统的重要组成部分。首先，任何计算机必须有一条接受程序和数据的通道，才能接收外界的信息来进行处理，这就必须有输入设备，如键盘、操纵杆、鼠标、光笔、触摸屏和扫描仪等；而处理的结果还必须被送给要求进行信息处理的人或设备，才能为人或设备所利用，这就必须有输出设备，如 CRT 显示终端、打印机和绘图仪等。

由于计算机的外部设备品种繁多，几乎都采用了机电传动设备，因此，CPU 在与 I/O 设备进行数据交换时存在以下问题：

1）速度不匹配。I/O 设备的工作速度一般要比 CPU 慢很多，而且由于种类不同，它们之间的速度差异也很大，例如硬盘的传输速度就要比打印机快很多。

2）时序不匹配。各个 I/O 设备都有自己的定时控制电路，以自己的速度传输数据，无法与 CPU 的时序取得统一。

3）信息格式不匹配。不同的 I/O 设备存储和处理信息的格式不同，例如可以分为串行和并行两种；也可以分为二进制格式、ASCII 编码和 BCD 编码等。

4）信息类型不匹配。不同 I/O 设备采用的信号类型不同，有些是数字信号，有些是模拟信号，因此所采用的处理方式也不同。

基于以上原因，I/O 设备一般不与微型计算机内部直接相连，而是必须通过 I/O 接口与微型计算机内部进行信息交换。接口的主要作用就是为了解决计算机与外部设备连接时存在的各种矛盾。

(2) I/O 接口与接口电路

接口技术是把由处理器和存储器等组成的基本系统与外部设备连接起来，从而实现计算机与外部设备通信的一门技术。处理器通过总线与接口电路连接，接口电路再与外部设备连接，因此 CPU 总是通过接口与外部设备发生联系。

微型计算机的应用是随着外部设备的不断更新和接口技术的不断发展而深入到各个领域的，因此接口技术是组成任何实用微型计算机系统的关键技术，任何微型计算机应用开发工作都离不开接口的设计、选用和连接。

实际上，任何一个微型计算机应用系统的研制和设计，主要就是微型计算机接口的研制和设计，需要设计的硬件是一些接口电路，所要编写的软件是控制这些电路按要求工作的驱动程序。因此，微型计算机接口技术是一种用软件和硬件综合来完成某一特定任务的技术，掌握微型计算机接口技术已成为微型计算机应用必不可少的基本技能。

接口可以抽象地定义为一个部件（Unit）或一台设备（Device）与周围环境的理想分界面。这个假设的分界面切断该部件或设备与周围环境的一切联系，当一个组件或设备与外界环境进行任何信息交换和传输时，必须通过这个假想的分界面，通常称这个分界面为接口（Interface）。

为了使组件与组件之间以及设备之间进行有效和可靠的信息交换及传输，必须选用和设计合适的接口电路。

接口是计算机系统中一个部件与另一些部件的相互联系，它是系统各部分之间进行信息交换的桥梁。在计算机系统内各部件之间、或计算机与外设之间、或智能设备与智能设备之间的联系都是通过总线实现的，这样，接口又可被定义为部件（小至单一元件，大至一个智能系统）与某一具体总线之间的一切联系，介于该部件与总线之间为实现这种联系所必需的全部电路称为接口电路。

接口电路的作用就是将来自外部设备的数据信号传送给 CPU，CPU 对数据进行适当的加工后再通过接口传回外部设备，所以接口电路的基本功能就是对数据的传送控制。

图 4-103 中给出了几种常用接口。其中接口 1 为程序存储器 ROM 接口，接口 2 为数据存储器 RAM 接口；接口 3 为打印机接口，接口 4 为显示器接口；接口 5 为键盘接口；接口 6 为系统间接口（如 RS-232C 串行接口）。

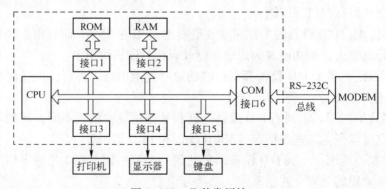

图 4-103　几种常用接口

2. 接口信息与接口地址

（1）接口信息

计算机系统与I/O外部设备之间交换信息通常需要以下一些接口信息。

1）数据信息。在计算机中，数据一般有8位、16位、32位和64位等，其大致可以分为3种基本类型：数字量（常见的有键盘、打印机和显示器等）数据、模拟量（如温度、压力和声音等）数据、开关量（如电动机起停控制、开关断开与闭合等）数据。计算机与外部设备之间的数据传送主要有并行传送（如打印机等）和串行传送（如键盘、异步通信口等）两种传送方式。

2）状态信息。状态信息反映了当前外设或接口本身所处的工作状态。计算机在输入与输出过程中，外部设备的数据是否准备好，外部设备是否准备好接收数据等，都要通过一定的数据量来表示，才能实现计算机与外部设备之间的正确"握手"。常见的状态信息有"空"、"满"、"准备好"、"忙"和"不忙"等。一般来说，不同的外部设备其状态信息的数量和类别有很大的差异。

3）控制信息。控制信息主要是指起动、停止外部设备之类的接口信息。CPU通过发送控制信息控制外设的工作。

数据、状态和控制信息是不同性质的接口信息，一般要用不同的端口地址分别传送，如图4-104所示。

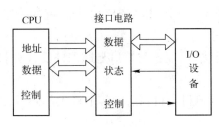

图4-104　接口信息传送端口

（2）接口地址

CPU要和I/O设备进行数据传送，在接口中就必须有一些寄存器或特定的硬件电路供CPU直接进行存取访问，这就是接口电路。为了区分不同的接口电路，也必须像存储器一样给它们编号，这就是接口电路的地址，这样CPU就可以像访问存储单元一样按地址访问这些接口电路，从而与外设发生联系。

一个接口电路中根据需要可能有多个存储器，如数据寄存器、状态寄存器和命令寄存器等，为了区别它们，也给予不同的地址，以便CPU能正确找到它们。为了将这些地址和存储器地址区别开，称它们为接口地址。CPU通过这些地址向接口电路中的寄存器发送命令、读取状态和传送数据。

有时也将上述接口中可被CPU直接访问的一些寄存器称为端口。一个接口常有几个端口，如数据端口、状态端口和命令端口等，每个端口的地址叫作端口地址，如何实现对这些接口地址和端口地址的访问，就是I/O接口的寻址问题。

在接口电路中，一般一个端口对应一个寄存器，也可以一个端口对应多个寄存器，此时由内部控制逻辑根据程序指定的 I/O 端口地址和数据位标识选择不同的寄存器进行读/写等操作。因此，CPU 在访问这些寄存器时，只需指明它们的端口，不需指出是什么寄存器。

在输入/输出程序中，也只看到端口，而看不到相应的具体寄存器。也就是说，访问端口就是访问接口电路中的寄存器。这些端口可以是输入端口，也可以是输出端口，还可以是双向端口。

端口寄存器或部分端口线与 I/O 设备直接相连，完成数据、状态及控制信息的交换。这样，I/O 操作实质上转化为对 I/O 端口的操作，即 CPU 所访问的是与 I/O 设备相关的端口，而不是 I/O 设备本身。

对 I/O 端口的访问，则取决于 I/O 端口的编址方式，即 I/O 编址。常用的编址方式主要有 I/O 端口与存储器统一编址和 I/O 端口与存储器分开独立编址。

3. 接口的分类

（1）按接口的功能划分

1）人机对话接口。这类接口主要为操作者与计算机之间的信息交换服务，如键盘接口、显示器接口、图形设备接口和语音输入/输出接口等。

2）过程控制接口（I/O 接口）。这类接口是对生产过程进行检测与控制的接口。它一般包括传感器接口和控制接口两部分，前者输入各种外界信息，以实现对生产过程的检测，后者输出经计算机处理后的控制信号，以实现对生产过程的控制。所以过程控制接口是计算机应用于控制系统的关键部分。

3）通用外设接口（标准接口）。这类接口是通用外设（如打印机、磁盘机和绘图仪等）与计算机之间的接口。

图 4-105 是某型号个人计算机主机箱后面板上提供的外设接口示意图。

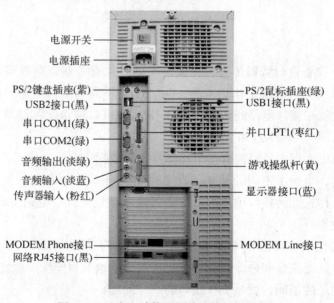

图 4-105　个人计算机的外设接口示意图

（2）按接口与总线的关系划分

接口是某一部件与总线的联系，它与总线密切相关。

1）元件级接口。元件级接口是计算机系统内部某一具体元件，如存储器、定时器和中断控制器等，与内部总线之间的联系。元件级接口是接口电路的基本部分，任何接口都必须涉及元件级接口，因为它是实现各种接口电路的基础。

2）插板级接口。插板级接口又称为系统内接口，它是系统某一部分与系统内总线之间的一切联系，如键盘接口、显示器接口、打印机接口和磁盘驱动器接口等，这种接口都比较复杂。

3）系统间接口。系统间接口又称为通信接口，是计算机系统与另外一系统或智能设备之间的联系，因这种联系就是数据的通信联系，故常称之为通信接口。数据信息都是通过总线传输的，因此通信接口是一种总线与另一种总线之间的接口，即计算机系统总线与通信总线之间的接口。如 RS-232C 接口、IEEE-488 接口、USB 接口等。

此外，按照信息的流向可以将接口分为输入接口和输出接口；按照接口与外设交换信息的方式可以将接口分为并行接口和串行接口等。

4. I/O 接口的实现方式

计算机控制系统的结构形式多种多样，相应的 I/O 接口装置也各不相同，归纳起来基本上有以下 3 种形式。

（1）整体方式

将控制系统制作成一个独立的装置，在这种方式中，计算机（CPU）与 I/O 接口是安装在同一块印制电路板上的，例如，用单片机开发的系统。这种方式的特点是体积小且重量轻，成本也比较低。由于接口装置与 CPU 是放在一起的，一旦系统开发完成，就不能轻易改变。这种方式一般用于小型的计算机控制系统，特别是嵌入式系统中。

（2）板卡方式

利用计算机的扩展功能，将 I/O 接口装置按照计算机扩展槽的标准开发，并根据实际需要制成多种类型的板卡，有的板卡同时包含了 A—D 和 D—A 功能。板卡直接插在个人计算机的扩展槽上，通过总线与计算机互连和传输信息。

这种方式与前一种方式相比，系统的构成相对要灵活得多，可靠性适中。但是，由于所有的板卡都插在一个机箱内，不适合远程和大范围的监控，而且，由于计算机插槽的数目也有限，因此输入、输出的点数也有限。这种方式一般用于中小型的计算机监控系统。

（3）模块方式

这种方式将各种 I/O 功能以模块的形式来实现。I/O 模块与计算机之间以及 I/O 模块与 I/O 模块之间的物理连接可以很灵活，例如，可以采用双绞线或同轴电缆连接，也可以采用并行总线连接。

由于生产厂家已经生产了许多类型的 I/O 模块，因此，系统的构成与扩充非常方便。这种方式非常适合于大、中型的计算机监控系统以及远程监控。目前，无论是集散控制系统，还是可编程序控制器以及现场总线都使用该方式。

习题与思考题

4-1 总线技术在计算机控制系统中有什么作用？

4-2 在计算机控制系统中有哪几种常用的总线标准？

4-3 I/O 接口有哪些功能？在计算机控制系统中有什么作用？

4-4 查阅文献资料，了解三菱模拟量输入扩展模块 FX_{2N}-4AD 和模拟量输出扩展模块 FX_{2N}-4DA 的工作性能。

4-5 查阅文献资料，了解西门子模拟量输入/输出及其扩展模块 EM235 的工作性能。

第5章 计算机开关量输出系统与实训

许多现场设备例如电动机的起动和停止、指示灯的亮和灭、继电器或接触器的释放和吸合、阀门的打开和关闭等，可以用开关（数字）量输出信号去驱动控制。

本章通过几个生产生活实例了解开关量输出系统的应用和组成，并通过实训介绍使用MCGS软件实现开关量信号的输出和处理。

5.1 开关量输出系统生产生活实例

5.1.1 音乐喷泉控制

1. 应用背景

喷泉是由人工构筑的泉池中以喷射姿态优美的水柱而供人们观赏的水景。

喷泉既是一种水景艺术，体现了动、静结合，形成明朗活泼的气氛，给人以美的享受；同时，喷泉还可以增加空气中的负离子含量，起到净化空气、增加空气湿度、降低环境温度等作用，因此喷泉有益于改善城市面貌和增进居民身心健康，从而深受人们的喜爱。

随着光、电、声及自动控制装置在喷泉上的应用，音乐喷泉、间歇喷泉、激光喷泉的出现，更加丰富了人们在视觉、听觉上的双重感受。

某地音乐喷泉景观如图5-1所示。

图5-1　某地音乐喷泉景观

2. 控制系统

音乐喷泉是计算机根据音乐文件的物理波形，自动识别震撼、抒情、喜悦、激昂或悲哀等乐曲的基本情感特征，将其转换为控制信号，创造出千姿百态的水柱景观，产生奇妙的艺术效果，将视觉感受与听觉感受融为一体。

某音乐喷泉控制系统主要由计算机、PLC、变频器、电磁阀、继电器、水泵、喷头、彩灯和音响设备等部分组成，如图5-2所示。

PLC作为输出装置通过RS-485总线与计算机相连，根据计算机发送过来的控制信号完成彩灯和喷泉的控制。

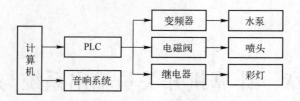

图 5-2 音乐喷泉控制系统硬件组成框图

电磁阀作为执行机构用于对不同水路进行开关控制，使多组不同喷头间歇喷水生成不同的水形。

变频器用于控制水泵的流量以改变喷水高度。

5.1.2 棉田滴灌控制

1. 应用背景

棉花膜下滴灌是近年来发展起来的一种新的灌水方法。它是利用低压管道系统将棉花生长所需的水分和养分均匀而又缓慢地滴入作物根部附近，借重力作用使水渗入作物根区，使土壤经常保持最佳含水状态的一种灌水方法。目前，以农业为主、地处干旱缺水的新疆生产建设兵团正在大力推广应用这种节水灌溉技术。

这种灌溉技术在实施过程中存在一个主要问题：棉田面积大，一块棉田几千亩甚至上万亩，管道铺设距离长，阀门数量众多，打开、关闭阀门需人工操作，生产人员的劳动强度大，灌溉节水效益不能得到充分发挥，无法大面积推广。因此，利用计算机技术，提高滴灌的自动化控制程度、减轻劳动强度，变得日益重要和紧迫。

2. 控制系统

某棉田滴灌控制系统采用现场总线技术实现田间电磁阀门的远程集中控制。系统主要由监控计算机、总线适配器、终端控制器和电磁阀等部分组成，如图 5-3 所示。

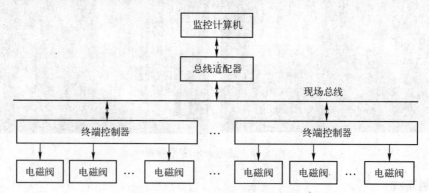

图 5-3 棉田滴灌控制系统框图

假设田间有 100 个电磁阀，考虑到管道压力无法打开所有阀门同时进行灌溉，需分成 10 组依次打开，这样该棉田需配置 10 个终端控制器，每个终端控制器分配有 ID 号，同时控制 10 个电磁阀。

监控计算机安装在泵房，发出控制指令，通过总线适配器传给田间终端控制器。

灌溉开始时，假设田间的 1 号终端控制器接收到总线适配器传来的控制指令，同时打开第 1 组 10 个电磁阀进行滴灌；当灌溉时间到，计算机发送指令给 2 号终端控制器，打开第 2 组 10 个电磁阀进行滴灌，接着发送指令给 1 号终端控制器，关闭第 1 组 10 个电磁阀停止滴灌。

这样计算机控制软件会按照设定好的灌溉顺序和灌溉时间依次打开、关闭各组阀门，实现轮灌，直到棉田全部灌完为止。

图 5-4 是安装在棉田中的电磁阀，图 5-5 是安装在泵房的计算机监控站。

图 5-4　田间电磁阀　　　　　　　　　　图 5-5　泵房计算机监控站

终端控制器接收到控制指令后会返回一个信号给总线适配器，告诉计算机已收到信号，这样计算机可以判断田间各终端控制器是否能正常工作。

有时电磁阀工作会出现异常，无法打开阀门，因此在电磁阀门出水口处可安装压力开关。压力开关的监测信号也通过终端控制器传送给计算机。

考虑到棉田面积大，有线信号传输成本高、供电困难且可靠性低，可采用无线通信技术传送控制指令。

5.1.3　教室多媒体控制

1. 应用背景

某高校有一座现代化教学大楼，有 200 余间多媒体教室，每间教室配置一套多媒体教学系统，包括计算机、投影机和幕布等，如图 5-6 所示。所有教室是开放的，平时无课时学生可以自由进出学习和上自习。学校规定这些设备只有教室有课时才能使用，学生及其他人员不能自行打开、随意使用。

为了科学管理并保证教师上课正常使用，特建立了计算机集中控制中心。

2. 控制系统

多媒体教室计算机集中控制系统主要由监控中心计算机、输出装置、控制模块以及被控对象（多媒体计算机、投影机和幕布等）组成，如图 5-7 所示。

计算机软件系统根据存在数据库中的本学期课表时间安排，在上课前 10 min 通过输出装置发出控制指令，驱动所有有课教室的控制模块打开这些教室的多媒体系统（开启计算机、打开投影机并降下幕布），无课教室则不需打开。下课后计算机再根据课表判断下堂课有无安排，如果有课，多媒体系统不关闭，下堂课教师继续使用；如果无课，则发出控制指令关闭多媒体系统。

图 5-6 多媒体教室

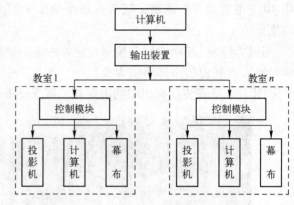

图 5-7 多媒体教室计算机集中控制系统

5.1.4 汽车充电桩控制

1. 应用背景

相对于以汽油为燃料驱动的传统汽车而言，电动汽车是全部或部分以电能为动力驱动的新能源汽车。发展电动汽车是解决能源短缺和降低环境污染等问题的重要途径之一。

电动汽车作为一种发展前景广阔的绿色交通工具，今后的普及速度会异常迅猛，未来的市场前景也是异常巨大的。在全球能源危机和环境危机日益严重的大背景下，我国政府积极推进新能源汽车的应用与发展，电动汽车充电桩作为发展电动汽车所必需的重要配套基础设施，具有非常重要的社会效益和经济效益。

充电桩类似于加油站里面的加油机，可以固定在地面或墙壁，安装于公共建筑（公共楼宇、商场和公共停车场等）和居民小区停车场或充电站内。充电桩的输入端与交流电网直接连接，输出端都装有充电插头用于为电动汽车充电。可以根据不同的电压等级为各种型号的电动汽车充电。

人们可以使用特定的 IC 卡在充电桩提供的人机交互操作界面上刷卡使用，进行相应的充电方式、充电时间和费用数据打印等操作；充电桩显示屏能显示充电量、费用和充电时间等数据。

图 5-8 是某充电桩产品使用示意图。

图 5-8 充电桩产品使用示意图

2. 控制系统

充电桩要实现充电操作，需设置充电计费控制系统。某充电桩计费控制系统主要由单片机系统、IC卡读卡器、触摸屏、智能电表、充电开关、整流器、和后台计算机等部分组成，其结构框图如图 5-9 所示。

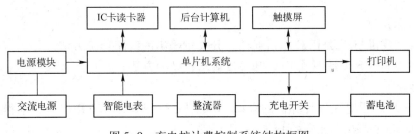

图 5-9　充电桩计费控制系统结构框图

用户持 IC 卡与读卡器通信，读卡器把卡上识别到的信息通过通信接口传输给单片机系统进行分析处理，单片机系统通过以太网与后台计算机通信，查询该用户的身份信息，并分析识别该 IC 卡是否为有效卡；若为非有效卡则提示换卡，若为有效卡则显示卡对应的余额等信息，当余额不为零时可进行下一步充电操作。

然后触摸屏界面出现充电模式选择提示，待用户选定并确认充电模式后再进行加电确认，此时单片机系统发送控制指令打开充电开关，220 V 交流电被整流器转换为直流电后为电动汽车车载电池充电。智能电表开始计量充电电量。

充电完成后，单片机系统发送控制指令以断开充电开关，并读取智能电表计量的本次充电电量，进行计算处理形成本次充电金额，传给后台计算机，扣除 IC 卡对应账户的本次充电金额。触摸屏显示应充电电量、当前已充电电量及当前计费信息等。

5.1.5　开关量输出系统总结

上述实例中，有一个共同点，即音乐喷泉电磁阀的控制，棉田滴灌电磁阀的控制，教室多媒体系统计算机、投影仪和幕布的控制，以及汽车充电桩充电开关的控制都是开关量输出信号。上述实例的开关量输出系统都可以用图 5-10 来表示。

图 5-10　开关量输出系统组成框图

计算机根据程序设定或条件判断，形成开关控制指令，通过开关量输出装置输出控制信号，再由驱动装置变换控制信号，驱动水泵、电磁阀和充电开关等执行机构动作，实现对水泵、电磁阀投影机和幕布等被控对象的控制。

下面实训中，分别采用 PLC、数据采集卡和远程 I/O 模块作为开关量输出装置，使用 MCGS 组态软件编写计算机端程序实现开关量输出控制。

5.2 计算机开关量输出实训

实训 11 三菱 PLC 开关量控制

【学习目标】

1）掌握计算机与三菱 PLC 串口通信、开关量输出的线路连接方法。

2）掌握用 MCGS 设计三菱 PLC 开关量输出程序的方法。

【线路连接】

通过 SC-09 编程电缆将计算机的串口 COM1 与三菱 FX_{2N}-32MR PLC 的编程接口连接起来组成开关量输出系统，如图 5-11 所示。

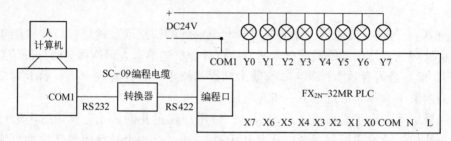

图 5-11 PC 与三菱 FX_{2N}-32MR PLC 组成的开关量输出系统

可外接指示灯或继电器等装置来显示 PLC 开关量输出端点 Y0、Y1…Y7 的状态（打开/关闭）。

实际测试中，不需要外接指示灯，直接使用 PLC 面板上提供的输出信号指示灯即可。

【实训任务】

采用 MCGS 编写程序，实现计算机与三菱 FX_{2N}-32MR PLC 开关量输出。要求：在计算机程序界面中单击"开关"执行打开/关闭命令，使线路中 PLC 相应输出端口指示灯亮/灭。

【任务实现】

1. 建立新工程项目

工程名称："三菱 PLC 开关量输出"；

窗口名称："DO"；

窗口标题："三菱 PLC 开关量输出"。

2. 制作图形界面

在"工作台"窗口中"用户窗口"选项卡，双击新建的"DO"窗口图标，进入界面开发系统。

1）通过工具箱"插入元件"工具为图形界面添加 8 个"开关"元件。

2）通过工具箱"插入元件"工具为图形界面添加 8 个"指示灯"元件。

3）通过工具箱为图形界面添加 9 个"标签"构件，字符分别为"Y0""Y1""Y2""Y3""Y4""Y5""Y6""Y7"和"开关量输出控制"。

4）通过工具箱为图形界面添加 1 个"按钮"构件，将标题改为"关闭"。

设计的图形界面如图 5-12 所示。

3. 定义数据对象

在"工作台"窗口中选择"实时数据库"选项卡，单击"新增对象"按钮，再双击新出现的对象，弹出"数据对象属性设置"对话框。

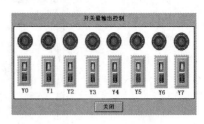

图 5-12 图形界面

1）在"基本属性"选项卡，将"对象名称"改为"开关 0"，"对象类型"选择"开关"单选按钮，如图 5-13 所示。

同样再定义 7 个开关型对象"开关 1"～"开关 7"。

2）新增对象。在"基本属性"选项卡，将"对象名称"改为"指示灯 0"，"对象类型"选择"开关"单选按钮。

同样再定义 7 个开关型对象"指示灯 1"～"指示灯 7"。

建立的实时数据库如图 5-14 所示。

图 5-13 对象"开关 0"属性设置

图 5-14 实时数据库

4. 添加三菱 PLC 设备

在组态环境"工作台"窗口中的"设备窗口"选项卡，双击"设备窗口"图标，出现"设备组态：设备窗口"窗口，单击工具条上的"工具箱"图标按钮，弹出"设备工具箱"对话框。

1）在该对话框单击"设备管理"按钮，弹出"设备管理"对话框。在"可选设备"列表中双击"通用串口父设备"，将其添加到右侧的"选定设备"列表中，如图 5-15 所示。

2）在"设备管理"对话框中的"可选设备"列表中依次选择"所有设备→PLC 设备→三菱→三菱_FX 系列编程口→三菱_FX 系列编程口"，单击"增加"按钮，将"三菱_FX 系列编程口"添加到右侧的"选定设备"列表中，如图 5-15 所示。单击"确认"按钮，将选定设备添加到"设备工具箱"对话框中，如图 5-16 所示。

3）在"设备工具箱"对话框双击"通用串口父设备"项，在"设备组态：设备窗口"窗口中出现"通用串口父设备 0-[通用串口父设备]"项。同理，在"设备工具箱"对话框双击"三菱_FX 系列编程口"，在"设备组态：设备窗口"窗口中出现"设备 0-[三菱_FX 系列编程口]"，设备添加完成，如图 5-17 所示。

图 5-15 "设备管理"对话框

图 5-16 "设备工具箱"对话框

图 5-17 "设备组态:设备窗口"窗口

5. 设备属性设置

在"工作台"窗口中"设备窗口"选项卡,双击"设备窗口"图标,出现"设备组态:设备窗口"窗口。

1)双击"通用串口父设备 0-[通用串口父设备]"项,弹出"通用串口设备属性编辑"对话框。在"基本属性"选项卡中,"串口端口号"选"0-COM1","通讯波特率"选"6-9600","数据位位数"选"0-7 位","停止位位数"选"0-1 位","数据校验方式"选"2-偶校验",如图 5-18 所示。参数设置完毕,单击"确认"按钮。

2)双击"设备 0-[三菱_FX 系列编程口]"项,弹出"设备属性设置"对话框,如图 5-19 所示。选择"基本属性"选项卡中的"设置设备内部属性",出现…图标按钮,单击该图标按钮弹出"三菱_FX 系列编程口通道属性设置"对话框,如图 5-20 所示。

图 5-18 "通用串口设备属性编辑"对话框

图 5-19 "设备属性设置"对话框

单击"增加通道"按钮,弹出"增加通道"对话框(图 5-21),"寄存器类型"选择"Y 输出寄存器","寄存器地址"设为"0","通道数量"设为"8","操作方式"选"只写"单选按钮，单击"确认"按钮，"三菱_FX 系列编程口通道属性设置"对话框中出现新增加的通道，如图 5-22 所示。依次删除原有通道，留下新增加的 8 个通道，如图 5-23 所示。

图 5-20 "三菱_FX 系列编程口通道
属性设置"对话框

图 5-21 "增加通道"对话框

图 5-22 "设备通道"列表

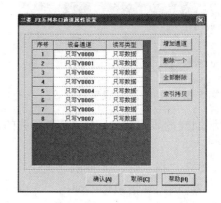

图 5-23 新增"设备通道"列表

3）在"设备属性设置"对话框选择"通道连接"选项卡，选择 1 通道对应的数据对象单元格，右击，弹出"连接对象"对话框，双击要连接的数据对象"开关 0"，完成对象连接。同理连接 2 通道～8 通道对应的数据对象"开关 1"～"开关 7"，如图 5-24 所示。

4）在"设备属性设置"对话框选择"设备调试"选项卡，用鼠标长按 4 通道对应数据对象"开关 3"的"通道值"单元格，通道值"0"变为"1"，如图 5-25 所示。如果系统连接正常，线路中 PLC 对应开关量输出端口 Y3 的信号指示灯亮。

6. 建立动画连接

在"工作台"窗口中"用户窗口"选项卡，双击"DO"窗口图标进入开发系统。通过双击界面中各图形对象，将各对象与定义好的数据连接起来。

1）建立"开关"元件的动画连接。

双击界面（图 5-12）中 Y0 开关，弹出"单元属性设置"对话框，选择"数据对象"选项卡，如图 5-26 所示。"连接类型"选择"按钮输入"。单击右侧的"?"按钮，弹出"数据对象连接"对话框，双击数据对象"开关 0"，在"数据对象"选项卡"按钮输入"行出现连接的数据对象"开关 0"。"连接类型"选择"可见度"。单击右侧的"?"按钮，

图 5-24 "通道连接"选项卡

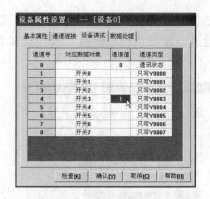

图 5-25 "设备调试"选项卡

弹出"数据对象连接"对话框，双击数据对象"开关 0"，在"数据对象"选项卡"可见度"行出现连接的数据对象"开关 0"，如图 5-27 所示。单击"确认"按钮完成 Y0 开关的数据连接。

图 5-26 "单元属性设置"对话框

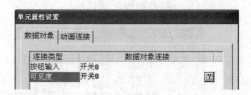

图 5-27 "开关"元件数据对象连接

按照同样的步骤建立 Y1 ~ Y7 开关的数据连接，连接的数据对象分别为"开关 1"~"开关 7"。

2）建立"指示灯"元件的动画连接。

双击界面中 Y0 指示灯，弹出"单元属性设置"对话框。选择"数据对象"选项卡，如图 5-28 所示。"连接类型"选择"可见度"。单击右侧的"?"按钮，弹出"数据对象连接"对话框，双击数据对象"指示灯 0"，在"数据对象"选项卡"可见度"行出现连接的数据对象"指示灯 0"，如图 5-29 所示。单击"确认"按钮完成 Y0 指示灯的数据连接。

图 5-28 "单元属性设置"对话框

图 5-29 "指示灯"元件数据对象连接

按照同样的步骤建立 Y1 ~ Y7 指示灯的数据连接，连接的数据对象分别为"指示灯 1"~"指示灯 7"。

3）建立"按钮"构件的动画连接。

双击界面中"关闭"按钮构件，出现"标准按钮构件属性设置"对话框。在"操作属性"选项卡，"按钮对应的功能"选择"关闭用户窗口"，在其右侧的下拉列表框中选择"DO"窗口。

7. 策略编程

在"工作台"窗口中"运行策略"选项卡，单击"新建策略"按钮，出现"选择策略的类型"对话框，选择"事件策略"项，单击"确定"按钮，"运行策略"窗口出现新建的"策略1"。

选中"策略1"，单击"策略属性"按钮，弹出"策略属性设置"对话框，"将策略名称"改为"开关量输出0"，"对应表达式"选择数据对象"开关0"，"事件的内容"选择"表达式的值有改变时，执行一次"，如图5-30所示。

图5-30 "策略属性设置"对话框

在"工作台"窗口中"运行策略"选项卡，双击"开关量输出0"事件策略，弹出"策略组态：开关量输出0"窗口。

单击"MCGS组态环境"窗口工具条中的"新增策略行"图标按钮，在"策略组态：开关量输出0"窗口中出现"新增策略"行。单击选中策略工具箱中的"脚本程序"项，将鼠标指针移动到策略块图标上单击以添加"脚本程序"构件。

双击"脚本程序"策略块，进入"脚本程序"编辑窗口，在编辑区输入如下程序：

```
IF 开关 0 = 1 THEN
    指示灯 0 = 1
ELSE
    指示灯 0 = 0
ENDIF
```

程序的含义是：单击界面中Y0开关，使程序界面中Y0指示灯颜色改变。

单击"确定"按钮，完成程序的输入。

按照同样的步骤可再建立7个事件策略，"策略名称"分别为"开关量输出1"～"开关量输出7"；在每个事件"策略属性设置"对话框中"对应表达式"分别选择数据对象"开关1"～"开关7"，"事件的内容"均选择"表达式的值有改变时，执行一次"；在每个事件策略"脚本程序"编辑窗口输入与事件"开关量输出0"相同的程序，使用的数据对象分别改为"开关1"～"开关7"和"指示灯1"～"指示灯7"。

8. 程序测试与运行

保存该工程，将"DO"窗口设为启动窗口，运行工程。

在程序界面中单击开关对象（打开或关闭），界面中指示灯改变颜色，线路中PLC对应开关量输出端口的继电器开关被打开或关闭，面板上信号指示灯亮/灭。

程序运行界面如图5-31所示。

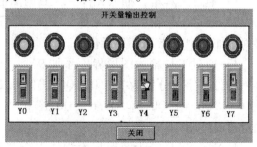

图5-31 运行界面

实训 12 西门子 PLC 开关量控制

【学习目标】

1) 掌握个人计算机与西门子 S7-200 PLC 串口通信、开关量输出的线路连接方法。

2) 掌握用 MCGS 设计西门子 S7-200 PLC 开关量输出程序的方法。

【线路连接】

通过个人计算机/PPI 编程电缆将个人计算机的串口 COM1 与西门子 S7-200 PLC 的编程口连接起来组成开关量输出系统，如图 5-32 所示。

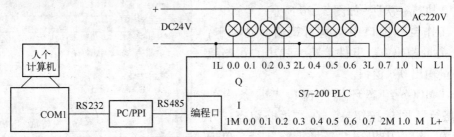

图 5-32 PC 与西门子 S7-200 PLC 组成的开关量输出系统

可外接指示灯或继电器等装置来显示 PLC 某个开关量输出端口 Q0.0、Q0.1、Q0.2、Q0.3、Q0.4、Q0.5、Q0.6 和 Q0.7 的状态（打开/关闭）。

实际测试中，不需要外接指示灯，直接使用 PLC 面板上提供的输出信号指示灯即可。

【实训任务】

采用 MCGS 软件编写程序，实现 PC 与西门子 S7-200 PLC 开关量输出。要求：在计算机程序界面中单击"开关"执行打开/关闭命令，使线路中 PLC 相应输出端口指示灯亮/灭。

【任务实现】

1. 建立新工程项目

工程名称："西门子 PLC 开关量输出"；

窗口名称："DO"；

窗口标题："西门子 PLC 开关量输出"。

2. 制作图形界面

在"工作台"窗口中"用户窗口"选项卡，双击新建的"DO"窗口图标，进入界面开发系统。

1) 通过工具箱"插入元件"工具为图形界面添加 8 个"开关"元件。

2) 通过工具箱"插入元件"工具为图形界面添加 8 个"指示灯"元件。

3) 通过工具箱为图形界面添加 9 个"标签"构件，字符分别为"Q0.0""Q0.1""Q0.2""Q0.3""Q0.4""Q0.5""Q0.6""Q0.7"和"开关量输出控制"。

4) 通过工具箱为图形界面添加 1 个"按钮"构件，将标题改为"关闭"。

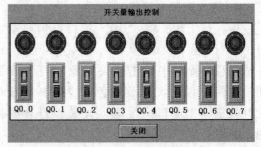

图 5-33 图形界面

设计的图形界面如图5-33所示。

3. 定义数据对象

在"工作台"窗口中选择"实时数据库"选项卡,单击"新增对象"按钮,再双击新出现的对象,弹出"数据对象属性设置"对话框。

1)在"基本属性"选项卡,"对象名称"改为"开关0","对象类型"选择"开关"单选按钮,如图5-34所示。

同样再定义7个开关型对象"开关1"~"开关7"。

2)新增对象。在"基本属性"选项卡,"对象名称"改为"指示灯0","对象类型"选择"开关"单选按钮。

同样再定义7个开关型对象"指示灯1"~"指示灯7"。

建立的实时数据库如图5-35所示。

4. 添加西门子PLC设备

在组态环境"工作台"窗口中"设备窗口"选项卡,双击"设备窗口"图标,出现"设备组态:设备窗口"窗口,单击工具条上的"工具箱"图形按钮 🔧,弹出"设备工具箱"对话框。

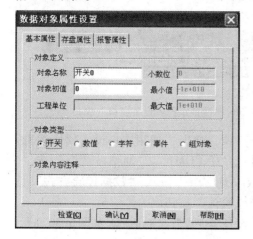

图5-34 对象"开关0"属性设置

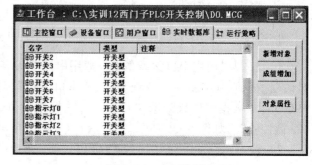

图5-35 实时数据库

1)在该对话框单击"设备管理"按钮,弹出"设备管理"对话框。在"可选设备"列表中双击"通用串口父设备"项,将其添加到右侧的"选定设备"列表中,如图5-36所示。

2)在"设备管理"对话框"可选设备"列表中依次选择"所有设备→PLC设备→西门子→S7-200-PPI→西门子_S7200PPI",单击"增加"按钮,将"西门子_S7200PPI"添加到右侧的"选定设备"列表中,如图5-36所示。单击"确认"按钮,将选定设备添加到"设备工具箱"对话框中,如图5-37所示。

3)在"设备工具箱"对话框双击"通用串口父设备"项,在"设备组态:设备窗口"窗口中出现"通用串口父设备0-[通用串口父设备]"。同理,在"设备工具箱"对话框双击"西门子_S7200PPI"项,在"设备组态:设备窗口"窗口中出现"设备0-[西门子_S7200PPI]",设备添加完成,如图5-38所示。

5. 设备属性设置

在"工作台"窗口中"设备窗口"选项卡,双击"设备窗口"图标,出现"设备组态：设备窗口"窗口。

图 5-36 "设备管理"对话框

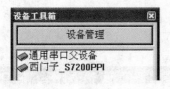

图 5-37 "设备工具箱"对话框

图 5-38 "设备组态：设备窗口"窗口

1）双击"通用串口父设备 0-[通用串口父设备]"项，弹出"通用串口设备属性编辑"对话框。在"基本属性"选项卡中，"串口端口"号选"0-COM1"，"通信波特率"选"6-9600"，"数据位位数"选"1-8 位"，"停止位位数"选"0-1 位"，"数据校验方式"选"2-偶校验"，如图 5-39 所示。参数设置完毕，单击"确认"按钮。

2）双击"设备0-[西门子_S7200PPI]"项，弹出"设备属性设置"对话框，如图5-40所示。

图 5-39 "通用串口设备属性编辑"对话框

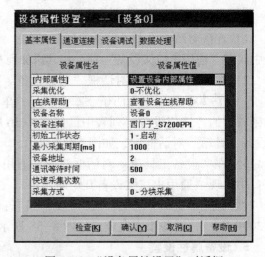

图 5-40 "设备属性设置"对话框

选择"基本属性"选项卡中的"设置设备内部属性",出现 ... 图标按钮,单击该图标按钮弹出"西门子_S7200PPI 通道属性设置"对话框,如图 5-41 所示。单击"增加通道"按钮,弹出"增加通道"对话框,如图 5-42 所示,"寄存器类型"选择"Q 寄存器","数据类型"选择"通道的第 00 位","寄存器地址"设为"0",通道数量设为"8","操作方式"选"只写"单选按钮。单击"确认"按钮,"西门子_S7200PPI 通道属性设置"对话框中出现新增加的通道,如图 5-43 所示。依次删除原有通道,留下新增加的 8 个通道,如图 5-44 所示。

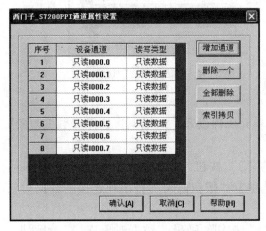

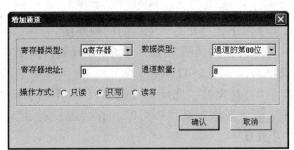

图 5-41 "西门子_S7200PPI 通道
属性设置"对话框

图 5-42 "增加通道"对话框

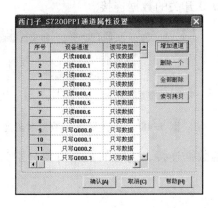

图 5-43 "设备通道"列表

图 5-44 新增"设备通道"列表

3)在"设备属性设置"对话框中选择"通道连接"选项卡,选择 1 通道对应的数据对象单元格,右击,弹出"连接对象"对话框,双击要连接的数据对象"开关 0",完成对象连接。同理连接 2 通道~8 通道对应的数据对象"开关 1"~"开关 7",如图 5-45 所示。

4)在"设备属性设置"对话框中选择"设备调试"选项卡,用鼠标长按 4 通道对应数据对象"开关 3"的"通道值"单元格,通道值"0"变为"1",如图 5-46 所示。如果系统连接正常,PLC 线路中对应开关量输出端口 Q0.3 的信号指示灯亮。

6. 建立动画连接

在"工作台"窗口中"用户窗口"选项卡,双击"DO"窗口图标进入开发系统。通过双击界面中各图形对象，将各对象与定义好的数据连接起来。

图 5-45 "通道连接"选项卡   图 5-46 "设备调试"选项卡

1）建立"开关"元件的动画连接。

双击界面（图 5-12）中 Q0.0 开关，弹出"单元属性设置"对话框，选择"数据对象"选项卡，如图 5-47 所示。

"连接类型"选择"按钮输入"。单击右侧的"?"按钮，弹出"数据对象连接"对话框，双击数据对象"开关 0"，在"数据对象"选项卡"按钮输入"行出现连接的数据对象"开关 0"。

"连接类型"选择"可见度"。单击右侧的"?"按钮，弹出"数据对象连接"对话框，双击数据对象"开关 0"，在"数据对象"选项卡"可见度"行出现连接的数据对象"开关 0"，如图 5-48 所示。单击"确认"按钮完成 Q0.0 开关的数据连接。

   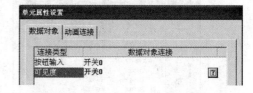

图 5-47 "单元属性设置"对话框   图 5-48 "开关"元件数据对象连接

按照同样的步骤可建立 Q0.1 ～ Q0.7 开关的数据连接，连接的数据对象分别为"开关 1"～"开关 7"。

2）建立"指示灯"元件的动画连接。

双击界面中 Q0.0 指示灯，弹出"单元属性设置"对话框，选择"数据对象"选项卡，如图 5-49 所示。

"连接类型"选择"可见度"。单击右侧的"?"按钮，弹出"数据对象连接"对话框，双击数据对象"指示灯 0"，在"数据对象"选项卡"可见度"行出现连接的数据对象"指示灯 0"，如图 5-50 所示。单击"确认"按钮完成 Q0.0 指示灯的数据连接。

按照同样的步骤可建立 Q0.1 ～ Q0.7 指示灯的数据连接，连接的数据对象分别为"指示灯 1"～"指示灯 7"。

3）建立"按钮"构件的动画连接。

双击界面中"关闭"按钮构件，出现"标准按钮构件属性设置"对话框。在"操作属性"选项卡，"按钮对应的功能"选择"关闭用户窗口"，在其右侧的下拉列表框中选择"DO"窗口。

图 5-49 "单元属性设置"对话框

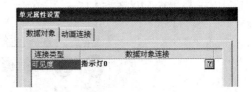

图 5-50 "指示灯"元件数据对象连接

7. 策略编程

在"工作台"窗口中"运行策略"选项卡，单击"新建策略"按钮，出现"选择策略的类型"对话框，选择"事件策略"项，单击"确定"按钮，"运行策略"窗口出现新建的"策略1"。

单击选中"策略1"项，单击"策略属性"按钮，弹出"策略属性设置"对话框，将"策略名称"改为"开关量输出0"，"对应表达式"选择数据对象"开关0"，"事件的内容"选择"表达式的值有改变时，执行一次"，如图5-51所示。

在"工作台"窗口中"运行策略"选项卡，双击"开关量输出0"事件策略，弹出"策略组态：开关量输出0"窗口。

单击"MCGS组态环境"窗口工具条中的"新增策略行"图标按钮📷，在"策略组态：开关量输出0"窗口

图 5-51 事件策略属性设置

中出现"新增策略"行。单击选中策略工具箱中的"脚本程序"项，将鼠标指针移动到策略块图标上单击以添加"脚本程序"构件。

双击"脚本程序"策略块，进入"脚本程序"编辑窗口，在编辑区输入如下程序：

```
IF 开关 0 = 1 THEN
    指示灯 0 = 1
ELSE
    指示灯 0 = 0
ENDIF
```

程序的含义是：单击界面中 Q0.0 开关，使界面中 Q0.0 指示灯颜色改变。

单击"确定"按钮，完成程序的输入。

按照同样的步骤再建立7个事件策略，"策略名称"分别为"开关量输出1"～"开关量输出7"；在每个事件"策略属性设置"对话框中"对应表达式"分别选择数据对象"开关1"～"开关7"，"事件的内容"均选择"表达式的值有改变时，执行一次"；在每个事件策略"脚本程序"编辑窗口输入与事件"开关量输出0"相同的程序，使用的数据对象分别改为"开关1"～"开关7"和"指示灯1"～"指示灯7"。

8. 程序测试与运行

保存该工程，将"DO"窗口设为启动窗口，运行工程。

在界面中单击开关对象（打开或关闭），界面中指示灯改变颜色，线路中 PLC 对应开关量输出端口的继电器开关打开或关闭，面板上信号指示灯亮/灭。

程序运行界面如图 5-52 所示。

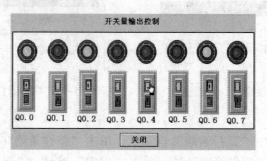

图 5-52　运行界面

实训 13　数据采集卡开关量控制

【学习目标】

1）掌握用数据采集板卡进行数字量信号输出的硬件连接方法。

2）掌握用 MCGS 设计数据采集卡数字量输出程序的方法。

【线路连接】

计算机与 PCI-1710HG 数据采集卡组成的数字量输出系统如图 5-53 所示。

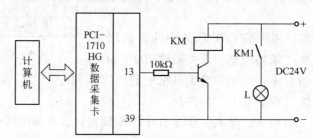

图 5-53　计算机与数据采集卡组成的数字量输出系统

图 5-53 中，PCI-1710HG 数据采集卡数字量输出 1 通道的管脚 13 接三极管基极，当计算机输出控制信号置 13 脚为高电平时，三极管导通，继电器常开开关 KM1 闭合，指示灯 L 亮；当置 13 脚为低电平时，三极管截止，继电器常开开关 KM1 打开，指示灯 L 灭。

也可使用万用表直接测量各数字量输出通道与数字地（如 DO1 与 DGND）之间的输出电压（高电平或低电平）来判断数字量输出状态。

其他数字量输出通道信号输出接线方法与 1 通道相同。

注：PCI-1710HG 数据采集卡介绍、软硬件安装及配置参见配套资源习题 3-6 参考答案。

【实训任务】

采用 MCGS 编写程序实现 PCI-1710HG 数据采集卡数字量输出。要求：在计算机界面中单击"按钮"执行打开/关闭命令，使线路中数据采集卡相应数字量输出端口置高/低电平，信号指示灯亮/灭。

【任务实现】

1. 建立新工程项目

工程名称："数据采集卡数字量输出"；

窗口名称："DO"；

窗口标题："数据采集卡数字量输出"。

2. 制作图形界面

在"工作台"窗口中"用户窗口"选项卡，双击新建的"DO"窗口图标，进入界面开发系统。

1）通过工具箱"插入元件"工具为图形界面添加1个"开关"元件。

2）通过工具箱"插入元件"工具为图形界面添加1个"指示灯"元件。

3）通过工具箱"插入元件"工具为图形界面添加1个"电气符号"元件"电源"。

4）通过工具箱"直线"工具画线将"开关""电源"和"指示灯"元件连接起来。

5）通过工具箱为图形界面添加1个"标签"构件，字符为"开关量输出控制"。

6）通过工具箱为图形界面添加1个"按钮"构件，将标题改为"关闭"。

设计的图形界面如图5-54所示。

图5-54 图形界面

3. 定义对象

在"工作台"窗口中"实时数据库"选项卡，单击"新增对象"按钮，再双击新出现的对象，弹出"数据对象属性设置"对话框。

1）在"基本属性"选项卡，将"对象名称"改为"开关"，"对象初值"设为"0"，"对象类型"选择"开关"单选按钮，如图5-55所示。

2）新增对象。在"基本属性"选项卡，将"对象名称"改为"指示灯"，"对象初值"设为"0"，"对象类型"选择"开关"单选按钮。

建立的实时数据库如图5-56所示。

图5-55 对象"开关"属性设置

图5-56 实时数据库

4. 添加设备

在"工作台"窗口中"设备窗口"选项卡，双击"设备窗口"图标，出现"设备组态：设备窗口"窗口，单击工具条上的"工具箱"图标按钮 ，弹出"设备工具箱"对话框。

1）在该对话框单击"设备管理"按钮，弹出"设备管理"对话框。在"可选设备"

列表中依次选择"所有设备→采集板卡→研华板卡→PCI1710HG→研华_PCI1710HG",单击"增加"按钮,将"研华_PCI-1710HG"添加到右侧的"选定设备"列表中,如图5-57所示。单击"确认"按钮,将"选定设备"添加到"设备工具箱"对话框中,如图5-58所示。

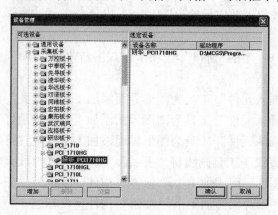

图5-57 "设备管理"对话框

2)在"设备工具箱"对话框双击"研华_PCI1710HG"项,在"设备组态:设备窗口"窗口中出现"设备0-[研华_PCI1710HG]",设备添加完成,如图5-59所示。

5. 设备属性设置

在"工作台"窗口中"设备窗口"选项卡,双击"设备窗口"图标,出现"设备组态:设备窗口"窗口。双击"设备0-[研华_PCI1710HG]"项,弹出"设备属性设置"对话框,如图5-60所示。

图5-58 "设备工具箱"　　图5-59 "设备组态:设备窗口"　　图5-60 "设备属性设置"对话框
　　　对话框　　　　　　　　　　窗口

1)在"基本属性"选项卡,将"IO基地址(16进制)"设为"e800"(IO基地址即PCI板卡的端口地址,在Windows设备管理器中查看时,该地址与板卡所在插槽的位置有关)。

2)在"通道连接"选项卡,选择33通道对应的数据对象单元格,右击,弹出"连接对象"对话框,双击要连接的数据对象"开关",完成对象连接,如图5-61所示。

3)在"设备调试"选项卡,用鼠标长按33通道对应数据对象"开关"的通道值单元格,通道值"0"变为"1",如图5-62所示。如果系统连接正常,线路中数据采集卡对应数字量输出1通道(13管脚)输出高电平,信号指示灯亮。

图 5-61 "通道连接"选项卡

图 5-62 "设备调试"选项卡

6. 建立动画连接

在"工作台"窗口中"用户窗口"选项卡，双击"DO"窗口图标进入开发系统。通过双击界面中各图形对象，将各对象与定义好的数据连接起来。

1）建立"开关"元件的动画连接。

双击界面（图 5-52）中开关对象，弹出"单元属性设置"对话框，选择"数据对象"选项卡，如图 5-63 所示。

"连接类型"选择"按钮输入"。单击右侧的"？"按钮，弹出"数据对象连接"对话框，双击数据对象"开关"，在"数据对象"选项卡"按钮输入"行出现连接的数据对象"开关"。

"连接类型"选择"可见度"。单击右侧的"？"按钮，弹出"数据对象连接"对话框，双击数据对象"开关"，在"数据对象"选项卡"可见度"行出现连接的数据对象"开关"，如图 5-64 所示。单击"确认"按钮完成开关对象的数据连接。

图 5-63 "单元属性设置"对话框

图 5-64 "开关"元件数据对象连接

2）建立"指示灯"元件的动画连接。

双击界面中指示灯对象，弹出"单元属性设置"对话框。选择"数据对象"选项卡，如图 5-65 所示。

"连接类型"选择"可见度"。单击右侧的"？"按钮，弹出"数据对象连接"对话框，双击数据对象"指示灯"，在"数据对象"选项卡"可见度"行出现连接的数据对象"指示灯"，如图 5-66 所示。单击"确认"按钮完成指示灯对象的数据连接。

图 5-65 "单元属性设置"对话框

图 5-66 "指示灯"元件数据对象连接

3）建立"按钮"构件的动画连接。

双击界面中"关闭"按钮构件，出现"标准按钮构件属性设置"对话框。选择"操作属性"选项卡，选择"按钮对应的功能"下的"关闭用户窗口"，在其右侧的下拉列表框选择"DO"窗口。

7. 策略编程

在"工作台"窗口中"运行策略"选项卡，单击"新建策略"按钮，出现"选择策略的类型"对话框，选择"事件策略"项，单击"确定"按钮，"运行策略"窗口出现新建的"策略1"。

选中"策略1"项，单击"策略属性"按钮，弹出"策略属性设置"对话框，将"策略名称"改为"开关量输出"，"对应表达式"选择数据对象"开关"，"事件的内容"选择"表达式的值有改变时，执行一次"，如图 5-67 所示。

在"工作台"窗口中"运行策略"选项卡，双击"开关量输出"事件策略，弹出"策略组态：开关量输出"窗口。

单击"MCGS组态环境"窗口工具条中的"新增策略行"图标按钮 ，在"策略组态：开关量输出"编辑窗口中出现"新增策略"行。单击选中策略工具箱中的"脚本程序"项，将鼠标指针移动到策略块图标上单击以添加"脚本程序"构件。

双击"脚本程序"策略块，进入"脚本程序"编辑窗口，在编辑区输入如下程序：

```
IF 开关 = 1 THEN
    指示灯 = 1
ELSE
    指示灯 = 0
ENDIF
```

程序的含义是：单击界面中开关，使界面中指示灯颜色改变。

单击"确定"按钮，完成程序的输入。

8. 调试与运行

保存该工程，将"DO"窗口设为启动窗口，运行工程。

在界面中单击"开关"（打开或关闭），界面中指示灯改变颜色，线路中数据采集卡数字量输出 1 通道（13 管脚）置高/低电平，信号指示灯亮/灭。

可使用万用表直接测量数字量输出 1 通道的输出电压来判断数字量输出状态。

程序运行界面如图 5-68 所示。

图 5-67　事件策略属性设置

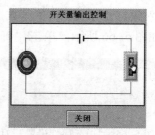

图 5-68　运行界面

实训 14 远程 I/O 模块开关量控制

【学习目标】

1) 掌握用远程 I/O 模块进行数字量信号输出的硬件连接方法。

2) 掌握用 MCGS 设计远程 I/O 模块数字量输出程序的方法。

【线路连接】

计算机与 ADAM4000 系列远程 I/O 模块组成的数字量输出系统如图 5-69 所示。

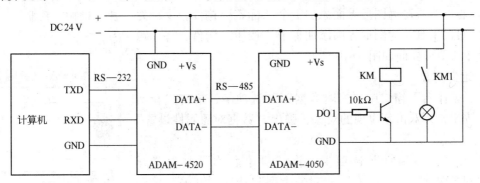

图 5-69 PC 与远程 I/O 模块组成的数字量输出系统

如图 5-69 所示，ADAM-4520（RS232 与 RS485 转换模块）与计算机的串口 COM1 连接，将 RS-232 总线转换为 RS-485 总线；ADAM-4050（数字量输入与输出模块）的信号输入端子 DATA+、DATA-分别与 ADAM-4520 的 DATA+、DATA-连接。模块电源端子+Vs、GND 分别与 DC24V 电源的+、-连接。

模块数字量输出 DO1 通道接三极管基极，当计算机输出控制信号置 DO1 为高电平时，三极管导通，继电器线圈有电流通过，其常开开关 KM1 闭合，指示灯亮；当置 DO1 为低电平时，三极管截止，继电器常开开关 KM1 断开，指示灯灭。

也可使用万用表直接测量数字量输出通道 DO1 与数字地 GND 之间的输出电压（高电平或低电平）来判断数字量输出状态。

其他数字量输出通道信号输出接线方法与 DO1 通道相同。

线路连好后，将 ADAM-4050 模块的地址设为 02。

注：有关 ADAM4000 系列远程 I/O 模块的软硬件安装及地址设定方法参见配套资源习题 3-7 参考答案。

【实训任务】

采用 MCGS 语言编写程序实现计算机与远程 I/O 模块数字量输出。要求：在计算机界面中单击"按钮"执行打开/关闭命令，使线路中模块相应数字量输出端口置高/低电平，则信号指示灯亮/灭。

【任务实现】

1. 建立新工程项目

工程名称："远程 I/O 模块数字量输出"；

窗口名称："DO"；

窗口标题："远程 I/O 模块数字量输出"。

2. 制作图形界面

在"工作台"窗口中"用户窗口"选项卡，双击新建的"DO"窗口图标，进入界面开发系统。

1）通过工具箱"插入元件"工具为图形界面添加1个"开关"元件。

2）通过工具箱"插入元件"工具为图形界面添加1个"指示灯"元件。

3）通过工具箱"插入元件"工具为图形界面添加1个"电气符号"元件"电源"。

4）通过工具箱"直线"工具画线将"开关""电源"和"指示灯"元件连接起来。

5）通过工具箱为图形界面添加1个"标签"构件，字符为"开关量输出控制"。

6）通过工具箱为图形界面添加1个"按钮"构件，将标题改为"关闭"。

设计的图形界面如图5-70所示。

3. 定义对象

在"工作台"窗口中"实时数据库"选项卡，单击"新增对象"按钮，再双击新出现的对象，弹出"数据对象属性设置"对话框。

1）在"基本属性"选项卡，将"对象名称"改为"开关"，"对象初值"设为"0"，"对象类型"选择"开关"单选按钮，如图5-71所示。

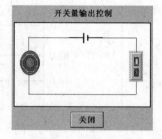

图5-70 图形界面

2）新增对象。在"基本属性"选项卡，将"对象名称"改为"指示灯"，"对象初值"设为"0"，"对象类型"选择"开关"单选按钮。

建立的实时数据库如图5-72所示。

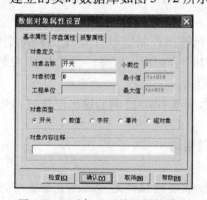

图5-71 对象"开关"属性设置

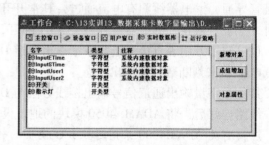

图5-72 实时数据库

4. 添加设备

在"工作台"窗口中"设备窗口"选项卡，双击"设备窗口"图标，出现"设备组态：设备窗口"窗口，单击工具条上的"工具箱"图标按钮，弹出"设备工具箱"对话框。

1）单击"设备管理"按钮，弹出"设备管理"对话框。在"可选设备"列表中双击"通用串口父设备"项，将其添加到右侧的"选定设备"列表中，如图5-73所示。

2）在"设备管理"对话框"可选设备"列表中依次选择"所有设备→智能模块 → 研华模块 → ADAM4000 → 研华-4050"，单击"增加"按钮，将"研华-4050"添加到右侧的"选定设备"列表中，如图5-73所示。单击"确认"按钮，将选定设备添加到"设备工具箱"对话框中，如图5-74所示。

3）在"设备工具箱"对话框双击"通用串口父设备"项，在"设备组态：设备窗口"窗口中出现"通用串口父设备0-［通用串口父设备］"。同理，在"设备工具箱"对话框双击"研华-4050"项，在"设备组态：设备窗口"窗口中出现"设备0-［研华-4050］"，设备添加完成，如图5-75所示。

图 5-73 "设备管理"对话框

图 5-74 "设备工具箱"对话框   图 5-75 "设备组态：设备窗口"窗口

5. 设备属性设置

在"工作台"窗口中"设备窗口"选项卡，双击"设备窗口"图标，出现"设备组态：设备窗口"窗口。

1）双击"通用串口父设备0-［通用串口父设备］"项，弹出"通用串口设备属性编辑"对话框，如图5-76所示。在"基本属性"选项卡中，"串口端口号"选"0-COM1"，"通讯波特率"选"6-9600"，"数据位位数"选"1-8位"，"停止位位数"选"0-1位"，"数据校验方式"选"0-无校验"。参数设置完毕，单击"确认"按钮。

2）双击"设备0-［研华-4050］"项，弹出"设备属性设置"对话框，如图5-77所示。

图 5-76 "通用串口设备属性编辑"对话框   图 5-77 "设备属性设置"对话框

在"基本属性"选项卡中将设备地址设为"2"。

在"通道连接"选项卡，选择9通道对应的数据对象单元格，右击，弹出"连接对象"对话框，双击要连接的数据对象"开关"，完成对象连接，如图5-78所示。

在"设备调试"选项卡，用鼠标长按9通道对应数据对象"开关"的通道值单元格，通道值"0"变为"1"，如图5-79所示。如果系统连接正常，线路中模块对应数字量输出通道DO1输出高电平，信号指示灯亮。

图5-78 "通道连接"选项卡

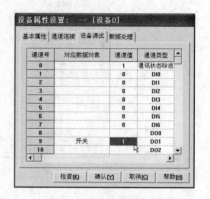

图5-79 "设备调试"选项卡

6. 建立动画连接

在"工作台"窗口中"用户窗口"选项卡，双击"DO"窗口图标进入开发系统。通过双击界面中各图形对象，将各对象与定义好的数据连接起来。

1）建立"开关"元件的动画连接。

双击界面（图5-70）中开关对象，弹出"单元属性设置"对话框，选择"数据对象"选项卡，如图5-80所示。连接类型选择"按钮输入"。单击右侧的"?"按钮，弹出"数据对象连接"对话框，双击数据对象"开关"，在"数据对象"选项卡"按钮输入"行出现连接的数据对象"开关"。"连接类型"选择"可见度"。单击右侧的"?"按钮，弹出"数据对象连接"对话框，双击数据对象"开关"，在"数据对象"选项卡"可见度"行出现连接的数据对象"开关"，如图5-81所示。单击"确认"按钮完成开关对象的数据连接。

图5-80 "单元属性设置"对话框

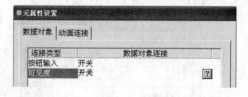

图5-81 "开关"元件数据对象连接

2）建立"指示灯"元件的动画连接。

双击界面中指示灯对象，弹出"单元属性设置"对话框。选择"数据对象"选项卡，如图5-82所示。连接类型选择"可见度"。单击右侧的"?"按钮，弹出"数据对象连接"对话框，双击数据对象"指示灯"，在"数据对象"选项卡"可见度"行出现连接的数据对象"指示灯"，如图5-83所示。单击"确认"按钮完成指示灯对象的数据连接。

图 5-82 "单元属性设置"对话框   图 5-83 "指示灯"元件数据对象连接

3）建立"按钮"构件的动画连接。

双击界面中"关闭"按钮构件，出现"标准按钮构件属性设置"对话框。选择"操作属性"选项卡，选择"按钮对应的功能"下的"关闭用户窗口"，在其右侧的下拉列表框中选择"DO"。

7. 策略编程

在"工作台"窗口中"运行策略"选项卡，单击"新建策略"按钮，出现"选择策略的类型"对话框，选择"事件策略"项，单击"确定"按钮，"运行策略"窗口出现新建的"策略1"。

选中"策略1"项，单击"策略属性"按钮，弹出"策略属性设置"对话框，将"策略名称"改为"开关输出"，"对应表达式"选择数据对象"开关"，"事件的内容"选择"表达式的值有改变时，执行一次"，如图 5-84 所示。

在"工作台"窗口中"运行策略"选项卡，双击"开关量输出"事件策略，弹出"策略组态：开关量输出"窗口。

单击"MCGS 组态环境"窗口工具条中的"新增策略行"图标按钮，在"策略组态：开关量输出"窗口中出现"新增策略"行。单击选中策略工具箱中的"脚本程序"项，将鼠标指针移动到策略块图标上单击，添加"脚本程序"构件。

图 5-84 事件策略属性设置

双击"脚本程序"策略块，进入"脚本程序"编辑窗口，在编辑区输入如下程序：

```
IF 开关 = 1 THEN
    指示灯 = 1
ELSE
    指示灯 = 0
ENDIF
```

程序的含义是：单击界面中"开关"，使界面中指示灯颜色改变。

单击"确定"按钮，完成程序的输入。

8. 调试与运行

保存该工程，将"DO"窗口设为启动窗口，运行工程。

在界面中单击"开关"（打开或关闭），界面中指示灯改变颜色，线路中模块数字量输出1通道（DO1）置高/低电平，则信号指示灯亮/灭。

可使用万用表直接测量数字量输出1通道的输出电压来判断数字量输出状态。

程序运行界面如图 5-85 所示。

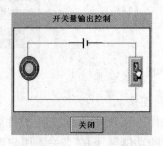

图 5-85　运行界面

5.3　知识链接

5.3.1　串口通信

目前计算机的串口通信应用十分广泛,串口已成为计算机的必需部件和接口之一。串行接口技术简单成熟,性能可靠,价格低廉,所要求的软、硬件环境或条件都很低,广泛应用于计算机控制相关领域,遍及调制解调器(Modem)、串行打印机、各种监控模块、PLC、摄像头云台、数控机床、单片机及相关智能设备。在计算机控制系统中,主控机一般采用工控机,通过串口与监控模块相连,监控模块再连接相应的传感器和执行器,如此形成一个简单的双层结构的计算机监控系统。

1. 串口通信的基本概念

(1) 通信与通信方式

什么是通信? 简单地说,通信就是两个人之间的沟通,也可以说是两个设备之间的数据交换。人类之间的通信使用了诸如电话或书信等工具进行;而设备之间的通信则是使用电信号。最常见的信号传递就是使用电压的改变来达到表示不同状态的目的。以计算机为例,高电位代表了一种状态,而低电位则代表了另一种状态,在组合了很多电位状态后就形成了两种设备之间的通信。

最简单的信息传送方式,就是使用一条信号线路来传送电压的变化,从而达到传送信息的目的,只要准备沟通的双方事先定义好何种状态代表何种意思,那么通过这一条线就可以让双方进行数据交换。

在计算机内部,所有的数据都是使用"位"来存储的,每一位都是电位的一个状态(计算机中以 0、1 表示);计算机内部使用组合在一起的 8 位数据代表一般所使用的字符、数字及一些符号,例如 01000001 就表示一个字符。一般来说,必须传递这些字符、数字或符号才能算是数据交换。

数据传输可以通过两种方式进行:并行通信和串行通信。

1) 并行通信。

如果一组数据的各数据位在多条线上同时被传送,则这种传输称为并行通信。如图 5-86 所示,使用了 8 条信号线将一个字符 11001101 一次全部传送完毕。

并行数据传送的特点是：各数据位同时传送，传送速度快，效率高，多用在实时、快速的场合，打印机端口就是一个典型的并行传送的例子。

并行传送的数据宽度可以是 1 ~ 128 位，甚至更宽，但是有多少数据位就需要多少根数据线，因此传送的成本高。在集成电路芯片的内部、同一插件板上各部件之间及同一机箱内各插件板之间的数据传送都是并行的。

并行数据传送只适用于近距离的通信，通常小于 30 m。

2）串行通信。

串行通信是指通信的发送方和接收方之间数据信息的传输是在一根数据线上进行，以每次一个二进制的 0、1 为最小单位逐位进行传输，如图 5-87 所示。

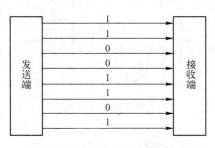

图 5-86　并行通信

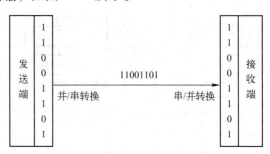

图 5-87　串行通信

串行数据传送的特点是：数据传送按位顺序进行，最少只需要一根传输线即可完成，节省传输线。与并行通信相比，串行通信还有较为显著的优点：传输距离长，可以从几米到几千米；在长距离时，串行数据传送的速率会比并行数据传送速率快；串行通信的通信时钟频率容易提高；串行通信的抗干扰能力十分强，其信号间的互相干扰完全可以忽略。但是串行通信传送速度比并行通信慢得多，若并行通信时间为 T，则串行时间为 NT（N 为数据位数）。正是由于串行通信的接线少且成本低，因此它在数据采集和控制系统中得到了广泛的应用，产品也多种多样。

（2）串行通信的工作模式

通过单线传输信息是串行数据通信的基础。数据通常是在两个站（点对点）之间进行传送，按照数据流的方向可分成 3 种传送模式：单工、半双工和全双工。

1）单工形式。

单工形式的数据传送是单向的。通信双方中，一方固定为发送端，另一方则固定为接收端。信息只能沿一个方向传送，使用一根传输线，如图 5-88 所示。

单工形式一般用在只向一个方向传送数据的场合。例如计算机与打印机之间的通信是单工形式，因为只有计算机向打印机传送数据，而没有反方向的数据传送。还有在某些通信信道中，如单工无线发送等也是采用单工形式。

图 5-88　单工形式

2）半双工形式。

半双工通信使用同一根传输线，既可发送数据又可接收数据，但不能同时发送和接收。在任何时刻只能由其中的一方发送数据，另一方接收数据。因此半双工形式既可以使用一条数据线，也可以使用两条数据线，如图 5-89 所示。

半双工通信中每端需有一个收/发切换的电子开关，通过切换来决定数据向哪个方向传输。因为有切换，所以会产生时间延迟，信息传输效率低一些。但是对于像打印机这样单方向传输的外围设备，用单工方式就能满足要求了，不必采用半双工方式，可节省一根传输线。

3）全双工形式。

全双工数据通信分别由两根可以在两个不同的站点同时发送和接收的传输线进行传送，通信双方都能在同一时刻进行发送和接收操作，如图 5-90 所示。

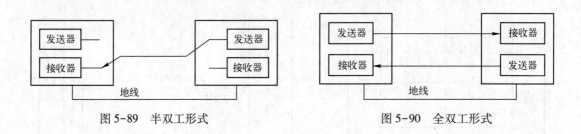

图 5-89　半双工形式　　　　　　　　　图 5-90　全双工形式

在全双工方式中，每一端都有发送器和接收器，有两条传送线，可在交互式应用和远程控制系统中使用，信息传输效率较高。

（3）串口通信参数

串行端口的通信方式是将字节拆分成位并以一个接着一个的方式传送出去。接到此电位信号的一方再将此位一个一个地组合成原来的字节，如此形成一个字节的完整传送，在数据传送时，应在通信端口初始化时设置几个通信参数。

1）波特率。串行通信的传输受到通信双方设备性能及通信线路特性的影响，收、发双方必须按照同样的速率进行串行通信，即收、发双方采用同样的波特率。我们通常将传输速率称为波特率，指的是串行通信中每一秒所传送的数据位数，单位是 bit/s。我们经常可以看到仪器或 Modem 的规格书上都写着 19 200 bit/s、38 400 bit/s……它所指的就是传输速度。例如，在某异步串行通信中，每传送一个字符需要 8 位，如果采用波特率 4 800 bit/s 进行传送，则每秒可以传送 600 个字符。

2）数据位。当接收设备收到起始位后，紧接着就会收到数据位，数据位的个数可以是 5、6、7 或 8 位数据。在字符数据传送的过程中，数据位从最低有效位开始传送。

3）起始位。在通信线上，没有数据传送时处于逻辑"1"状态。当发送设备要发送一个字符数据时，首先发出一个逻辑"0"信号，这个逻辑低电平就是起始位。起始位通过通信线传向接收设备，当接收设备检测到这个逻辑低电平后，就开始准备接收数据位信号。因此，起始位所起的作用就是表示字符传送的开始。

4）停止位。在奇偶校验位或者数据位（无奇偶校验位时）之后是停止位。它可以是 1 位、1.5 位或 2 位，停止位是一个字符数据的结束标志。

5）奇偶校验位。数据位发送完之后，就可以发送奇偶校验位。奇偶校验位用于有限差错检验，通信双方在通信时约定一致的奇偶校验方式。就数据传送而言，奇偶校验位是冗余位，它表示数据的一种性质，用于检错。

2. RS–232C 串口通信标准

（1）概述

它适合于数据传输速率在 $0 \sim 20\,000\,\text{bit/s}$ 范围内的通信。这个标准对串行通信接口的有关问题，如信号电平、信号线功能、电气特性和机械特性等都做了明确规定。

目前 RS–232C 已成为数据终端设备（Data Terminal Equipment，DTE），如计算机的接口标准，以及数据通信设备（Data Communication Equipment，DCE），如 Modem 的接口标准。

目前 RS–232C 是计算机与通信工业中应用最广泛的一种串行接口，在 IBM 计算机上的 COM1 和 COM2 接口，就是 RS–232C 接口。

利用 RS–232C 串行通信接口可实现两台个人计算机的点对点的通信；可与其他外设（如打印机、逻辑分析仪、智能调节仪和 PLC 等）近距离串行连接；连接调制解调器后可使其可远距离地与其他计算机通信；将其转换为 RS–422 或 RS–485 接口，可实现一台个人计算机与多台现场设备之间的通信。

（2）RS–232C 接口连接器

由于 RS–232C 并未定义连接器的物理特性，因此，出现了 DB–25 和 DB–9 各种类型的连接器，其引脚的定义也各不相同。现在计算机上一般只提供 DB–9 连接器，都为公头。相应的连接线上的串口连接器也有公头和母头之分，如图 5–91 所示。

作为多功能 I/O 卡或主板上提供的 COM1 和 COM2 两个串行接口的 DB–9 连接器，它只提供异步通信的 9 个信号引脚（图 5–92），各引脚的信号功能描述见表 5–1。

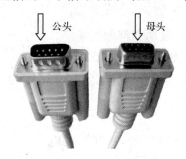

图 5–91　公头与母头串口连接器

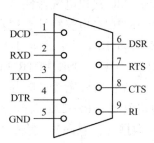

图 5–92　DB–9 串口连接器

表 5–1　9 针串行口的针脚功能

针　脚	符　号	通信方向	功　能
1	DCD	计算机→调制解调器	载波信号检测。用来表示 DCE（数据通信设备）已经接收到满足要求的载波信号，已经接通通信链路，告知 DTE（数据终端设备）准备接收数据
2	RXD	计算机←调制解调器	接收数据。接收 DCE 发送的串行数据
3	TXD	计算机→调制解调器	发送数据。将串行数据发送到 DCE，在不发送数据时，TXD 保持逻辑"1"
4	DTR	计算机→调制解调器	数据终端准备好。当该信号有效时，表示 DTE 准备发送数据至 DCE
5	GND	计算机=调制解调器	信号地线。为其他信号线提供参考电位

针　脚	符　号	通 信 方 向	功　能
6	DSR	计算机←调制解调器	数据装置准备好。当该信号有效时，表示 DCE 已经与通信的信道接通，可以使用
7	RTS	计算机→调制解调器	请求发送。该信号用来表示 DTE 请求向 DCE 发送信号。当 DTE 欲发送数据时，将该信号置为有效，则向 DCE 提出发送请求
8	CTS	计算机←调制解调器	清除发送。该信号是 DCE 对 RTS 的响应信号。当 DCE 已经准备好接收 DTE 发送的数据时，将该信号置为有效，则通知 DTE 可以通过 TXD 发送数据
9	RI	计算机←调制解调器	振铃信号指示。当 Modem（DCE）收到交换台送来的振铃呼叫信号时，该信号被置为有效，则通知 DTE 对方已经被呼叫

RS-232C 的每一支引脚都有它的作用，也有它信号流动的方向。原来的 RS-232C 是用来连接调制解调器作传输之用的，因此它的脚位意义通常也和调制解调器传输有关。

从功能来看，全部信号线分为 3 类，即数据线（TXD，RXD）、地线（GND）和联络控制线（DSR、DTR、RI、DCD、RTS 和 CTS）。

可以从表 5-1 了解串口连接器的通信方向。另外值得一提的是，如果从计算机的角度来看这些脚位的通信状况的话，流进计算机端的，可以看成数字输入；而流出计算机端的，则可以看成数字输出。

数字输入与数字输出的关系是什么呢？从工业应用的角度来看，所谓的输入就是用来"监测"，而输出就是用来"控制"的。

（3）RS-232C 接口电气特性

EIA-RS-232C 对电气特性、逻辑电平和各种信号线功能都做了规定。

① 在 TXD 和 RXD 上：逻辑 1 为-15 ～-3 V；逻辑 0 为 3 ～ 15 V。

② 在 RTS、CTS、DSR、DTR 和 DCD 等控制线上：信号有效（接通，ON 状态，正电压）为 3 ～ 15 V；信号无效（断开，OFF 状态，负电压）为-15 ～-3 V。

以上规定说明了 RS-232C 标准对逻辑电平的定义。

③ 对于数据（信息码）：逻辑"1"的电平低于-3 V，逻辑"0"的电平高于 3 V。

④ 对于控制信号：接通状态（ON）即信号有效的电平高于 3 V，断开状态（OFF）即信号无效的电平低于-3 V，也就是当传输电平的绝对值大于 3 V 时，电路可以被有效地检查出来，介于-3 ～ 3 V 之间的电压无意义，低于-15 V 或高于 15 V 的电压也认为无意义，因此，实际工作中，应保证电平在±（3 ～ 15）V 之间。

RS-232C 是用正/负电压来表示逻辑状态，与 TTL 以高/低电平表示逻辑状态的规定不同，因此，为了能够同计算机接口或终端的 TTL 器件连接，必须在 RS-232C 与 TTL 电路之间进行电平和逻辑关系的变换，实现这种变换的方法可用分立元件，也可用集成电路芯片。目前较为广泛地使用集成电路转换器件，如 MAX232 芯片可完成 TTL 电平到 EIA 电平的转换。

3. RS-422/485 串口通信标准

RS-422 由 RS-232 发展而来，它是为弥补 RS-232 的不足而提出的。为改进 RS-232 抗干扰能力差、通信距离短和传输速率低的缺点，RS-422 定义了一种平衡通信接口，将传输速率提高到 10 Mbit/s，传输距离延长到 1 219 m（传输速率低于 100 Kbit/s 时），并允许在一条平衡总线上连接最多 10 个接收器。RS-422 是一种单机发送、多机接收的单向、平衡传输规范。

为扩展 RS-422 应用范围，EIA 又在 RS-422 基础上制定了 RS-485 标准，增加了多点、双向通信能力，即允许多个发送器连接到同一条总线上，同时增加了发送器的驱动能力和冲突保护特性，扩展了总线共模范围，后命名为 TIA/EIA-485-A 标准。由于 EIA 提出的建议标准都是以"RS"作为前缀，所以在通信工业领域，仍然习惯将上述标准以 RS 作为前缀称谓。

由于 RS-485 是从 RS-422 基础上发展而来的，所以 RS-485 许多电气规定与 RS-422 相同。如都采用平衡传输方式，都需要在传输线上接终端匹配电阻等。

RS-485 可以采用二线与四线方式，二线制可实现真正的多点双向通信。其主要特点如下。

1）RS-485 的接口信号电平比 RS-232 降低了，不易损坏接口电路的芯片，且该电平与 TTL 电平兼容，可方便与 TTL 电路连接。

2）RS-485 的数据最高传输速率为 10 Mbit/s。其平衡双绞线的长度与传输速率成反比，在 100 kbit/s 传输速率以下，才可能使用规定最长的电缆长度。只有在很短的距离下才能获得最高传输速率。因为 RS-485 接口组成的半双工网络，一般只需二根连线，所以 RS-485 接口均采用屏蔽双绞线传输。

3）RS-485 接口是采用平衡驱动器和差分接收器的组合，抗共模干扰能力增强，即抗噪声干扰性好，抗干扰性能大大高于 RS-232 接口，因而通信距离远，RS-485 接口的最大传输距离大约为 1 200 m。

RS-485 协议可以看作是 RS-232 协议的替代，与传统的 RS-232 协议相比，其在通信速率、传输距离和多机连接等方面均有了非常大的提高，这也是工业系统中使用 RS-485 总线的主要原因。

RS-485 总线工业应用成熟，而且大量的已有工业设备均提供 RS-485 接口，因而时至今日，RS-485 总线仍在工业应用领域中具有十分重要的地位。

4. 串口通信线路连接

（1）近距离通信线路连接

当两台 RS-232 串口设备通信距离较近时（<15 m），可以用电缆线直接将两台设备的 RS-232 端口连接，若通信距离较远（>15 m）时，则需附加调制解调器（Modem）。

在 RS-232 的应用中，很少严格按照 RS-232 标准。其主要原因是许多定义的信号在大多数的应用中并没有用上。在许多应用中，例如 Modem，只用了 9 个信号（2 条数据线、6 条控制线和 1 条地线）。但在其他一些应用中，可能只需要 5 个信号（2 条数据线、2 条握手线和 1 条地线）；还有一些应用，可能只需要数据线，而不需要握手线（即只需要 3 条信号线）。

当通信距离较近时，通信双方不需要 Modem，可以直接连接，这种情况下，只需使用少数几根信号线。最简单的情况是，在通信中根本不需要 RS-232 的控制联络信号，只需 3 根线（发送线、接收线和信号地线）便可实现全双工异步串行通信。

图 5-93（a）是两台串口通信设备之间的最简单连接（即三线连接），图中的 2 号接收脚与 3 号发送脚交叉连接是因为在直连方式时，把通信双方都当作数据终端设备看待，双方都可发也可收。在这种方式下，通信双方的任何一方，只要请求发送 RTS 有效和数据终端准备好（DTR 有效）就能开始发送和接收。

如果只有一台计算机，而且也没有两个串行通信端口可以使用，可将第 2 脚与第 3 引脚外部短路（图 5-93b），那么由第 3 脚的输出信号就会被传送到第 2 脚，从而送到同一串行端口的输入缓冲区，程序只要再由相同的串行端口上进行读取的操作，即可将数据读入，一样可以形成一个测试环境。

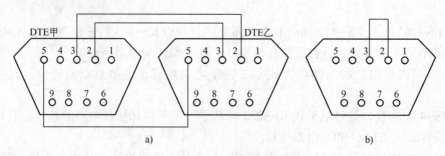

图 5-93　串口设备最简单连接

（2）远距离通信线路连接

　　一般计算机采用 RS-232 通信接口，当计算机与串口设备通信距离较远时，二者不能用电缆直接连接，可采用 RS-485 总线。

　　当计算机与多个具有 RS-232 接口的设备远距离通信时，可使用 RS-232/RS-485 通信接口转换器将计算机上的 RS-232 通信口转为 RS-485 通信口，在信号进入设备前再使用 RS-485/RS-232 转换器将 RS-485 通信口转为 RS-232 通信口，再与设备相连，图 5-94 所示为具有 RS-232 接口的计算机与 n 个带有 RS-232 通信接口的设备相连。

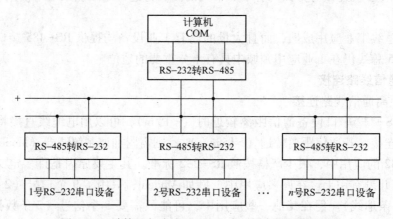

图 5-94　计算机与多个 RS-232 串口设备远距离连接

　　当计算机与多个具有 RS-485 接口的设备通信时，由于两端设备接口电气特性不一，不能直接相连，因此，也采用 RS-232/RS-485 通信接口转换器将 RS-232 接口转换为 RS-485 信号电平，再与串口设备相连。图 5-95 所示为具有 RS-232 接口的计算机与 n 个带有 RS-485 通信接口的设备相连。

　　工业计算机一般直接提供 RS-485 接口，与多台具有 RS-485 接口的设备通信时不用转换器可直接相连。图 5-96 所示为具有 RS-485 接口的 IPC 与 n 个带有 RS-485 通信接口的设备相连。

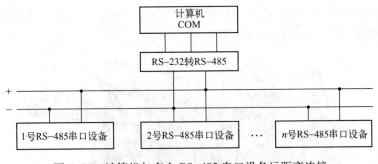

图 5-95　计算机与多个 RS-485 串口设备远距离连接

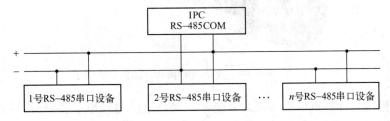

图 5-96　工业计算机与多个 RS-485 串口设备远距离连接

RS-485 接口只有两根线要连接，有+、-端（或称 A、B 端）区分，用双绞线将所有串口设备的接口并联在一起即可。

5.3.2　执行机构

在计算机控制系统中，必须将经过采集、转换和处理的被控参量（或状态）与给定值（或事先安排好的动作顺序）进行比较，然后根据偏差来控制相关输出部件，达到自动调节被控量（或状态）的目的。

例如，在机床加工工业中，经常控制电动机的正、反转及其转速，以完成进刀、退刀及走刀的任务；在雷达天线位置跟踪系统中，需要通过伺服阀控制油缸的位置；在各种温、湿度控制系统中，经常需要控制阀门的开闭和开度，以控制液体和气体的流量；在机器人控制系统中，经常要控制各关节上伺服电动机的转动方向和速度；在程控交换系统和配料过程控制系统中，经常要控制继电器和接触器，以满足各种动作的需要等。

所有这些伺服电动机、步进电动机、阀门、继电器和接触器等输出部件，统称为执行机构，也称为执行装置或执行器。

执行机构的作用是接收计算机发出的控制信号，并把它转换成调整机构的动作，使生产过程按照预先规定的要求正常进行。

1. 执行机构的种类

执行机构有各种各样的形式，按所需能量的形式可分为气动执行机构、电动执行机构和液压执行机构。常用的执行机构为气动和电动两种类型。

（1）气动执行机构

以压缩空气为动力的执行机构称为气动执行机构。气动执行机构主要分为薄膜式与活塞式两大类。薄膜式执行机构应用最广。

由于气动执行机构结构简单，价格低，输出推力大，防火防爆，动作可靠，维修方便，适用于防火、防爆场合，因此广泛应用在化工、炼油生产中，在冶金、电力及纺织等工业部门也得到大量使用。某气动执行机构如图5-97所示。

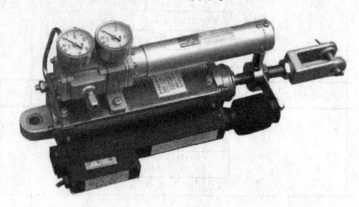

图5-97 气动执行机构产品图

气动执行机构与计算机的连接极为方便，只要将电信号经电/气转换器转换成标准的气压信号之后，即可与气动执行机构配套使用。

（2）电动执行机构

电动执行机构是工程上应用最多、使用最方便的一种执行器，特点是体积小、种类多且使用方便。下面简单介绍几种常用的电动执行机构。

1）电磁式继电器。

它是一种用小电流的通断控制大电流通断的常用开关控制器件，主要由线圈、铁心、衔铁和触点四部分组成。

继电器的触点是与线圈分开的，通过控制继电器线圈上的电流可以使继电器上的触点断开，从而使外部高电压或大电流与微型计算机隔离。

电磁式继电器线圈的驱动电源可以是直流的，也可以是交流的，电压规格也有很多种。输出触点的电流和电压也有很多种规格。电磁式继电器的线圈和触点可以使用各自独立的电源，两者之间相互绝缘，耐压可达千伏以上。

它还有很大的电流放大作用，因此，电磁式继电器是一种很好的开关量输出隔离及驱动器件。

它的不足是机械式触点动作时较慢，在开关瞬间触点容易产生火花，引起干扰，减短使用寿命。图5-98所示为某型号电磁式继电器。

2）固态继电器。

固态继电器简称SSR（Solid State Relay），它利用电子技术实现了控制电路与负载电路之间的电隔离和信号耦合，虽然没有任何可动部件或触点，却能实现电磁继电器的功能，故称为固态继电器。它实际上是一种带光耦合器的无触点开关。

由于输入固态继电器的控制电流小，输出无触点，所以与电磁式继电器相比，具有体积小、重量轻、无机械噪声、无抖动和回跳、开关速度快、工作可靠及寿命长等优点，因此，在微机控制系统中得到了广泛的应用，大有取代电磁式继电器之势。图5-99所示为某型号固态继电器。

根据结构形式的不同，固态继电器分为直流型固态继电器和交流型固态继电器两种。

3）电磁阀。

电磁阀是在气体或液体流动的管路中受电磁力控制进行开闭的阀体，如图5-100所示。其广泛应用于液压机械、空调系统、热水器和自动机床等系统中。

图 5-98　电磁式继电器

图 5-99　固态继电器

图 5-100　电磁阀

电磁阀由线圈、固定铁心、可动铁心和阀体等组成。当线圈不通电时，可动铁心受弹簧作用与固定铁心脱离，阀门处于关闭状态；当线圈通电时，可动铁心克服弹簧力的作用而与固定铁心吸合，阀门处于打开状态。这样，就控制了液体和气体的流动，再通过流动的液体或气体推动油缸或汽缸来实现物体的机械运动。

电磁阀通常是处于关闭状态的，通电时才开启，以避免电磁铁长时间通电而发热烧毁。但也有例外，当电磁阀用于紧急切断时，则必须使其平常开启，通电时关闭。这种紧急切断用的电磁阀，结构与普通电磁阀不同，使用时必须采取一些特殊措施。

电磁阀有交流和直流之分。交流电磁阀使用方便，但容易产生颤动，启动电流大，并会引起发热。直流电磁阀工作可靠，但需专门的直流电源，电压分 12 V、24 V 和 48 V 三个等级。

4）调节阀。

调节阀是用电动机带动执行机构连续动作以控制开度大小的阀门，又称为电动阀，如图5-101所示。由于电动机行程可完成直线行程也可完成旋转的角度行程，所以有可以带动直线移动的调节阀，如直通单座阀、直通双座阀、三通阀、隔膜阀和角形阀等，也有可以带动叶片旋转阀芯的蝶形阀。

根据流体力学的观点，调节阀是一个局部阻力可变的节流元件，通过改变阀芯的行程可改变调节阀的阻力系数，从而达到控制流量的目的。

5）伺服电动机。

伺服电动机也称为执行电动机，是控制系统中应用十分广泛的一类执行元件，如图5-102所示。它可以将输入的电压信号变换为轴上的角位移和角速度输出。在信号到来之前，转子静止不动；信号到来之后，转子立即转动；信号消失之后，转子又能即时自行停转。由于这种"伺服"性能，因而将这种控制性能较好而功率不大的电动机称作伺服电动机。

伺服电动机有直流和交流两大类。直流伺服电动机的输出功率常为 1 ~ 600 W，往往用于功率较大的控制系统。交流伺服电动机的功率较小，一般为 0.1 ~ 100 W，用于功率较小的控制系统。

6）步进电动机。

步进电动机是工业过程控制和仪器仪表中重要的控制元件之一，它是一种将电脉冲信号转换为直线位移或角位移的执行器，如图5-103所示。

图 5-101 电动阀　　图 5-102 伺服电动机　　图 5-103 步进电动机

步进电动机按其运动方式可分为旋转式步进电动机和直线式步进电动机，前者将每输入的一个电脉冲转换成一定的角位移，后者将每输入的一个电脉冲转换成一定的直线位移。由此可见，步进电动机的工作速度与电脉冲频率成正比，基本上不受电压、负载及环境条件变化的影响，与一般电动机相比能够提供较高精度的位移和速度控制。

此外，步进电动机还有快速起停的显著特点，并能直接接收来自计算机的数字信号，而不需经过 D-A 转换，使用十分方便，所以在定位场合中得到了广泛的应用。如在数控线切割机床上用于带动丝杠，控制工作台运动；在绘图仪、打印机和光学仪器中用于定位绘图笔、打印头和光学镜头等。

2. 执行机构的驱动

就接口技术而言，执行装置的接口与一般输出设备的接口没什么两样，主要差别在于，要想驱动它们，必须具有较大的输出功率，这就要求接口不仅能与微型计算机的 TTL 和 CMOS 等器件连接，而且能向执行装置提供大电流、高电压驱动信号，以带动其动作。

另一方面，由于各种执行装置的动作原理不尽相同，有的用电动，有的用气动或液压，因此如何使微型计算机输出的信号与之匹配，也是执行装置接口必须解决的重要问题。

在各种执行装置的接口中，为了实现与执行装置的功率配合，一般都要在微型计算机输出口（包括数据总线及 I/O 接口）与执行装置之间增加一级驱动器。

下面介绍电磁继电器、固态继电器、电磁阀及步进电动机等的驱动控制方法。

（1）电磁继电器的驱动控制方法

电磁继电器方式的开关量输出是一种最常用的输出方式，可以通过弱电控制外界交流或直流的高电压、大电流设备。

继电器驱动电路的设计要根据所用继电器线圈的吸合电压和电流而定，控制电流一定要大于继电器的吸合电流才能使继电器可靠地工作。

虽然继电器本身带有一定的隔离作用，但在与微型计算机接口时通常还是采用光隔离器进行隔离，常用的接口驱动电路如图 5-104 所示。

当开关量 PC_0 输出的高电平，经反相驱动器 7404 变为低电平，使光耦隔离器的光敏二极管发光，从而使光敏晶体管导通，同时使晶体管 VT9013 导通，因而使继电器 KM 的线圈通电，继电器常开触点 KM 闭合，使交流 220 V 电源接通，从而驱动大型负荷设备；反之，当 PC_0 输出低电压时，使 KM 断开。

图 5-104 中电阻 R_1 为限流电阻，二极管 VD 的作用是保护晶体管 VT9013。当继电器 KM 吸合时，二极管 VD 截止，不影响电路工作。继电器释放时，由于继电器线圈存在电感，这时晶体管 VT9013 已经截止，所以会在线圈的两端产生较高的感应电压。此电压的极性为上负下正，正端接在晶体管的集电极上。当感应电压与 V_C 之和大于晶体管 VT9013 的集

电结反向电压时，晶体管 VT9013 有可能损坏。加入二极管 VD 后，继电器线圈产生的感应电流由二极管 VD 流过，因此，不会产生很高的感应电压，因而使晶体管 VT9013 得到保护。

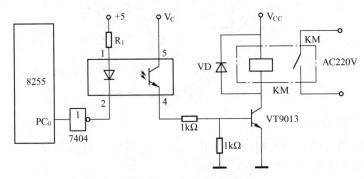

图 5-104　继电器输出驱动电路

（2）固态继电器的驱动控制方法

在继电器控制中，由于采用电磁吸合方式，在开关瞬间，触点容易产生火花，从而引起干扰；对于交流高压等场合，触点还容易氧化，因而影响系统的可靠性。所以随着微机控制技术的发展，人们又研究出一种新型的输出控制器件——固态继电器（SSR）。

直流型 SSR 主要用于带动直流负载的场合，如直流电动机控制、直流步进电动机控制和直流电磁阀控制等。交流型 SSR 采用双向晶闸管作为开关器件，用于交流大功率驱动场合，如交流电动机控制和交流电磁阀控制等。

图 5-105 为一种常用的直流固态继电器驱动电路，当数据线 D_i 输出的数字"0"即低电平时，经 7406 反相变为高电平，使 NPN 型晶体管导通，SSR 输入端得电，则输出端接通大型交流负荷设备 R_L。

（3）电磁阀的驱动控制方法

由于电磁阀也是由线圈的通断电来控制的，其工作原理与继电器基本相同，都是带动活动芯运动，故其与微型计算机的接口方式与继电器相同，也是由光隔离器及开关电路等来控制的。

对于交流电磁阀，由于线圈要求是交流电，所以通常使用双向晶闸管驱动或使用一个直流继电器作为中间继电器控制。

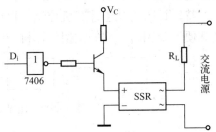

图 5-105　固态继电器输出驱动电路

图 5-106 为交流电磁阀驱动电路图。交流电磁阀线圈由双向晶闸管 VT 驱动。VT 的选择要满足：额定工作电流为交流电磁阀线圈工作电流的 2 ～ 3 倍；额定工作电压为交流电磁阀线圈电压的 2 ～ 3 倍。对于中小尺寸的且交流电压 220 V 的交流电磁阀，可以选择 3 A、600 V 的双向晶闸管。

光隔离器 MOC3041 的作用是触发双向晶闸管 VT 以及隔离微型计算机和电磁阀系统。光隔离器的输入端接 7407，由 8255 的 PC_0 控制。当 PC_0 输出为低电平时，双向晶闸管 VT 导通，电磁阀吸合；PC_0 输出高电平时，双向晶闸管 VT 关断，电磁阀释放。MOC3041 内部带有过零电路，因此双向晶闸管 VT 是过零触发方式。

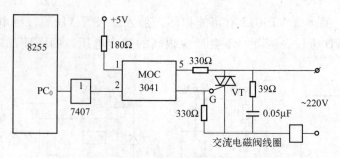

图 5-106 交流电磁阀驱动电路

（4）步进电动机的驱动控制方法

典型的步进电动机控制系统如图 5-107 所示。步进电动机控制系统主要是由步进控制器、功率放大器及步进电动机组成。

图 5-107 步进电动机控制系统的组成

步进控制器是由缓冲寄存器、环形分配器、控制逻辑及正/反转控制门等组成。它的作用就是把输入的脉冲转换成环形脉冲，以便控制步进电动机，并进行正/反转控制。

功率放大器的作用是把控制器输出的环形脉冲加以放大，以驱动步进电动机转动。在这种控制方式中，由于步进控制器电路复杂和成本高，因而限制了它的应用。

如果采用计算机控制系统，由软件代替上述步进控制器，则问题将大大简化。这不仅简化了电路，降低了成本，而且可靠性也大为提高。

特别是采用微型计算机控制，更可以根据系统的需要灵活改变步进电动机的控制方案，使其便于使用。典型的微型计算机控制步进电动机系统原理图如图 5-108 所示。

图 5-108 用微型计算机控制步进电动机系统原理图

图 5-107 与图 5-108 相比，主要区别在于用微型计算机代替了步进控制器。因此，微型计算机的主要作用就是把并行二进制码转换成串行脉冲序列，并实现方向控制。

习题与思考题

5-1 异步串行通信接口的基本任务有哪些？

5-2 什么是虚拟串口？如何实现虚拟串口操作？

5-3 上网搜索商品化的电磁式继电器、固态继电器、电磁阀、调节阀、伺服电动机及步进电动机等执行器（机构）的技术资料，列出它们的型号、生产厂家和性能特点等。

第6章　计算机模拟量输出系统与实训

许多执行装置所需的控制信号是模拟量，如调节阀和电动机等执行器的控制信号。模拟量输出信号可以直接控制过程设备，而过程又可以对模拟量信号进行反馈，闭环 PID 控制系统采取的就是这种形式。模拟量输出还可以用来产生波形，这种情况下 D-A 变换器就成了一个函数发生器。

本章通过几个生产生活实例了解模拟量输出系统的应用和组成，并通过实训介绍使用MCGS 软件实现模拟量信号的输出和处理。

6.1　模拟量输出系统生产生活实例

6.1.1　番茄酱浓缩控制

1. 应用背景

番茄又名西红柿和洋柿子，其果实营养丰富，具有特殊风味。可以生食或煮食，也可加工制成番茄酱。番茄酱是鲜番茄的酱状浓缩制品，具有番茄的特有风味，常用作鱼、肉等食物的烹饪佐料，是增色、添酸、助鲜及郁香的调味佳品。

番茄酱由成熟红番茄经破碎、打浆及去除皮和籽等粗硬物质后，经浓缩、装罐和杀菌而成。其中浓缩过程是将浆汁放入罐内加热将水分蒸发，当可溶性固形物达 22%～24% 时停止加热。

2. 控制系统

为保证番茄酱的品质，必须对浓缩罐的温度进行控制。番茄酱浓缩罐温度控制系统示意图如图 6-1 所示。

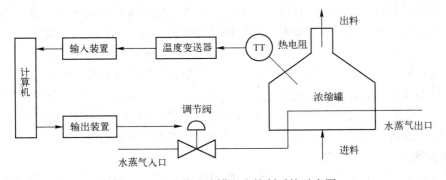

图 6-1　番茄酱浓缩罐温度控制系统示意图

浓缩罐使用的加热介质为水蒸气，使用调节阀作为执行机构控制进入浓缩罐的流量；使用热电阻来测量浓缩罐内的温度。

热电阻把检测信号送入温度变送器，将其转换为标准电压信号（1～5 V），再将该电压信号送入输入装置。

输入装置可以是一个模块也可以是一块板卡，它将检测得到的信号转换为计算机可以识别的数字信号，该数字信号反映温度大小。

计算机程序采集数字信号，并按照一定的算法转换为测量温度值，将该测量值与设定温度值进行比较，根据判断结果发出模拟控制信号，通过输出装置转换为可以推动调节阀动作的电流信号（4～20 mA）；通过改变调节阀的阀门开度大小即可改变水蒸气流量的大小，从而达到控制浓缩罐温度的目的。

6.1.2 发电厂锅炉监控

1. 应用背景

锅炉是一种能量转换设备，向锅炉中输入的能量有燃料中的化学能、电能和高温烟气的热能等形式，而经过锅炉转换向外输出具有一定热能的蒸汽或高温水。

图 6-2 所示是某锅炉产品图。

图 6-2 某锅炉产品图

锅炉中产生的热水或蒸汽可直接为工业生产和人民生活提供所需热能，也可通过蒸汽动力装置转换为机械能，或再通过发电机将机械能转换为电能，多用于火力发电厂、船舶、机车和工矿企业。

锅炉是一种能量转换的特种设备，它需要承受很高的压力和温度，常常会因为设计、制造和安装等不合理因素或者在使用管理不当的情况下产生事故。发生的事故往往后果严重，类似爆炸等，会造成严重的人身伤亡。为了预防这些锅炉事故，必须从锅炉的设计、制造、安装、使用、维修和保养等环节着手严格按照规章制度和标准进行。

2. 监控系统

锅炉是发电厂的主要生产设备，锅炉监控的任务是确保汽轮机及其他设备的蒸汽参数值（压力和温度等）符合一定的要求，维持汽包水位在允许的范围内，维持一定的炉膛负压，使设备安全经济运行。

锅炉是一个复杂的系统，有多个被调量和相应的调节变量。与上述调节任务有关的被调量主要是主蒸汽压力、主蒸汽温度、汽包水位、过剩空气系数和炉膛负压等。相应的调节变量有燃料量、减温水流量、给水流量、送风量和吸风量等。

这些被调量之间是相互关联的，改变其中一个调节变量会同时影响几个被调量。理想的锅炉自动调节系统应当是在受到某种扰动作用后能同时协调控制有关的调节机构，改变有关的调节变量，使所有被调量都保持在规定的范围内，使生产工况迅速恢复稳定。

通常锅炉主要有以下3个调节系统。

1）给水自动调节系统。汽包水位为被调量，给水流量为调节变量。

2）过热蒸汽温度自动调节系统。过热蒸汽温度为被调量，减温水流量为调节变量。

3）燃烧过程自动调节系统。它有3个被调量：主蒸汽压力、过剩空气系数和炉膛负压，相应的调节变量为燃料量、送风量和吸风量。上述3个被调量分别由主蒸汽压力、送风和炉膛负压3个调节系统进行调节和控制，三者之间关系密切，共同组成燃烧过程自动调节系统。

上述3个调节系统可以由计算机实现集中监控，其主要结构框图如图6-3所示。

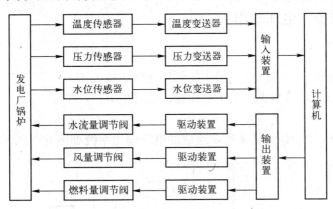

图6-3　锅炉压力监控系统结构框图

温度传感器检测过热蒸汽温度，压力传感器检测主蒸汽压力和炉膛负压，水位传感器检测汽包水位，这些参数经温度变送器、压力变送器和水位变送器转换为电压信号（1～5 V），然后通过输入装置送入计算机。输入装置可采用数据采集卡、远程I/O模块或PLC。

计算机程序采集到反映过热蒸汽温度、主蒸汽压力、炉膛负压和汽包水位等参数的电压信号，经分析、处理和判断，可显示测量值，绘制变化曲线，生成数据报表；当超过设定值时发出声光报警信号，生成报警信息列表等。

同时计算机根据需要发出控制指令，通过输出装置转换为可以推动水流量调节阀、风量调节阀和燃料量调节阀动作的电流信号（4～20 mA）；通过改变调节阀的阀门开合度即可改变进入锅炉的水流量、送风量和燃油量的大小，从而达到控制锅炉温度和压力的目的。

6.1.3　模拟量输出系统总结

上述实例有一个共同点，即水蒸气调节阀、水流量调节阀、风量调节阀和燃料量调节阀的控制信号都是模拟量信号。

计算机根据程序设定或条件判断，形成控制指令，通过模拟量输出装置（主要是D-A转换）输出模拟电压或电流信号，再由驱动装置变换控制信号，驱动调节阀等执行机构动作，实现对浓缩罐和锅炉等被控对象参数的控制。

上述实例的模拟量输出系统组成框图如图 6-4 所示。

图 6-4 模拟量输出系统组成框图

下面实训中，分别采用数据采集卡、远程 I/O 模块和 PLC 作为模拟量输出装置，使用 MCGS 组态软件编写计算机端程序实现模拟电压的输出。

6.2 计算机模拟量输出实训

实训 15 数据采集卡电压输出

【学习目标】

1）掌握用数据采集卡进行电压输出的硬件线路连接方法。

2）掌握用 MCGS 设计数据采集卡电压输出程序的方法。

【线路连接】

计算机与 PCI-1710HG 数据采集卡组成的电压输出系统如图 6-5 所示。

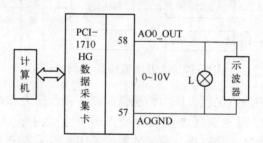

图 6-5 计算机与 PCI-1710HG 数据采集卡组成的电压输出系统

图 6-5 中，将 PCI-1710HG 数据采集卡模拟量输出 0 通道（58 端点和 57 端点）接信号指示灯 L，通过其明暗变化来显示电压大小变化；接电子示波器来显示电压变化波形（范围：0～10 V）。

也可使用万用表直接测量 58 端点（AO0_OUT）与 57 端点（AOGND）之间的输出电压（0～10 V）。

模拟量输出 1 通道输出电压接线与 0 通道相同。

注：PCI-1710HG 数据采集卡介绍、软硬件安装及配置参见配套资源习题 3-6 参考答案。

【实训任务】

采用 MCGS 编写程序实现计算机与 PCI-1710HG 数据采集卡模拟电压输出。要求：在计算机程序界面中输入数值，线路中模拟量输出 0 通道输出同样大小的电压值。

【任务实现】

1. 建立新工程项目

工程名称："数据采集卡模拟量输出"；

窗口名称："AO"；

窗口标题："数据采集卡模拟量输出"。

2. 制作图形界面

在"工作台"窗口中"用户窗口"选项卡，双击新建的"AO"窗口图标，进入界面开发系统。

1）通过工具箱为图形界面添加1个"滑动输入器"构件。

2）通过工具箱为图形界面添加1个"实时曲线"构件。

3）通过工具箱为图形界面添加两个"标签"构件，字符分别是"输出电压值（V）:"和当前电压值显示文本"000"。

4）通过工具箱为图形界面添加1个"按钮"构件，将"按钮标题"改为"关闭"。

设计的图形界面如图6-6所示。

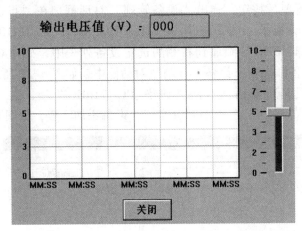

图6-6 图形界面

3. 定义对象

在"工作台"窗口中"实时数据库"选项卡，单击"新增对象"按钮，再双击新出现的对象，弹出"数据对象属性设置"对话框。

1）在"基本属性"选项卡，将"对象名称"改为"电压"，"小数位"设为"2"，"最小值"设为"0"，"最大值"设为"10"，"对象类型"选择"数值"单选按钮，如图6-7所示。

2）新增对象，在"基本属性"选项卡，将"对象名称"改为"电压1"，"小数位"设为"0"，"最小值"设为"0"，"最大值"设为"10000"，"对象类型"选择"数值"单选按钮。

建立的实时数据库如图6-8所示。

4. 添加设备

在"工作台"窗口中"设备窗口"选项卡，双击"设备窗口"图标，出现"设备组态：设备窗口"窗口，单击工具条上的"工具箱"图标按钮![icon]，弹出"设备工具箱"对话框。

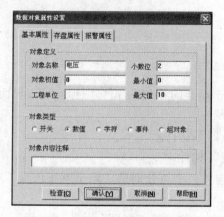

图6-7 对象"电压"属性设置

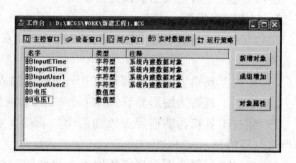

图6-8 实时数据库

1）单击"设备管理"按钮，弹出"设备管理"对话框。在"可选设备"列表中依次选择"所有设备→采集板卡→研华板卡→PCI1710HG→研华_PCI1710HG"，单击"增加"按钮，将"研华_PCI1710HG"添加到右侧的选定设备列表中，如图6-9所示。单击"确认"按钮，将选定设备添加到"设备工具箱"对话框中，如图6-10所示。

2）在"设备工具箱"对话框双击"研华_PCI1710HG"项，在"设备组态：设备窗口"窗口中出现"设备0-[研华_PCI1710HG]"，设备添加完成，如图6-11所示。

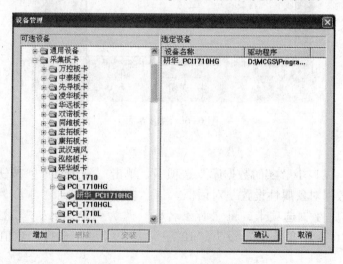

图6-9 "设备管理"对话框

图6-10 "设备工具箱"对话框

图6-11 "设备组态：设备窗口"窗口

5. 设备属性设置

在"工作台"窗口中"设备窗口"选项卡，双击"设备窗口"图标，出现"设备组态：设备窗口"窗口。双击"设备 0-［研华_PCI1710HG］"，弹出"设备属性设置"对话框，如图 6-12 所示。

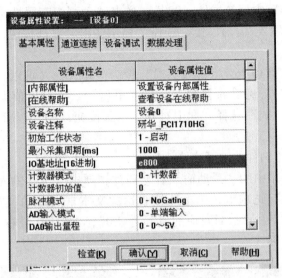

图 6-12 "设备属性设置"对话框

1）在"基本属性"选项卡，将"IO 基地址（16 进制）"设为"e800"（IO 基地址即 PCI 板卡的端口地址，在 Windows 设备管理器中查看，该地址与板卡所在插槽的位置有关）。

2）在"通道连接"选项卡，选择 49 通道对应的数据对象单元格，右击，弹出"连接对象"对话框，双击要连接的数据对象"电压 1"，完成对象连接，如图 6-13 所示。

3）在"设备调试"选项卡，单击 49 通道对应数据对象"电压 1"的通道值单元格，输入反映输出电压的数值，如"2500"，如图 6-14 所示。如果系统连接正常，单击通道号，数据采集卡模拟量输出 0 通道输出 2.5 V 电压值。

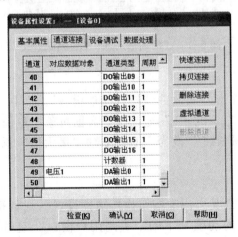

图 6-13 "通道连接"选项卡

图 6-14 "设备调试"选项卡

6. 建立动画连接

在"工作台"窗口中"用户窗口"选项卡，双击"AO"窗口图标进入开发系统。通过双击界面中各图形对象，将各对象与定义好的数据连接起来。

1）建立标签构件"000"的动画连接。

双击界面（图6-6）中标签构件"000"，弹出"动画组态属性设置"对话框，在"属性设置"选项卡中，"输入/输出连接"选择"显示输出"复选按钮，出现"显示输出"选项卡。

选择"显示输出"选项卡，将"表达式"设为"电压"（可以直接输入，也可以单击表达式文本框右边的"?"号，选择数据对象"电压"），"输出值类型"选择"数值量输出"单选按钮，"输出格式"选择"向中对齐"单选按钮，"整数位数"设为"1"，"小数位"设为"2"，如图6-15所示。

2）建立滑动输入器构件的动画连接。

双击界面（图6-6）中的"滑动输入器"构件，弹出"滑动输入器构件属性设置"对话框。选择"操作属性"选项卡，单击连接表达式文本框右边的"?"号，选择数据对象"电压"，"滑块在最左（上）边时对应的值"为"0"，"滑块在最右（下）边时对应的值"为"10"，如图6-16所示。

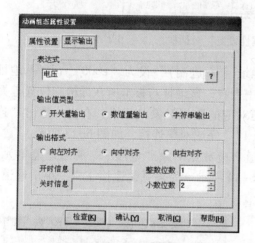

图6-15 标签构件"000"数据对象连接

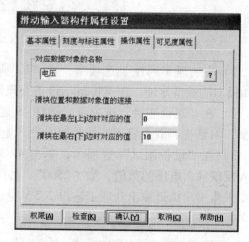

图6-16 "滑动输入器"数据对象连接

3）建立"实时曲线"构件的动画连接。

双击界面（图6-6）中"实时曲线"构件，弹出"实时曲线构件属性设置"窗口。在"画笔属性"选项卡中，单击曲线1表达式文本框右边的"?"号，选择数据对象"电压"，如图6-17所示。在"标注属性"选项卡中，"X轴长度"设为"2"，Y轴"最大值"设为"10.0"，如图6-18所示。

4）建立"按钮"构件的动画连接。

双击界面（图6-6）中"关闭"按钮构件，出现"标准按钮构件属性设置"对话框。选择"操作属性"选项卡，然后选择"按钮对应的功能"下的"关闭用户窗口"复选按钮，在其右侧的下拉列表框中选择"AO"窗口。

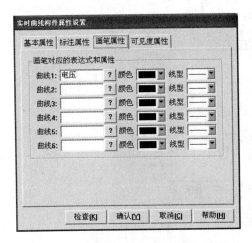 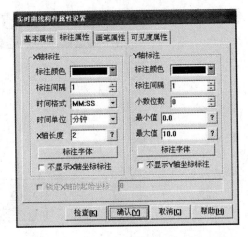

图6-17 实时曲线"画笔属性"设置 　　图6-18 实时曲线"标注属性"设置

7. 策略编程

在"工作台"窗口中"运行策略"选项卡，双击"循环策略"项，弹出"策略组态：循环策略"窗口，策略工具箱自动加载（如果未加载，右击，选择"策略工具箱"）。

单击"MCGS 组态环境"窗口工具条中的"新增策略行"图标按钮 ，在"策略组态：循环策略"窗口中出现"新增策略"行。单击选中策略工具箱中的"脚本程序"项，将鼠标指针移动到策略块图标上单击，以添加"脚本程序"构件。

双击"脚本程序"策略块，进入"脚本程序"编辑窗口，在编辑区输入程序，程序如图6-19 所示。

图6-19 脚本程序

程序的含义是：程序界面生成的电压数值乘以 1 000 后被转换为反映电压大小的数字量值并被送入数据采集卡，再从模拟量输出通道输出电压值。

单击"确定"按钮，完成程序的输入。

关闭"策略组态：循环策略"窗口，保存程序，返回到"工作台"窗口中"运行策略"选项卡，选择"循环策略"项，单击"策略属性"按钮，弹出"策略属性设置"对话框，将策略执行方式的"定时循环时间"设置为"1000"ms，单击"确认"按钮完成设置。

8. 调试与运行

保存该工程，将"AO"窗口设为启动窗口，运行工程。

在界面（图6-6）中用鼠标拖动滑动输入器的滑块，可生成一系列间断变化的数值（0～10），在程序界面中产生一个随之变化的曲线；线路中数据采集卡模拟量输出 0 通道将输出同样大小的电压值（0～10 V）。

程序运行界面如图6-20 所示。

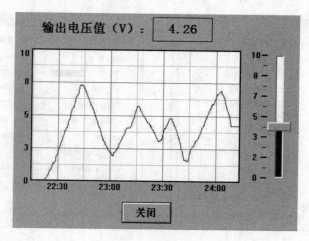

图 6-20　运行界面

实训 16　远程 I/O 模块电压输出

【学习目标】

1）掌握用远程 I/O 模块进行电压输出的硬件线路连接方法。

2）掌握用 MCGS 设计远程 I/O 模块电压输出程序的方法。

【线路连接】

计算机与 ADAM4000 系列远程 I/O 模块组成的电压输出系统如图 6-21 所示。ADAM-4520（RS232 与 RS485 转换模块）与计算机的串口 COM1 连接，将 RS-232 总线转换为 RS-485 总线；ADAM-4021（模拟量输出模块）的信号输入端子 DATA+、DATA-分别与 ADAM-4520 的 DATA+、DATA-连接。模块电源端子+Vs、GND 分别与 DC24V 电源的+、-连接。

模拟电压输出不需连线，使用万用表直接测量模拟量输出通道（OUT 和 GND）的输出电压（0～10 V）。

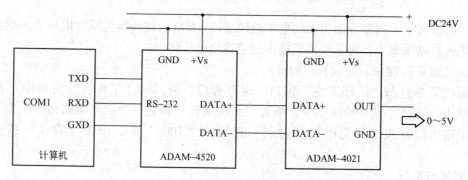

图 6-21　计算机与远程 I/O 模块组成的电压输出系统

线路连接好后，将 ADAM-4021 的地址设为 03。

注：有关 ADAM4000 系列远程 I/O 模块的软硬件安装及地址设定方法参见配套资源习题 3-7 参考答案。

【实训任务】

采用 MCGS 编写程序实现计算机与远程 I/O 模拟电压输出。要求：在 PC 程序界面中输入数值，线路中模拟量输出通道输出同样大小的电压值。

【任务实现】

1. 建立新工程项目

工程名称："远程 I/O 模块模拟量输出"；

窗口名称："AO"；

窗口标题："远程 I/O 模块模拟量输出"。

2. 制作图形界面

在"工作台"窗口中"用户窗口"选项卡，双击新建的"AO"窗口图标，进入界面开发系统。

1）通过工具箱为图形界面添加1个"滑动输入器"构件。

2）通过工具箱为图形界面添加1个"实时曲线"构件。

3）通过工具箱为图形界面添加两个"标签"构件，字符分别为标签"电压值（V）："和当前电压值显示文本"000"。

4）通过工具箱为图形界面添加1个"按钮"构件，将标题改为"关闭"。

设计的图形界面如图 6-22 所示。

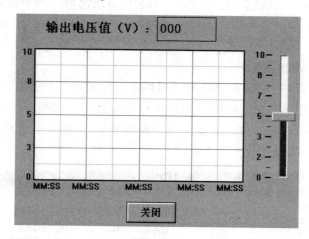

图 6-22　图形界面

3. 定义对象

在"工作台"窗口中"实时数据库"选项卡，单击"新增对象"按钮，再双击新出现的对象，弹出"数据对象属性设置"对话框。

在"基本属性"选项卡，将"对象名称"改为"电压"，"小数位"设为"2"，"最小值"设为"0"，"最大值"设为"10"，"对象类型"选择"数值"单选按钮，如图 6-23 所示。

建立的实时数据库如图 6-24 所示。

4. 添加设备

在"工作台"窗口中"设备窗口"选项卡，双击"设备窗口"图标，出现"设备组态：设备窗口"窗口，单击工具条上的"工具箱"图标按钮，弹出"设备工具箱"对话框。

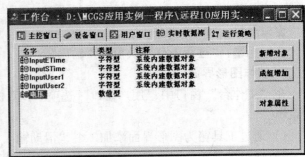

图 6-23　对象"电压"属性设置　　　　　　　　图 6-24　实时数据库

1）单击"设备管理"按钮，弹出"设备管理"对话框。在"可选设备"列表中双击"通用串口父设备"项，将其添加到右侧的"选定设备"列表中，如图 6-25 所示。

2）在"设备管理"对话框"可选设备"列表中依次选择"所有设备→智能模块 → 研华模块 → ADAM4000 → 研华-4021"，单击"增加"按钮，将"研华-4021"添加到右侧的"选定设备"列表中，如图 6-25 所示。单击"确认"按钮，将选定设备添加到"设备工具箱"对话框中，如图 6-26 所示。

3）在"设备工具箱"对话框中双击"通用串口父设备"项，在"设备组态：设备窗口"窗口中出现"通用串口父设备 0-［通用串口父设备］"。同理，在"设备工具箱"对话框中双击"研华-4021"项，在"设备组态：设备窗口"窗口中出现"设备 0-［研华-4021］"，设备添加完成，如图 6-27 所示。

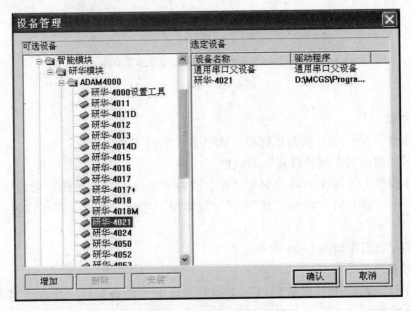

图 6-25　"设备管理"对话框

图 6-26 "设备工具箱"对话框   图 6-27 "设备组态：设备窗口"窗口

5. 设备属性设置

在"工作台"窗口中"设备窗口"选项卡，双击"设备窗口"按钮，出现"设备组态：设备窗口"窗口。

1）双击"通用串口父设备 0-［通用串口父设备］"项，弹出"通用串口设备属性编辑"对话框，如图 6-28 所示。在"基本属性"选项卡中，"串口端口号"选"0-COM1"，"通讯波特率"选"6-9600"，"数据位位数"选"1-8 位"，"停止位位数"选"0-1 位"，"数据校验方式"选"0-无校验"。参数设置完毕，单击"确认"按钮。

2）双击"设备 0-［研华-4021］"项，弹出"设备属性设置"对话框，如图 6-29 所示。

在"基本属性"选项卡中将"设备地址"设为"3"，"输出类型"选择"2-0 ～ 10 V"。

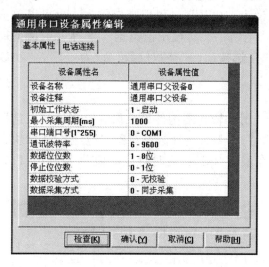

图 6-28 "通用串口设备属性编辑"对话框   图 6-29 "设备属性设置"对话框

在"通道连接"选项卡，选择通道 1 对应的数据对象单元格，右击，弹出"连接对象"对话框，双击要连接的数据对象"电压"，完成对象连接，如图 6-30 所示。

在"设备调试"选项卡，单击 1 通道对应数据对象"电压"的通道值单元格，输入反映输出电压的数值，如"2.5"，如图 6-31 所示。如果系统连接正常，则单击该通道值，ADAM-4021 模块模拟量输出通道将输出 2.5 V 的电压值。

6. 建立动画连接

在"工作台"窗口中"用户窗口"选项卡，双击"AO"窗口图标进入开发系统。通过双击界面中各图形对象，将各对象与定义好的数据连接起来。

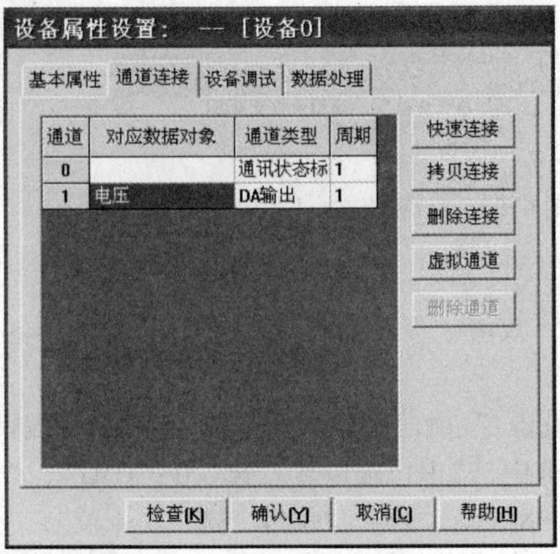

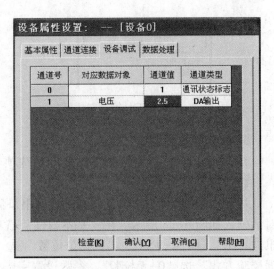

图 6-30　"通道连接"选项卡　　　　　图 6-31　"设备调试"选项卡

1）建立标签构件"000"的动画连接。

双击界面（图6-22）中标签构件"000"，弹出"动画组态属性设置"对话框，在"属性设置"选项卡中，"输入/输出连接"选择"显示输出"复选按钮，出现"显示输出"选项卡。

选择"显示输出"选项卡，将"表达式"设为"电压"（可以直接输入，也可以单击表达式文本框右边的"？"号，选择数据对象"电压"），"输出值类型"选择"数值量输出"单选按钮，"输出格式"选择"向中对齐"单选按钮，"整数位数"设为"1"，"小数位"设为"2"，如图6-32所示。

2）建立滑动输入器构件的动画连接。

双击界面中的"滑动输入器"构件，弹出"滑动输入器构件属性设置"对话框。选择"操作属性"选项卡，单击表达式文本框右边的"？"号，选择数据对象"电压"，"滑块在最左（上）边时对应的值"为"0"，"滑块在最右（下）边时对应的值"为"10"，如图6-33所示。

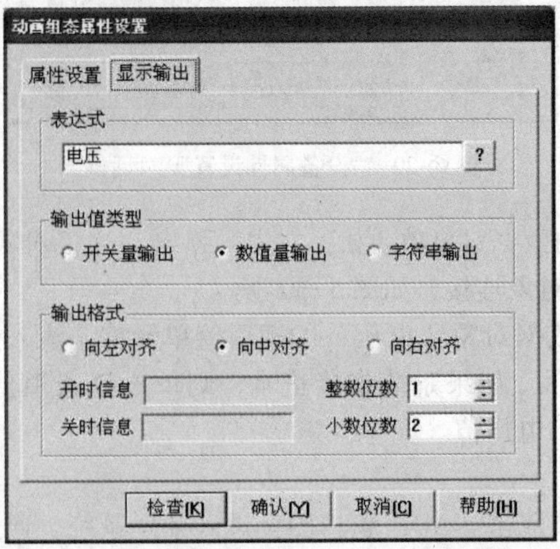

图 6-32　标签构件"000"数据对象连接 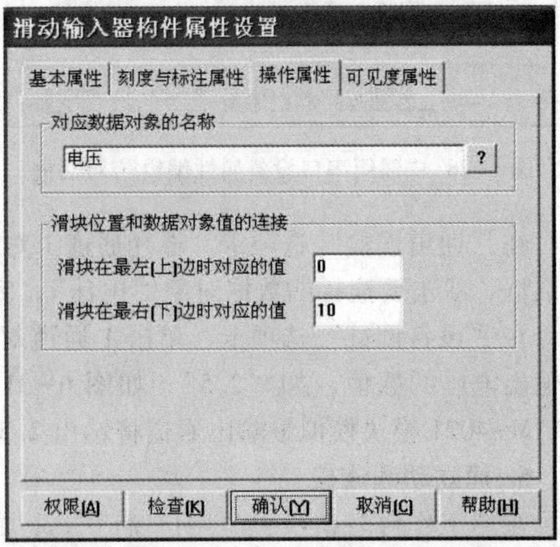　　　　　图 6-33　"滑动输入器"数据对象连接

3) 建立"实时曲线"构件的动画连接。

双击界面中"实时曲线"构件,弹出"实时曲线构件属性设置"窗口。在"画笔属性"选项卡中,单击曲线1表达式文本框右边的"?"号,选择数据对象"电压",如图6-34所示。在"标注属性"选项卡中,"X轴长度"设为"2",Y轴"最大值"设为"10.0",如图6-35所示。

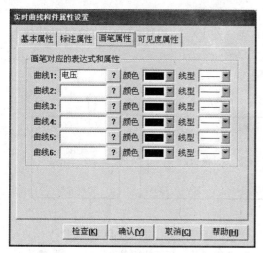
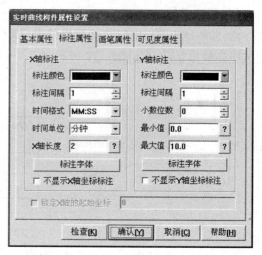

图6-34 实时曲线"画笔属性"设置　　　　　图6-35 实时曲线"标注属性"设置

4) 建立"按钮"构件的动画连接。

双击界面中"关闭"按钮构件,出现"标准按钮构件属性设置"对话框。选择"操作属性"选项卡,选择按钮对应的功能下的"关闭用户窗口"复选按钮,在其右侧的下拉列表框中选择"AO"窗口。

7. 调试与运行

保存该工程,将"AO"窗口设为启动窗口,运行工程。

在界面(图6-22)中用鼠标拖动滑动输入器的滑块,可生成一系列间断变化的数值(0～10),在程序界面中产生一个随之变化的曲线;线路中ADAM-4021模块模拟量输出通道将输出同样大小的电压值(0～10 V)。

程序运行界面如图6-36所示。

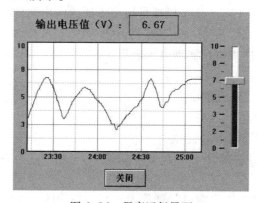

图6-36 程序运行界面

实训 17 三菱 PLC 电压输出

【学习目标】

1) 掌握用三菱 PLC 进行电压输出的硬件线路连接方法。

2) 掌握用 MCGS 设计三菱 PLC 电压输出程序的方法。

【线路连接】

通过 SC-09 编程电缆将计算机的串口 COM1 与三菱 FX_{2N}-32MR PLC 的编程口连接起来组成电压输出系统，如图 6-37 所示。

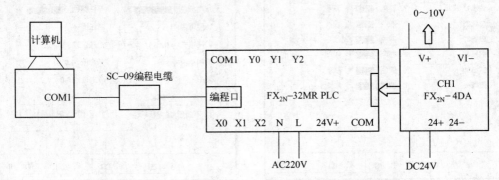

图 6-37 PC 与三菱 FX_{2N}-32MR PLC 组成的电压输出系统

将模拟量输出扩展模块 FX_{2N}-4DA 与 PLC 主机通过扁平电缆相连。FX_{2N}-4DA 模块的 ID 号为 0。模拟量输出模块 FX_{2N}-4DA 负责 D/A 转换，即将数字量信号转换为模拟量信号输出。

计算机发送到 PLC 的数值（范围 0 ~ 10，反映电压大小）由 FX_{2N}-4DA 的模拟量输出 1 通道（CH1）的 V+和 VI-进行输出，其值可用万用表测量。

注：三菱 PLC 模拟量扩展模块 FX_{2N}-4DA 的工作性能参见配套资源习题 4-4 参考答案。

【实训任务】

1) 采用 MCGS 编写程序实现计算机与三菱 FX_{2N}-32MR PLC 模拟电压输出，要求：在计算机程序界面中输入一个数值，转换成数字量形式，并将其发送到 PLC 的寄存器 D123 中。

2) 采用 SWOPC-FXGP/WIN-C 编程软件编写 PLC 程序，将上位计算机输出的电压值存入寄存器 D100 中，并在 FX_{2N}-4DA 模拟量输出 1 通道输出同样大小的电压值。

【任务实现】

本任务中计算机端采用 MCGS 实现电压输出。

1. 建立新工程项目

工程名称："三菱 PLC 模拟量输出"；

窗口名称："AO"；

窗口标题："模拟电压输出"。

将"AO"窗口设为启动窗口。

2. 制作图形界面

在"工作台"窗口中"用户窗口"选项卡，双击新建的"AO"窗口图标，进入界面开发系统。

1）通过工具箱为图形界面添加 2 个"标签"构件：字符分别是"输出电压值（V）："和"000"保留边线。

2）通过工具箱为图形界面添加 1 个"实时曲线"构件。

3）通过工具箱为图形界面添加 1 个"滑动输入器"构件。

4）通过工具箱为图形界面添加 1 个"按钮"构件，将标题改为"关闭"。

设计的图形界面如图 6-38 所示。

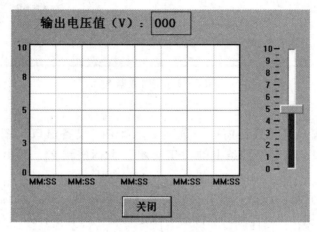

图 6-38 图形界面

3. 定义对象

在"工作台"窗口中"实时数据库"选项卡，单击"新增对象"按钮，再双击新出现的对象，弹出"数据对象属性设置"对话框。

1）在"基本属性"选项卡，将"对象名称"改为"电压"，"小数位数"设为"2"，"最小值"设为"0"，"最大值"设为"10"，如图 6-39 所示。

2）新增对象，在"基本属性"选项卡，将"对象名称"改为"数字量"，"小数位"设为"0"，"最小值"设为"0"，"最大值"设为"2000"，如图 6-40 所示。

图 6-39 对象"电压"属性设置

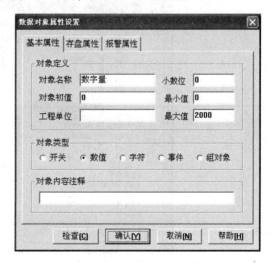

图 6-40 对象"数字量"属性设置

建立的实时数据库如图 6-41 所示。

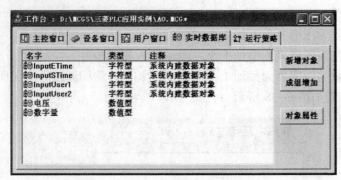

图 6-41　实时数据库

4. 添加设备

在"工作台"窗口中"设备窗口"选项卡，双击"设备窗口"图标，出现"设备组态：设备窗口"窗口，单击工具条上的"工具箱"图标按钮 ✕，弹出"设备工具箱"对话框。

1）单击"设备管理"按钮，弹出"设备管理"对话框。在"可选设备"列表中双击"通用串口父设备"项，将其添加到右侧的"选定设备"列表中，如图 6-42 所示。

2）在"设备管理"对话框"可选设备"列表中依次选择"所有设备→PLC 设备 →三菱 →三菱_FX 系列编程口 →三菱_FX 系列编程口"，单击"增加"按钮，将"三菱_FX 系列编程口"添加到右侧的"选定设备"列表中，如图 6-42 所示。单击"确认"按钮，将选定设备添加到"设备工具箱"对话框中，如图 6-43 所示。

3）在"设备工具箱"对话框双击"通用串口父设备"项，在"设备组态：设备窗口"窗口中出现"通用串口父设备 0-［通用串口父设备］"。同理，在"设备工具箱"对话框双击"三菱_FX 系列编程口"项，在"设备组态：设备窗口"窗口中出现"设备 0-［三菱_FX 系列编程口］"，设备添加完成，如图 6-44 所示。

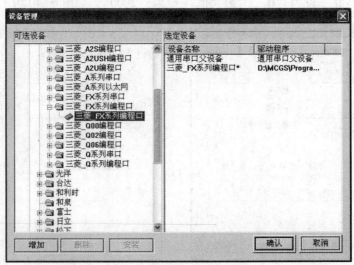

图 6-42　"设备管理"对话框

图 6-43 "设备工具箱"对话框   图 6-44 "设备组态：设备窗口"窗口

5. 设备属性设置

在"工作台"窗口中"设备窗口"选项卡，双击"设备窗口"图标，出现"设备组态：设备窗口"窗口。

1）双击"通用串口父设备 0-［通用串口父设备］"项，弹出"通用串口设备属性编辑"对话框，如图 6-45 所示。在"基本属性"选项卡中，"串口端口号"选"0-COM1"，"通讯波特率"选"6-9600"，"数据位位数"选"0-7 位"，"停止位位数"选"0-1 位"，"数据校验方式"选"2-偶校验"。参数设置完毕，单击"确认"按钮。

2）双击"设备 0-［三菱_FX 系列编程口］"项，弹出"设备属性设置"对话框，如图 6-46 所示。选择"基本属性"选项卡中的"设置设备内部属性"，出现...图标按钮，单击该图标按钮；弹出"三菱_FX 系列编程口通道属性设置"对话框，如图 6-47 所示。

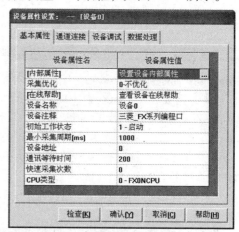

图 6-45 "通用串口设备属性编辑"对话框   图 6-46 "设备属性设置"对话框

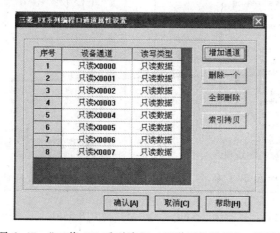

图 6-47 "三菱_FX 系列编程口通道属性设置"对话框

单击"增加通道"按钮,弹出"增加通道"对话框,如图6-48所示。"寄存器类型"选择"D数据寄存器","寄存器地址"设为"123","通道数量"设为"1","操作方式"选"只写"单选按钮,"数据类型"选"16位无符号二进制",单击"确认"按钮,"三菱_FX系列编程口通道属性设置"对话框中出现新增通道9的"只写DWUB0123",如图6-49所示。

3) 在"设备属性设置"对话框选择"通道连接"选项卡,选择通道9对应的数据对象单元格,右击,弹出"连接对象"对话框,双击要连接的数据对象"数字量",完成对象连接,如图6-50所示。

4) 在"设备属性设置"对话框选择"设备调试"选项卡,单击通道9对应数据对象"数字量"的通道值单元格,输入反映输出电压的数字量值如"800",如图6-51所示。如果系统连接正常,单击该通道值,PLC模拟量扩展模块模拟量输出的1通道可输出4.0V电压值。

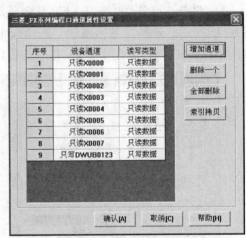

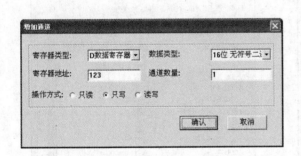

图6-48 "增加通道"对话框   图6-49 新增通道

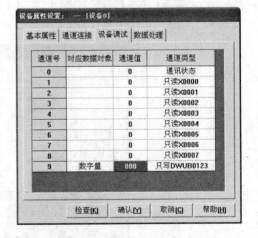

图6-50 "通道连接"选项卡   图6-51 "设备调试"选项卡

6. 建立动画连接

在"工作台"窗口中"用户窗口"选项卡，双击"AO"窗口图标进入开发系统。通过双击界面中各图形对象，将各对象与定义好的数据连接起来。

1）建立标签构件"000"的动画连接。

双击界面（图 6-38）中标签构件"000"，弹出"动画组态属性设置"对话框，在"属性设置"选项卡中，"输入/输出连接"选择"显示输出"复选按钮，出现"显示输出"选项卡。

选择"显示输出"选项卡，将表达式设为"电压"（可以直接输入，也可以单击表达式文本框右边的"?"号，选择数据对象"电压"），"输出值类型"选择"数值量输出"单选按钮，"输出格式"选择"向中对齐"单选按钮，"整数位数"设为"1"，"小数位"设为"2"，如图 6-52 所示。

2）建立滑动输入器构件的动画连接。

双击界面中的"滑动输入器"构件，弹出"滑动输入器构件属性设置"窗口。选择"操作属性"选项卡，单击表达式文本框右边的"?"号，选择数据对象"电压"，"滑块在最左（上）边时对应的值"为"0"，"滑块在最右（下）边时对应的值"为"10"，如图 6-53 所示。

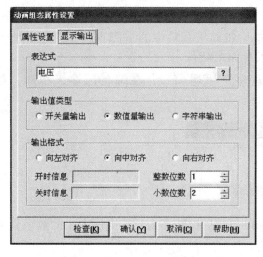

图 6-52 标签构件"000"数据对象连接

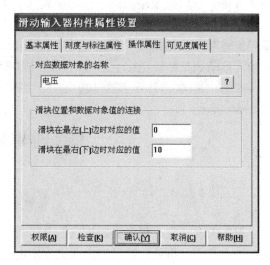

图 6-53 "滑动输入器"数据对象连接

3）建立"实时曲线"构件的动画连接。

双击界面中"实时曲线"构件，弹出"实时曲线构件属性设置"窗口。在"画笔属性"选项卡中，单击曲线 1 表达式文本框右边的"?"号，选择数据对象"电压"，如图 6-54 所示。在"标注属性"选项卡中，"X 轴长度"设为"2"，Y 轴"最大值"设为"10.0"，如图 6-55 所示。

4）建立"按钮"构件的动画连接。

双击界面中"关闭"按钮构件，出现"标准按钮构件属性设置"对话框。选择"操作属性"选项卡，选择"按钮对应的功能"下的"关闭用户窗口"复选按钮，在其右侧的下拉列表框中选择"AO"窗口。

图 6-54 实时曲线"画笔属性"设置

图 6-55 实时曲线"标注属性"设置

7. 策略编程

在"工作台"窗口中"运行策略"选项卡,双击"循环策略"项,弹出"策略组态:循环策略"窗口,策略工具箱自动加载(如果未加载,则右击,选择"策略工具箱")。

单击"MCGS 组态环境"窗口工具条中的"新增策略行"图标按钮 ,在"策略组态:循环策略"窗口中出现"新增策略"行。单击选中策略工具箱中的"脚本程序"项,将鼠标指针移动到策略块图标上单击,以添加"脚本程序"构件。

双击"脚本程序"策略块,进入"脚本程序"编辑窗口,在编辑区输入程序,如图 6-56 所示。

图 6-56 脚本程序

程序的含义是:程序界面生成的电压数值乘以 200 后被转换为反映电压大小的数字量值并被送入 PLC,再从模拟量输出通道输出电压值。

单击"确定"按钮,完成程序的输入。

关闭"策略组态:循环策略"窗口,保存该程序,返回到"工作台"窗口中"运行策略"选项卡,选择"循环策略"项,单击"策略属性"按钮,弹出"策略属性设置"对话框,将策略执行方式的定时循环时间设置为"1000"ms,单击"确认"按钮完成设置。

8. 调试与运行

运行程序之前,PLC 与计算机需正确连接,PLC 需下载电压输出程序,然后运行程序。

在界面(图 6-38)中用鼠标拖动滑动输入器的滑块,可生成一系列间断变化的数值(0 ~ 10),在程序界面中产生一个随之变化的曲线;线路中 PLC 模拟量输出模块 1 通道将输出同样大小的电压值(0 ~ 10 V)。

程序运行界面如图 6-57 所示。

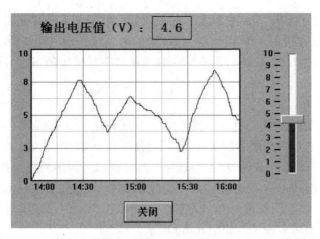

图 6-57　程序运行界面

9. PLC 端电压输出程序

（1）PLC 梯形图

三菱 FX_{2N}-32MR PLC 通过 FX_{2N}-4DA 模拟量输出模块的使用实现模拟电压输出，采用 SWOPC-FXGP/WIN-C 编程软件编写的 PLC 程序梯形图如图 6-58 所示。

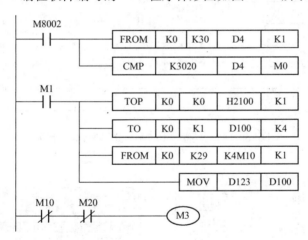

图 6-58　模拟量输出梯形图

程序的主要功能是：将计算机程序中设置的数值写入到 PLC 的寄存器 D123 中，并将该数据传送到寄存器 D100 中，在扩展模块 FX_{2N}-4DA 模拟量输出 1 通道输出同样大小的电压值。

PLC 梯形图的程序说明：

1）第 1 逻辑行，首次扫描时从 0 号特殊功能模块的 BFM# 30 中读出标识码，即模块 ID 号，并将其放到基本单元的 D4 中；

2）第 2 逻辑行，检查模块 ID 号，如果是 FX_{2N}-4DA，将结果送到 M0；

3）第 3 逻辑行，传送控制字，设置模拟量输出类型；

4）第 4 逻辑行，将从 D100 开始的 4 个字节数据写到 0 号特殊功能模块的编号从 1 开始的 4 个缓冲寄存器中；

5）第 5 逻辑行，读出通道工作状态，将模块运行状态从 BFM#29 读入 M10～M17；

6）第 6 逻辑行，将上位计算机传送到 D123 的数据传送给寄存器 D100；

7）第 7 逻辑行，如果模块运行没有错，且模块数字量输出值正常，则将内部寄存器 M3 置"1"。

（2）程序的写入

PLC 端程序编写完成后需将其写入到 PLC 才能正常运行。步骤如下：

1）接通 PLC 主机电源，将 RUN/STOP 转换开关置于 STOP 位置。

2）运行 SWOPC-FXGP/WIN-C 编程软件，打开模拟量输出程序，执行"转换"命令。

3）执行菜单"PLC"→"传送"→"写出"命令，如图 6-59 所示。打开"PC 程序写入"对话框，选择"范围设置"单选按钮，起始步设为"0"，终止步设为"100"，单击"确定"按钮，即开始写入程序，如图 6-60 所示。

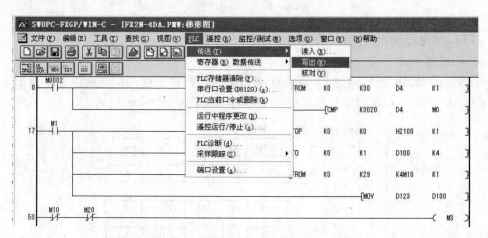

图 6-59 执行菜单"PLC→传送→写出"命令

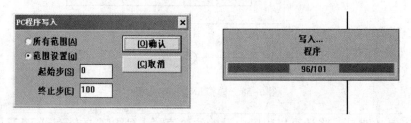

图 6-60 PC 程序写入

4）程序写入完毕将 RUN/STOP 转换开关置于 RUN 位置，即可进行模拟电压的输出。

（3）PLC 程序的监控

PLC 端程序写入后，可以进行实时监控，其步骤如下：

1）接通 PLC 主机电源，将 RUN/STOP 转换开关置于 RUN 位置。

2）运行 SWOPC-FXGP/WIN-C 编程软件，打开模拟量输出程序，并将其写入。

3）执行菜单"监控/测试"→"开始监控"命令，即可开始监控程序的运行，如图 6-61 所示。

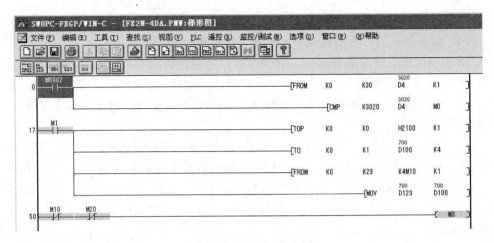

图 6-61　PLC 程序监控

寄存器 D123 和 D100 上的蓝色数字如 700，就是要输出到模拟量输出 1 通道的电压值（换算后的电压值为 3.5 V，与万用表测量值相同）。

注意：模拟量输出程序监控前，要保证向寄存器 D123 中发送数字量 700。

实际测试时先运行上位计算机程序，输入数值 3.5（反映电压大小），转换成数字量 700 再发送给 PLC。

4）监控完毕，执行菜单"监控/测试"→"停止监控"命令，即可停止监控程序的运行。

注意：必须停止监控，否则影响上位计算机程序的运行。

实训 18　西门子 PLC 电压输出

【学习目标】

1）掌握用西门子 PLC 进行电压输出的硬件线路连接方法。

2）掌握用 MCGS 设计西门子 PLC 电压输出程序的方法。

【线路连接】

通过 PC/PPI 编程电缆将计算机的串口 COM1 与西门子 S7-200 PLC 的编程口连接起来组成电压输出系统，如图 6-62 所示。

图 6-62 中将模拟量扩展模块 EM235 与 PLC 主机通过扁平电缆相连。

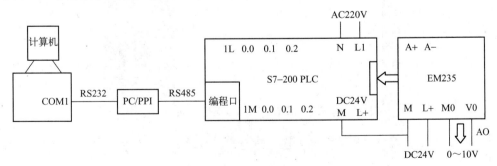

图 6-62　计算机与西门子 S7-200 PLC 组成的电压输出系统

计算机发送到 PLC 的数值（范围 0～10，反映电压大小）由 M0（-）和 V0（+）输出（0～10 V）。实际测试时，不需连线，直接用万用表测量输出电压。

EM235 扩展模块的电源是 DC24V，这个电源一定要外接而不可就近接于 PLC 本身输出的 DC24V 电源，但两者一定要共地。

注： 西门子模拟量扩展模块 EM235 的工作性能参见配套资源习题 4-5 参考答案。

【实训任务】

1）采用 MCGS 编写程序实现计算机与西门子 S7-200 PLC 模拟电压输出，要求在计算机程序界面中输入一个数值，将其转换成数字量形式后发送到 PLC 的寄存器 VW100 中。

2）采用 STEP 7-Micro/WIN 编程软件编写 PLC 程序，将上位计算机输出的电压值存入寄存器 AQW0 中，并在 EM235 模拟量输出通道输出同样大小的电压值。

【任务实现】

本任务中计算机端采用 MCGS 实现电压输出。

1. 建立新工程项目

工程名称："西门子 S7-200PLC 模拟量输出"；

窗口名称："AO"；

窗口标题："模拟电压输出"。

将 "AO" 窗口设为启动窗口。

2. 制作图形界面

在"工作台"窗口中"用户窗口"选项卡，双击新建的"AO"窗口图标，进入界面开发系统。

1）通过工具箱为图形界面添加两个"标签"构件：字符分别是"输出电压值（V）:"和"000"（保留边线）。

2）通过工具箱为图形界面添加 1 个"实时曲线"构件。

3）通过工具箱为图形界面添加 1 个"滑动输入器"构件。

4）通过工具箱为图形界面添加 1 个"按钮"构件，将标题改为"关闭"。

设计的图形界面如图 6-63 所示。

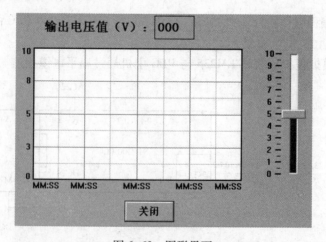

图 6-63　图形界面

3. 定义对象

在"工作台"窗口中"实时数据库"选项卡，单击"新增对象"按钮，再双击新出现的对象，弹出"数据对象属性设置"对话框。

1）在"基本属性"选项卡，将"对象名称"改为"电压"，"小数位"设为"2"，"最小值"设为"0"，"最大值"设为"10"，如图6-64所示。

2）新增对象，在"基本属性"选项卡，将"对象名称"改为"数字量"，"小数位"设为"0"，"最小值"设为"0"，"最大值"设为"2000"，如图6-65所示。

图6-64　对象"电压"属性设置　　　　　图6-65　对象"数字量"属性设置

建立的实时数据库如图6-66所示。

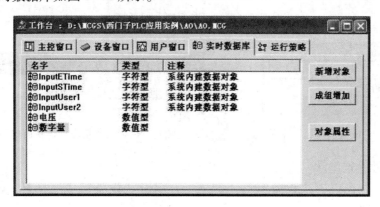

图6-66　实时数据库

4. 添加设备

在"工作台"窗口中"设备窗口"选项卡，双击"设备窗口"图标，出现"设备组态：设备窗口"窗口，单击工具条上的"工具箱"图标按钮，弹出"设备工具箱"对话框。

1）单击"设备管理"按钮，弹出"设备管理"对话框。在"可选设备"列表中双击"通用串口父设备"项，将其添加到右侧的"选定设备"列表中，如图6-67所示。

2）在"设备管理"对话框"可选设备"列表中依次选择"所有设备→PLC设备→西

193

门子 →S7-200-PPI →西门子_S7200PPI", 单击"增加"按钮, 将"西门子_S7200PPI"添加到右侧的"选定设备"列表中, 如图 6-67 所示。单击"确认"按钮, 将选定设备添加到"设备工具箱"对话框中, 如图 6-68 所示。

3) 在"设备工具箱"对话框双击"通用串口父设备"项, 在"设备组态: 设备窗口"窗口中出现"通用串口父设备 0-[通用串口父设备]"。同理, 在"设备工具箱"对话框双击"西门子_S7200PPI"项, 在"设备组态: 设备窗口"窗口中出现"设备 0-[西门子_S7200PPI]", 设备添加完成, 如图 6-69 所示。

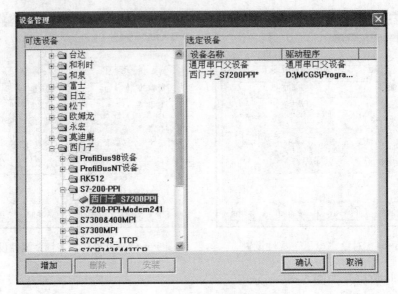

图 6-67 "设备管理"对话框

图 6-68 "设备工具箱"对话框

图 6-69 "设备组态: 设备窗口"窗口

5. 设备属性设置

在"工作台"窗口中"设备窗口"选项卡, 双击"设备窗口"图标, 出现"设备组态: 设备窗口"窗口。

1) 双击"通用串口父设备 0-[通用串口父设备]"项, 弹出"通用串口设备属性编辑"对话框。在"基本属性"选项卡中, "串口端口"号选"0-COM1", "通信波特率"选"6-9600", "数据位位数"选"1-8 位", "停止位位数"选"0-1 位", "数据校验方式"选"2-偶校验", 如图 6-70 所示。参数设置完毕, 单击"确认"按钮。

2) 双击"设备 0-[西门子_S7200PPI]"项, 弹出"设备属性设置"对话框, 如图 6-71 所示。选择"基本属性"选项卡中的"设置设备内部属性", 出现 ... 图标按钮, 单击该图标按钮弹出"西门子_S7200PPI 通道属性设置"对话框, 如图 6-72 所示。

图 6-70 "通用串口设备属性编辑"对话框　　　图 6-71 "设备属性设置"对话框

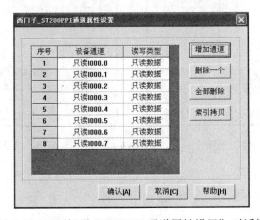

图 6-72 "西门子_S7200PPI 通道属性设置"对话框

单击"增加通道"按钮，弹出"增加通道"对话框，"寄存器类型"选择"V 寄存器"，"寄存器地址"设为"100"，"通道数量"设为"1"，"操作方式"选"只写"单选按钮，"数据类型"选"16 位无符号二进制"，如图 6-73 所示。单击"确认"按钮，"西门子_S7200PPI 通道属性设置"对话框中出现新增加的 9 通道的"只写 VWUB100"，如图 6-74 所示。

图 6-73 "增加通道"对话框

图 6-74 新增通道

3）在"设备属性设置"对话框选择"通道连接"选项卡，选中9通道对应数据对象单元格，右击，弹出"连接对象"对话框，双击要连接的数据对象"数字量"，完成对象连接，如图6-75所示。

4）在"设备属性设置"对话框选择"设备调试"选项卡，单击9通道对应数据对象"数字量"的通道值单元格，输入反映输出电压的数字量值，如"8000"，如图6-76所示，如果系统连接正常，单击通道号，PLC模拟量扩展模块模拟量输出通道输出2.5 V电压值。

图6-75 "通道连接"选项卡

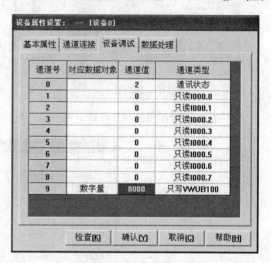

图6-76 "设备调试"选项卡

6. 建立动画连接

在"工作台"窗口中"用户窗口"选项卡，双击"AO"窗口图标，进入开发系统。通过双击界面中各图形对象，将各对象与定义好的数据连接起来。

1）建立标签构件"000"的动画连接。

双击界面（图6-63）中标签构件"000"，弹出"动画组态属性设置"对话框，在"属性设置"选项卡中，输入输出连接选择"显示输出"复选按钮，出现"显示输出"选项卡。

选择"显示输出"选项卡，将表达式设为"电压"（可以直接输入，也可以单击表达式文本框右边的"?"号，选择数据对象"电压"），"输出值类型"选择"数值量输出"单选按钮，"输出格式"选择"向中对齐"单选按钮，"整数位数"设为"1"，"小数位"设为"2"，如图6-77所示。

2）建立滑动输入器构件的动画连接。

双击界面中的"滑动输入器"构件，弹出"滑动输入器构件属性设置"窗口。选择"操作属性"选项卡，单击表达式文本框右边的"?"号，选择数据对象"电压"，"滑块在最左（上）边时对应的值"为"0"，"滑块在最右（下）边时对应的值"为"10"，如图6-78所示。

3）建立"实时曲线"构件的动画连接。

双击界面中"实时曲线"构件，弹出"实时曲线构件属性设置"窗口。在"画笔属性"选项卡中，单击曲线1表达式文本框右边的"?"号，选择数据对象"电压"，如图6-79所示。在"标注属性"选项卡中，"X轴长度"设为"2"，Y轴"最大值"设为

"10.0"，如图 6-80 所示。

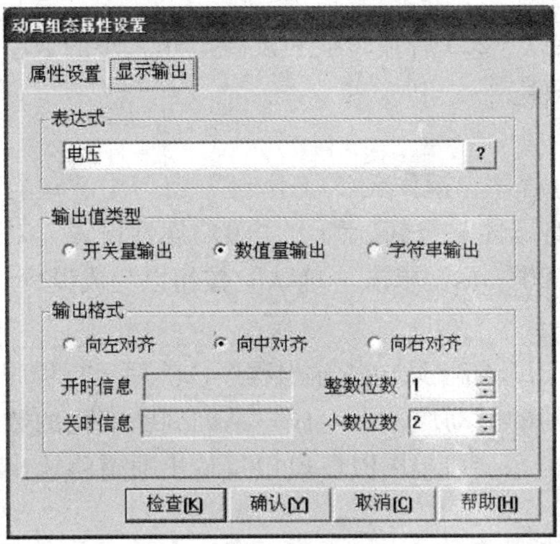

图 6-77 标签构件"000"数据对象连接

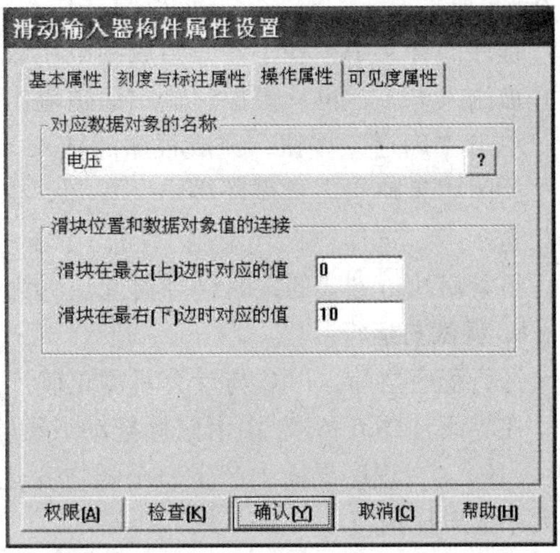

图 6-78 "滑动输入器"数据对象连接

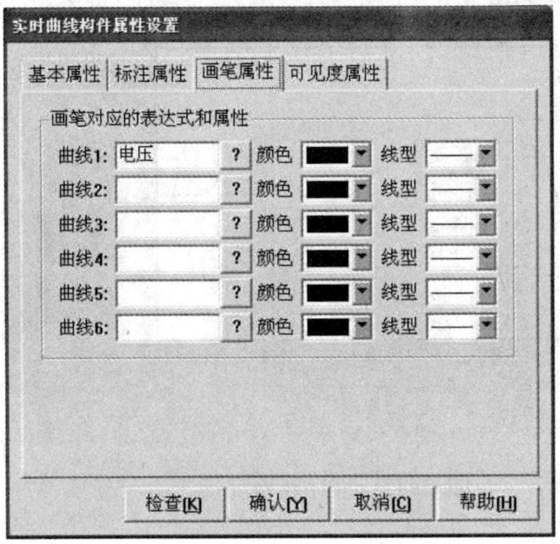

图 6-79 实时曲线"画笔属性"设置

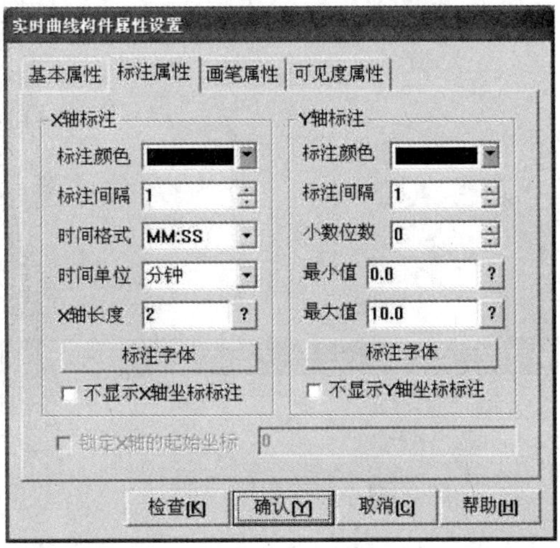

图 6-80 实时曲线"标注属性"设置

4）建立"按钮"构件的动画连接。

双击界面中"关闭"按钮构件，出现"标准按钮构件属性设置"对话框。选择"操作属性"选项卡，选择"按钮对应的功能"下的"关闭用户窗口"复选按钮，在其右侧的下拉列表框中选择"AO"窗口。

7. 策略编程

在"工作台"窗口中"运行策略"选项卡，双击"循环策略"项，弹出"策略组态：循环策略"窗口，策略工具箱自动加载（如果未加载，右击，选择"策略工具箱"）。

单击"MCGS 组态环境"窗口工具条中的"新增策略行"图标按钮 _■，在"策略组态：循环策略"窗口中出现"新增策略"行。单击选中策略工具箱中的"脚本程序"项，将鼠标指针移动到策略块图标上，单击，以添加"脚本程序"构件。

双击"脚本程序"策略块，进入"脚本程序"编辑窗口，在编辑区输入程序，程序如图 6-81 所示。

程序的含义是：程序界面生成的电压数值乘以 3 200 后被转换为反映电压大小的数字量值并被送入 PLC，再从模拟量输出通道输出电压值。

单击"确定"按钮，完成程序的输入。

关闭"策略组态：循环策略"窗口，保存该程序，返回到"工作台"窗口中"运行策略"选项卡，选择"循环策略"项，单击"策略属性"按钮，弹出"策略属性设置"对话框，将策略执行方式的定时循环时间设置为"1000"ms，单击"确认"按钮以完成设置。

8. 调试与运行

运行程序之前，PLC 与计算机需正确连接，PLC 需下载电压输出程序，然后运行程序。

在界面（图 6-63）中用鼠标拖动滑动输入器的滑动块，可生成一系列间断变化的数值（0 ~ 10），在程序界面中产生一个随之变化的曲线；线路中 PLC 模拟量输出通道将输出同样大小的电压值（0 ~ 10 V）。

程序运行界面如图 6-82 所示。

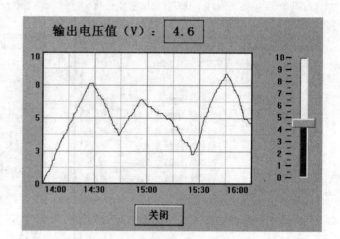

图 6-81　脚本程序

图 6-82　程序运行界面

9. PLC 端电压输出程序

（1）PLC 梯形图

为了保证 S7-200 PLC 能够正常与计算机进行模拟量输出通信，需要在 PLC 中运行一段程序。PLC 程序如图 6-83 所示。

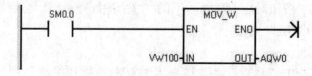

图 6-83　PLC 电压输出程序

在上位计算机程序中输入数值（范围 0 ~ 10）并将其转换为数字量值（0 ~ 32 000）后发送到 PLC 寄存器 VW100 中。在下位计算机程序中，将寄存器 VW100 中的数字量值送入输出寄存器 AQW0。PLC 自动将数字量值转换为对应的电压值（0 ~ 10 V）在模拟量输出通道输出。

（2）程序的下载

需将编写完成的 PLC 端程序下载到 PLC 才能正常运行，其步骤如下：

1）接通 PLC 主机电源，将 RUN/STOP 转换开关置于 STOP 位置。

2）运行 STEP 7-Micro/WIN 编程软件，打开模拟量输出程序。

3）执行菜单"File"→"Download..."命令，打开"Download"对话框，单击"Download"按钮，即开始下载程序，如图 6-84 所示。

4）程序下载完毕后将 RUN/STOP 转换开关置于 RUN 位置，即可进行模拟电压的输出。

（3）PLC 程序的监控

PLC 端程序写入后，可以进行实时监控，其步骤如下：

1）接通 PLC 主机电源，将 RUN/STOP 转换开关置于 RUN 位置。

2）运行 STEP 7-Micro/WIN 编程软件，打开模拟量输出程序并下载。

3）执行菜单"Debug"→"Start Program Status"命令，即可开始监控程序的运行，如图 6-85 所示。

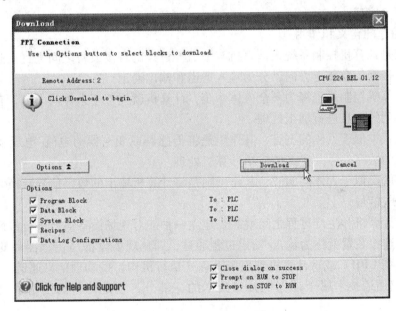

图 6-84　程序下载对话框

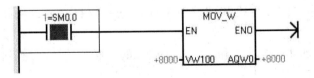

图 6-85　PLC 程序监控

寄存器 AQW0 右边的黄色数字如 8 000，就是输出到模拟量输出通道的电压值（该数字量形式，根据 0～32 000 对应 0～10 V，换算后的电压实际值为 2.5 V，与万用表测量值相同），改变输入电压，该数值随着改变。

注意：模拟量输出程序监控前，要保证往寄存器 VW100 中发送的数字量是 8 000。

实际测试时先运行上位计算机程序，输入数值 2.5（反映电压大小），将其转换成数字量 8 000 再发送给 PLC。

4）监控完毕，执行菜单"Debug"→"Stop Program Status"命令，即可停止监控程序的运行。

注意：必须停止监控，否则影响上位计算机程序的运行。

6.3　知识链接

6.3.1　过程通道

在计算机控制系统中，计算机需要从生产过程中得到现场情况的信息，接受操作人员的控制，向操作人员报告现场情况和操作结果，还要把相应的控制信息传送给生产过程，有时还需要从其他外部设备输入相关的信息，从而实现对过程的控制。以上任务的实现，都需要通过过程通道来完成。

1. 过程通道的含义和作用

过程通道是计算机控制系统中计算机与被监控过程的现场设备之间进行信息传递和变换的连接装置。根据信息传送方向，分为输入通道和输出通道。

如果将计算机控制系统视为一个人体系统，计算机就类似于人体的大脑，它接收外部信息，并对接收到的信息进行加工处理。

输入通道就类似于人体的五官，其作用是将传感器或变送器的电流/电压信号转换为计算机可以识别的数字信号并将其传输给计算机处理。

输出通道就类似于人体的四肢，其作用则是将计算机输出的数字信号转换为可直接推动执行机构的电气信号。

这样，在计算机和生产过程之间就需要建立一种能对现场设备信息进行传递和变换的连接装置，这种连接装置就称为输入/输出过程通道，即从现场设备（传感器和变送器等）到计算机（主要指 CPU）或从计算机到现场设备（执行机构）的物理信息通道。

输入/输出通道技术属于计算机接口技术的一部分，它是计算机控制系统的重要组成部分。

由上可知，过程通道由各种硬件设备组成，它们起着信息转换和传递的作用，配合相应的输入/输出控制程序，使计算机和被控对象间能进行信息交换，从而实现对生产过程的控制。

工业过程通道实现计算机信号和工业现场信号的互联与转换，是工业生产过程实现自动控制的输入/输出通道。

工业过程通道有过程通道板卡、过程通道子系统和远程 I/O 模块 3 种基本形式。

无论是何种形式的过程通道，都应具备模拟量输入/输出、数字量输入/输出、脉冲量输入/输出等基本功能。

2. 过程通道的模式

根据目前计算机控制技术的情况，将过程通道大致归纳为图 6-86 和图 6-87 两种模式。

对于图 6-86 所示的模式，I/O 通道往往是做成一块板卡，插在个人计算机的扩展槽上，或者直接与 CPU 做在一块板上；而对于图 6-87 所示的模式，I/O 通道不直接与 CPU 相连，这时的 I/O 通道往往做成模块的形式，其作用是将现场的信号采样后转换为数字信号，然后再将其转换为串行通信格式与计算机通信，或者是将计算机串行通信的数据格式转换为现场所需的信号形式。

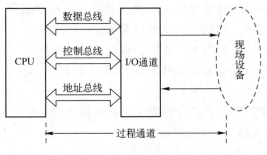

图 6-86　过程通道模式 1

如果将 I/O 通道进一步细化，则一个计算机控制系统的 I/O 通道结构模式如图 6-88 所示。其中多路模拟开关、采样保持器（S/H）、A-D 转换器和接口 1 组成输入通道；而接口 2、D-A 转换器、多路模拟开关和 S/H 组成输出通道。

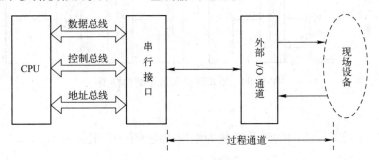

图 6-87　过程通道模式 2

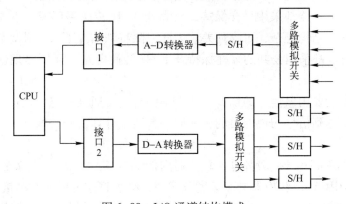

图 6-88　I/O 通道结构模式

需要说明的是，图 6-88 这种通道结构模式并不是唯一的，可根据实际应用系统的需要加以调整。例如，每个通道都设置一个 A-D（或 D-A）转换器和采样保持器；多个通道共用一个 A-D（或 D-A）转换器，但每个通道都设置一个采样保持器；多个通道共用采样保持器和 A-D（或 D-A）转换器等。

3. 模拟量输入通道

在计算机控制系统中，为了实现对生产过程、周围环境或其他设备的检测和控制，首先必须对各种模拟量参数，如温度、压力、流量、成分、速度和距离等进行采集。为此，要用传感器和变送器将采集的物理量变成相应的标准电信号，通过滤波放大并经 A-D 转换器转换成计算机能处理的数字量，这就需要用到模拟量输入通道。

模拟量输入通道是将计算机用于工业控制和自动测试等科学研究时必需的模拟数据处理系统。它把各类传感器从现场检测到的模拟量信号（如温度、压力和液位等）转换成计算机可以接收的数字量信号。

建立模拟量输入通道的目的，通常是为了进行参数测量或数据采集。它的核心部件是 A-D 转换器和其与计算机的接口。

（1）模拟量输入通道的基本结构

模拟量输入通道一般应包括传感器、多路转换开关、放大器、采样保持器、A-D 转换器、I/O 接口等几个组成部分，如图 6-89 所示。

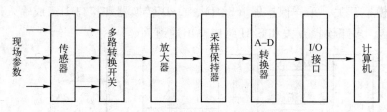

图 6-89　模拟量输入通道结构框图

1）传感器。

传感器是将现场待检测的物理量转换为电压或电流信号的器件。

2）多路转换开关。

在微型计算机控制系统中，经常需要多路或多参数的测量和控制。如果每一路都采用各自的输入回路，即每一路都采用采样保持、放大及 A-D 转换等环节，不仅成本增加，而且导致系统体积庞大，结构复杂，可靠性差。因此，除特殊情况下采用独立放大的 A-D 或 D-A 转换电路外，通常都采用公共的采样保持及 A-D 转换电路。而要实现这种设计，往往采用多路转换开关。

多路转换开关主要用做信号的切换，能在某一时刻接通某一路，让该路信号输入而让其他各路断开，从而达到信号切换的目的，并使一台微型计算机能获取多个回路的测量数据。

3）放大器。

来自传感器的模拟信号一般都是比较微弱的低电平信号，为了满足 A-D 转换器规定的量程输入，充分利用 A-D 转换器的满刻度分辨率，必须将这种微弱的测量信号放大。此外，大多数 A-D 转换器的输入阻抗较低，对高阻抗信号源的信号进行测量转换时，会产生较大误差，因而需要用放大器来实现阻抗的匹配。

模拟量输入通道中所用的放大器对速度和精度都有较高要求。在许多实际应用中，为了在整个测量范围内获取合适的分辨率，常采用可变增益放大器。在计算机控制系统中，可变

202

增益放大器的增益由计算机的程序控制，称为程控增益放大器。

4）采样保持器。

采样保持器简称为 S/H。对模拟信号进行 A-D 转换时，需要一定的转换时间，在此期间应保持进入 A-D 转换器的输入信号值基本不变，以免 A-D 转换的输出发生差错。这种保持 A-D 转换器转换期间输入信号不变的电路称为采样保持电路。

采样保持器有两种工作方式，即采样方式和保持方式。在采样方式下，采样保持器的输出必须跟踪模拟输入电压；在保持方式下，采样保持器的输出将保持采样命令发出时刻的电压输入值，直到保持命令撤销为止。

5）A-D 转换器。

A-D 转换器用于将模拟量信号转变成计算机能接收和处理的数字量信号。A-D 转换过程包括采样、量化和编码，其实质是对时间和幅值的离散化。

在工业控制系统和数据采集以及许多其他领域中，A-D 转换器常常是不可缺少的重要部件。

（2）模拟量输入通道的结构形式

一般来讲，计算机控制系统是多路模拟量输入通道系统，按 A-D 转换器结构形式可分为共享 A-D 形式和多路 A-D 形式。所谓共享 A-D 形式是指所有输入模拟量共用一个 A-D 实现分时模数转换，这种形式结构简单且成本低；多路 A-D 形式是指每个输入模拟量分别采用对应的 A-D 转换器实现同时转换，这种形式结构复杂且成本高，但数据采集速度快。

在工业控制中，多数系统都是采用共享 A-D 形式，在极特殊的情况下，才采用多路 A-D 形式，如对数据采集速度要求极高的系统。

模拟量输入通道按采样保持器可分为共享 S/H 形式和多路 S/H 形式。共享 A-D 和 S/H 形式的模拟量输入通道如图 6-90 所示。

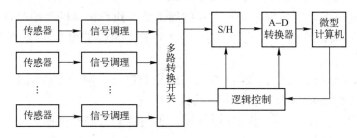

图 6-90　共享 A-D 和 S/H 形式的模拟量输入通道

在这一系统中，被测参数经信号调理，经多路转换开关被一个一个地切换到 S/H 和 A-D 转换器进行转换，共享 S/H 和 A-D 形式的模拟量输入通道实现分时采样和分时模数转换。

当模拟量输入通道不全部使用时，应将不使用的通道接地，不要使其悬空，以免造成通道间的串扰或损坏通道。

4. 模拟量输出通道

在计算机控制系统中，被采样的过程参数经运算处理后被作为控制量输出，但计算机输出的是数字信号，工业生产中使用的执行机构，其控制信号基本上是模拟的电压或电流信号。因此计算机输出的数字信号必须经 D-A 转换器变为模拟信号后，才能驱动执行机构工作。

计算机输出的控制量仅在程序执行瞬时有效，无法被利用，因此，如何把瞬时输出的数字信号保持，并转换为能推动执行机构工作的模拟信号，以便可靠地完成对过程的控制作用，就是模拟量输出通道的任务。

模拟量输出通道的作用就是将计算机输出的数字量转换为执行机构能接收的模拟电压或模拟电流，去驱动相应的执行机构，以达到用计算机实现控制的目的。

模拟量输出通道一般应包括接口电路、D-A转换器、多路开关、采样保持电路和电压/电流（V/I）变换器等几个组成部分，如图6-91所示。

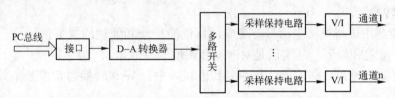

图6-91　模拟量输出通道结构框图

其中，D-A转换器将计算机输出的数字量信号转换为模拟量，其特点是：接收、保持和转换数字信息；多路开关有目的地选择一条通路；采样保持电路将D-A转换器输出的离散模拟信号转换为执行机构能接收的连续模拟信号。

对于高速控制系统，应采用多路D-A输出的形式，每个模拟输出通道都有各自的D-A转换器和输出保持器。这种结构形式可靠性高，速度快，即使某一通路出现故障，也不会影响其他通路的工作。但它使用的D-A转换器数量较多，结构复杂。

在实现$0 \sim 5V$、$0 \sim 10V$、$1 \sim 5V$的直流电压信号到$0 \sim 10mA$、$4 \sim 20mA$直流电流信号转换时，可直接采用集成V/I变换器来完成。

模拟量输出通道设计需要根据被控对象的通道数及执行机构的类型进行。对于能直接接受数字量的执行机构，可由计算机直接输出数字量，如步进电动机或开关、电气控制系统等。

对于只能接受模拟量的执行机构（如电动或气动执行机构、液压伺服机构等），需要用D-A转换器把数字量变成模拟量后，再带动执行机构。

模拟量输出通道要注意在工作时不能短路，否则将会造成器件损坏。

5. 数字量输入通道

数字量输入通道的任务主要是将现场输入的数字（开关）信号和设备的状态信号转换成二进制逻辑值送入计算机。

数字量输入通道在控制系统中主要起以下作用：

1）定时记录生产过程中某些设备的状态，例如电动机是否在运转、阀门是否开启等。

2）对生产过程中某些设备的状态进行检查，以便发现问题进行处理。若有异常，及时向主机发出中断请求信号，申请故障处理，保证生产过程的正常运行。

由于数字信号是计算机直接能接收和处理的信号，所以数字量输入通道比较简单，主要是解决信号的缓冲和锁存问题。因为在多通道的系统中，计算机要处理多路信号，而外部设备的工作速度比较慢，所以需要对各路的信号加以锁存，以便计算机能接收和处理，防止信号的丢失。

数字量输入通道主要由接口电路、接口地址译码器以及相关的输入电路组成，如图6-92所示。

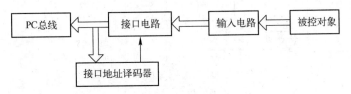

图 6-92　数字量输入通道结构框图

　　输入电路主要完成对现场数字（开关）信号的滤波、电平转换、隔离和整形等；接口电路是缓冲或选通外部输入的信号，CPU通过缓冲器读入外部开关量的状态；接口地址译码器主要完成数字量输入通道的选通和关闭。

　　一般的机电系统既包括弱电控制部分，又包括强电控制部分，所以工作环境中常常有电磁干扰。为了防止电网电压等对测量回路的损坏以及电磁等干扰造成的系统不正常运行情况，既要隔绝电气方面的联系（实行弱电和强电隔离），又保证系统内部控制信号的联系，使系统工作稳定，保证设备与操作人员的安全。

　　在计算机控制系统中往往采用光电隔离技术，使计算机与外部输入设备之间只存在光路联系而无电路上的联系。图6-93所示为电平转换及光电隔离电路。

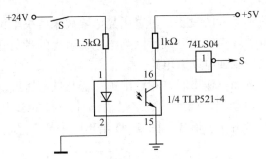

图 6-93　电平转换及光电隔离电路

　　光电隔离的主要器件是光耦合器。光耦合器是以光为媒介传输信号的电路，发光二极管和光敏晶体管封装在同一个管壳内，发光二极管的作用是将电信号转变为光信号，光敏晶体管接收光信号再将它转变为电信号。

　　光耦合器的特点是：输出信号与输入信号完全隔离，抗干扰能力强，隔离电压可达千伏以上；无触点，寿命长，可靠性高；响应速度快，易与TTL电路配合使用。

6. 数字量输出通道

　　对于只有"0"和"1"两种工作状态的执行机构或器件，通常用计算机控制系统输出数字（开关）量来控制它们，例如控制电动机的起动和停止、信号指示灯的亮和灭、电磁阀的打开与关闭、继电器的接通与断开、步进电动机的运行和停止等。

　　数字量输出通道的任务就是把计算机输出的数字（开关）信号传送给这些执行机构或器件。

　　数字量输出通道主要由输出锁存器、接口地址译码器以及相应的输出驱动电路组成，如图6-94所示。

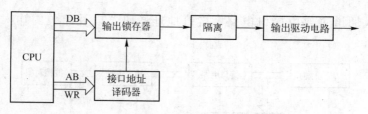

图 6-94 数字量输出通道结构框图

接口地址译码器用于产生数字（开关）量输出口地址的锁存命令信号。在数字（开关）量输出电路中，输出的数字（开关）量一般都要锁存，以便受控设备能在下一次输出量到来之前受本次输出数字（开关）量的控制。

驱动被控执行机构不但需要一定的电压，而且需要一定的电流。一般同计算机直接连接的 TTL 电路或 CMOS 电路的驱动能力是有限的，如果执行机构需要较大的驱动电流，就必须在数字量输出通道的末端配接能够提供足够驱动功率的输出驱动电路。

数字量输出隔离的目的在于隔断计算机与执行机构之间的直接电气联系，以防外界电磁场等干扰因素造成执行机构的误动作，甚至导致计算机控制系统本身的损坏。

数字量输出电路中最主要的干扰是来自控制设备起动与停止时的冲击干扰，为避免干扰信号窜入计算机，输出电路往往使用光电隔离技术，切断接口与计算机之间的电气联系，有时还需加入功率放大电路。

对于起动与停止负荷不太大的设备，可以用光电隔离来解决干扰问题；对负荷较大的设备，输出电路可采用继电器隔离输出方式，因为继电器触点的带负载能力远远大于光耦合器的带负载能力，它能直接控制强电动力电路。

采用继电器作为开关量隔离输出时，在输出锁存器与低电压继电器间要用 OC 门（集电极开路门）作为继电器的驱动器。因此，数字量输出往往有 TTL 电平逻辑信号输出、无触点电子开关输出和继电器输出几种形式。图 6-95 给出两种数字量输出电路。

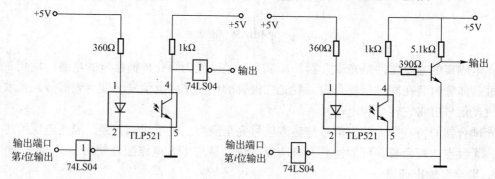

图 6-95 数字量输出电路

6.3.2 信息传输介质

传输介质是指数据通信中用来传递信号的媒体。由于不同介质的物理和电气特性不同，它们的传输速率和传输距离也就不同。

计算机控制系统数据通信中常采用两大类：有线传输介质和无线传输介质。

1. 有线传输介质

（1）双绞线电缆

双绞线电缆（简称双绞线）是将一对或一对以上的双绞线封装在一个绝缘外套中而形成的一种传输介质。其导线一般是铜质的，这样可使导线具有一定强度。双绞线以其价格低廉而广泛地应用于计算机控制的底层现场连线，同时，也是目前局域网中最常用到的一种布线材料。

为了降低信号的受干扰程度（使电磁辐射和外部电磁干扰减到最小），电缆中的每一对双绞线一般是由两根绝缘铜导线相互缠绕而成，每根导线加绝缘层并用色标来标记，双绞线也因此而得名。

1）非屏蔽双绞线。

非屏蔽双绞线由多对双绞线与一个塑料封套构成，如图 6-96 所示。双绞线利用增加缠绕密度、使用高质量绝缘材料等手段，极大地改善了传输品质，一般用于速度较高的网络。

2）屏蔽双绞线。

在非屏蔽双绞线的导线与外塑料封套之间增加一层铝箔（屏蔽层），就构成屏蔽双绞线，如图 6-97 所示。因此，屏蔽双绞线的价格比非屏蔽双绞线贵，介于同轴电缆与光缆之间。

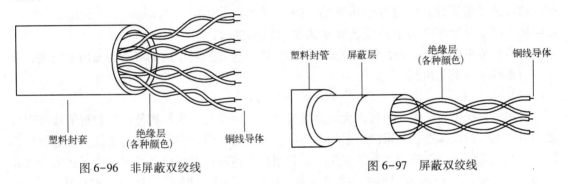

图 6-96　非屏蔽双绞线　　　　　　　　图 6-97　屏蔽双绞线

双绞线一般用于星形网的布线连接，两端安装有 RJ-45 头（水晶头），连接工作站或现场控制器的网卡和集线器，如果要加大网络的范围，在两段双绞线之间可安装中继器。双绞线的另一种使用方法是利用其连接多个现场控制或检测单元。

（2）同轴电缆

同轴电缆是计算机控制系统主干传输线路或局域网中使用非常广泛的一种传输介质。其最里层（中心）是一根单芯铜导线或一股铜导线；第二层是泡沫塑料，起绝缘作用；第三层是网状的导体或导电铝箔，用以屏蔽电磁干扰和辐射；最外层是绝缘塑料套，如图 6-98 所示。这种结

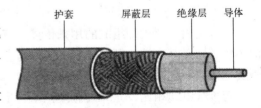

图 6-98　同轴电缆

构的金属屏蔽网可防止中心导体向外辐射电磁场，也可用来防止外界电磁场干扰中心导体的信号。

根据传输频带的不同，同轴电缆可分为基带同轴电缆和宽带同轴电缆两种类型。按直径的不同，同轴电缆又可分为粗缆和细缆两种。粗缆适用于比较大的局域网的布线，它的布线

距离较长，可靠性较好，安装时采用特殊的装置，不需切断电缆，两端头装有终端器。用粗缆组建局域网虽然各项性能较高，具有较大的传输距离，但是网络安装及维护等方面比较困难，而且造价太高，同时细缆近年来的发展较快，所以计算机局域网中一般如无特殊要求都使用细缆组网。细缆一般以总线型结构在网络中出现。细缆安装较容易，而且造价较低，但因受网络布线结构的限制，其日常维护不甚方便，一旦一个用户出故障，便会影响其他用户的正常工作。

当频率较高时，同轴电缆的抗干扰性优于双绞线。同轴电缆的安装费用介于双绞线与光导纤维之间。

（3）扁平电缆

扁平电缆由嵌入扁平绝缘层中的多根导线构成，如图6-99所示。

扁平电缆比多股双绞线更便宜，更灵活。扁平电缆最适合用在需要一个单一连接器类型的直接连接中。在许多设备必须连到一条单一电缆上时，接插件使这条电缆很容易地变为一条总线使用。

因为通常扁平电缆比多股导线电缆柔软，所以扁平电缆可放在地下并且穿过其他压缩的空间。在个人计算机内部，扁平电缆用于连接盘驱动器和它们的控

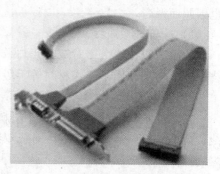

图6-99　扁平电缆

制器。通常扁平电缆不屏蔽，但也有屏蔽类型电缆。包在塑料层内的屏蔽类型扁平电缆，看上去与多股导线电缆相同。

（4）电力线

采用电力线作为传输介质可以大大降低成本。特别是近年来在智能小区和智能楼宇中普遍采用了远程抄表技术，如果能够采用电力线作为传输介质直接将传输电能的交流电网作为传输网络，就能大大降低成本和缩短工时。利用频带传输技术就可以实现电力线作为传输介质的数据传输。由于交流电网的干扰比较多，载波的频率一般选择100～300 kHz。同时，由于交流电网的干扰比较多，在要求大数据量、高可靠性的应用场合一般不使用这种传输介质。另外，在采用电力线作为传输介质时，一般都将传输距离限制在同一个电力变压器的供电范围内，而且发送和接收设备最好均连接在同一相电源线上。

（5）光导纤维（光纤）

光纤是由一组光纤组成的用来传播光束的、细小而柔韧的传输介质。光纤与电导体构成的传输媒体最基本的差别是，它的传输信息是光束，而非电气信号。因此，光纤传输的信号不受电磁的干扰。

与传统电缆相比，光纤具有体积小、重量轻、损耗小、便于铺设、传输距离长的优点。由于光纤传输损耗低，所以其中继距离可达到几十千米至上百千米，而传统的电传输线中继距离仅为几千米。

光纤具有抗干扰性好、保密性强和使用安全等特点。它是非金属介质材料，具有很强的抗电磁干扰能力，这是传统的电缆通信所无法比拟的。光纤具有抗高温和耐腐蚀的性能，可以抵御恶劣的工作环境。

光纤由单根玻璃光纤、包层以及塑料保护涂层组成，如图6-100所示。为使用光纤传

输信号，光纤两端必须配有光发射机和接收机。光发射机执行从电信号到光信号的转换，实现电光转换的通常是发光二极管（LED）或注入式激光二极管（ILD）；实现光电转换的是光电二极管或光电三极管。

光纤具有单向传输性，因此要实现双向通信，光纤必须成对地使用，一根用于输出，另一根用于输入。

上述几种传输介质，双绞线价格便宜，对低通信容量的局域网来说，双绞线的性能价格比是最好的。楼宇内的网络线就可以使用双绞线，与同轴电缆比，双绞线的带宽受到限制。同轴电缆的价格介于双绞线与光缆之间，当通信容量较大且需要连接较多设备时，选择同轴电缆较为合适。光纤与双绞线和同轴电缆相比，其优点有：频带宽、速度高、体积小、重量轻、衰减小、能电磁隔离且误码率低。因此，对于高质量、高速度或者要求长距离传输的数据通信网，光纤是非常合适的传输介质。随着技术的发展和成本的降低，光纤在局域网中将得到更加广泛的应用。

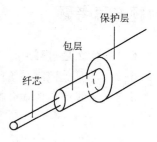

图 6-100　光纤的基本结构

2. 无线传输介质

无线传输介质是指电磁波、微波、红外线和激光等，数据的传输通过大气进行，而无须敷设有形介质（双绞线和光缆等）。

微波传输是沿直线传播的，而地球表面是球面；同时，微波在空气中传播时，其能量有可能被气体分子谐振，也有可能被大气中的雨或雾所吸收。另外，微波传播还会受大气折射的影响。所以，微波在地面上的传播距离有限，其传播距离与天线的高度有关，天线越高，传输距离越远。当超过一定距离后，就需要用中继站来接力。红外线传输和激光传输与微波传输一样，都是沿直线传播的，都需要发送方和接收方之间有一条视线通路，有时称这三者为视线介质。这三种技术对环境气候（如雨、雾及雷电）较敏感，相比之下，微波对一般雨、雾的敏感程度低些。

图 6-101 是利用红外线传输与反射原理制成的红外测温传感器。图 6-102 是利用电磁波反射制成的雷达测速装置。

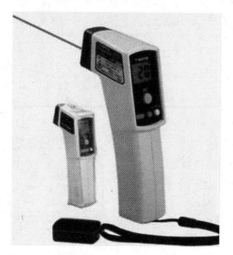

图 6-101　红外光电测温

图 6-102　公路雷达测速

传输介质的选择主要取决于以下几个因素：网络拓扑结构、通信的容量、可靠性要求、架设的环境及所能承受的价格等。

习题与思考题

6-1　什么是过程通道？有哪几种过程通道？

6-2　计算机控制系统中过程通道有什么作用？

6-3　无线信息传输介质有什么优点和缺点？

第7章 开关量输入与开关量输出系统综合实训

实际生产过程中，计算机控制系统往往是闭环的，计算机除了采集、显示模拟量和开关量输入信号外，还需要对被监控对象进行控制，即计算机中的应用软件根据采集到的物理参量的大小和变化情况与工艺要求的设定值进行比较判断，然后在输出装置中输出相应的电信号，推动执行装置（如继电器和电动机）动作，从而完成相应的控制任务。

本章通过几个生产生活实例了解开关量输入与开关量输出系统的应用和组成，并通过实训介绍使用 MCGS 软件来实现开关量输入与开关量输出。

7.1 开关量输入与开关量输出生产生活实例

7.1.1 饮料瓶计数喷码

1. 应用背景

喷码是指用喷码机在食品、建材、日化、电子、汽配和线缆等需要标识的行业产品上注明生产日期、保质期、批号和企业标志等信息的过程。

喷码机是用来在产品表面喷印字符、图标、规格、条码及防伪标识等内容的机器。其优点在于不接触产品，喷印内容灵活可变，字符大小可以调节，以及可以与计算机连接进行复杂数据库喷印。图7-1是某喷码机工作示意图。

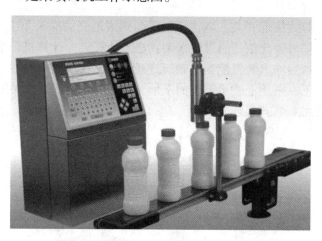

图 7-1 某喷码机工作示意图

按需滴落式喷码机的喷头由多个高精密阀门组成，在喷字时，字型相对应的阀门迅速启闭，墨水依靠内部恒定压力喷出，在运动的表面形成字符或图形。它的优点有以下几点。

1）字迹清晰持久：计算机控制，准确地喷印出所要求的数字、文字、图案和条形码等。

2）自动化程度高：自动实现日期、批次和编号的变更，实现喷印过程的无人操作。

3）编程迅速方便：通过计算机或编辑机输入所要求的数字、文字、图案和行数等信息，且便于修改。

4）应用领域广泛：能与任何生产线匹配。可在塑料、玻璃、纸张、木材、橡胶及金属等多种材料、不同形体的表面喷印商标、出厂日期、说明和批号等。

瓶装饮料如矿泉水生产工艺中，灌装完成后装箱前可使用喷码机进行喷码。

2. 控制系统

某饮料瓶计数喷码控制系统主要由传感器、检测电路、喷头、电磁阀、输入装置、输出装置和计算机等部分组成，如图 7-2 所示。实际上它们都是自动化喷码机成套系统的组成部分。传感器和喷头往往做成一体。

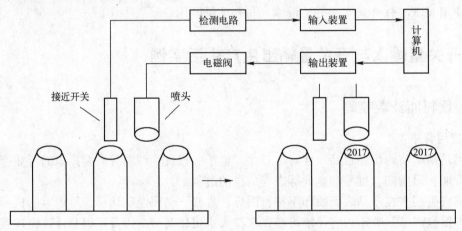

图 7-2　饮料瓶计数喷码控制系统示意图

传感器可采用电容式接近开关。当饮料瓶移动到接近开关探头下方时，接近开关响应，经检测电路输出开关信号，此信号通过输入装置送入计算机，计算机计数程序加 1，同时计算机发出控制指令后通过输出装置控制电磁阀打开，此时饮料瓶刚好移动到喷头下方，喷头内部墨水在压力作用下在瓶盖上喷出需要的字形。喷完后电磁阀迅速关闭。

图 7-3 是自动化喷码机产品示意图。

图 7-3　自动化喷码机产品示意图

7.1.2 高速公路 ETC

1. 应用背景

ETC 是指车辆通过路桥收费站不需停车而能交纳路桥费的电子收费系统。ETC 系统专用车道是给那些装了 ETC 车载器的车辆使用的，采用电子收费方式，图 7-4 是 ETC 专用车道示意图。

实施不停车收费，允许车辆高速通过，故可大大提高公路的通行能力；公路收费走向电子化，可降低收费管理的成本，有利于提高车辆的营运效益；同时也可以大大降低收费口的噪声水平和废气排放。由于通行能力得到大幅度的提高，所以可以缩小收费站的规模，节约基建费用和管理费用。另外，不停车收费系统对于城市来说，不仅仅是一项先进的收费技术，它还是一种通过经济杠杆进行交通流量调节的切实有效的交通管理手段。对于交通繁忙的大桥和隧道，不停车收费系统可以避免月票制度和人工收费的众多弱点，有效提高这些市政设施的资金回收能力。

图 7-4　ETC 专用车道示意图

ETC 系统每车收费耗时短，通道的通行能力是人工收费通道的 5 ～ 10 倍，是目前世界上先进的路桥收费系统，是智能交通系统的服务功能之一，过往车辆通过道口时无须停车，即能够实现自动收费。它特别适于在高速公路或交通繁忙的路段使用。

2. 控制系统

ETC 系统主要由车辆自动识别系统、中心管理系统和辅助设施三大部分组成。

车辆自动识别系统由电子标签（IC 卡）、读/写天线和车辆检测用的压电电缆等组成。电子标签中存有车辆的识别信息，一般安装于车辆前面的挡风玻璃上，读/写天线安装于收费站旁边，压电电缆安装于车道地面下。

中心管理系统计算机有大型的数据库，存储大量注册车辆和用户的信息；并利用计算机联网技术与银行服务器进行后台结算处理。

辅助设施包括抓拍摄像机、自动栏杆机、通行信号灯、声光报警器和费额显示器等。

ETC 系统组成框图如图 7-5 所示。

ETC 系统工作流程：

1）汽车进入 ETC 车道时，汽车压上抬杆压电电缆，车辆进入通信范围。抓拍摄像机拍摄车辆和号牌。

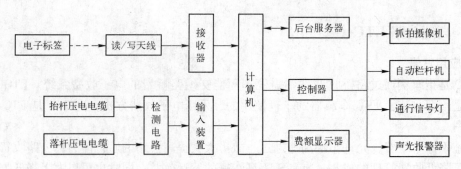

图 7-5　ETC 系统组成框图

2）安装在车辆挡风玻璃上的车载电子标签（IC 卡）与安装在 ETC 车道边的读/写天线进行无线通信和信息交换，并将信息传送给管理计算机，计算机读取 IC 卡中存放的有关车辆的固有信息（如 ID 号、车型、车主和车牌号等），判别车辆是否有效，如有效则进行交易，计算机收费管理软件从该车的预付款项帐户中扣除此次应交的过路费。若车辆无效则报警，栏杆不抬升以封闭车道，直到车辆离开压电电缆。

3）如交易完成，管理计算机发送指令控制自动栏杆机抬升栏杆，通行信号灯变绿，费额显示器上显示交易金额。

4）车辆通过落杆压电电缆后，计算机发送指令控制栏杆回落，通行信号灯变红，系统等待下一辆车进入。

7.1.3　电梯集中监控

1. 应用背景

智能楼宇（或智能建筑）是集现代科学技术之大成的产物。其技术基础主要由现代建筑技术、现代计算机技术、现代通信技术和现代控制技术所组成。

人们利用系统集成方法，将计算机技术、通信技术、信息技术、传感器技术与建筑艺术有机结合起来，通过对楼宇中的各种设备进行自动监控、对信息资源的管理及对使用者的信息服务进行优化组合，使智能楼宇具有安全、高效、舒适、便利和灵活的特点。

智能楼宇包括 5 大主要特征：楼宇自动化、防火自动化、通信自动化、办公自动化和信息管理自动化。

智能楼宇采用网络化技术，把通信、消防、安防、门禁、能源、照明、空调和电梯等各个子系统统一到设备监控站上，集成的楼宇管理系统能够使用网络化、多功能化的传感器和执行器。传感器和执行器通过数据网和控制网连接起来，与通信系统一起形成整体的楼宇网络，并通过宽带网与外界沟通。

电梯是智能楼宇的重要设备，是机械与电气紧密结合的产品，有垂直升降式和自动扶梯两大类，图 7-6 是电梯产品示意图。

电梯的使用对象是人，因此必须确保万无一失。在大型智能楼宇中，管理中心计算机对多部电梯进行集中监视和控制，保证楼宇安全高效运行。

电梯集中监控是智能建筑中楼宇自控管理系统的组成部分，电梯监控技术的进步也为楼宇自控管理系统水平提高的奠定了基础。电梯集中监控利于不同部门利用该系统对电梯进行有效的监控与管理。

图 7-6　电梯产品示意图

2. 监控系统

电梯集中监控系统是指某个区域中安装多部电梯后，对这些电梯进行集中远程监控，并对这些电梯的数据资料进行管理、维护、统计和分析，其目的是对在用电梯进行远程维护，远程故障诊断及处理，故障的早期诊断与早期排除，以及对电梯的运行性能及故障情况进行统计与分析，以给予电梯设备以及人员安全提供可靠的保障。

电梯集中监控系统主要分为监控层、通信层和管理层三大部分组成，如图 7-7 所示。

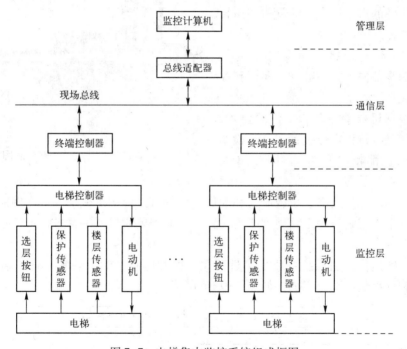

图 7-7　电梯集中监控系统组成框图

监控层包括电梯控制器、选层按钮、各种传感器和电动机等部分；通信层包括总线适配器和终端控制器等；管理层主要是监控计算机。

在监控层，电梯控制器通过选层按钮、保护传感器和楼层传感器等获得电梯运行和状态信号，驱动电动机控制电梯的运行。

电梯控制器可以是一台 PLC。保护传感器包括防夹光电传感器和重量传感器等。楼层传感器可采用光电脉冲编码器。

在通信层，终端控制器接收电梯控制器传送的电梯运行和状态信号，通过总线适配器传送给监控计算机；总线适配器接收监控计算机发送的控制指令，通过终端控制器传送给电梯控制器，可以远程控制电梯运行。总线适配器可以是1块插入计算机的板卡。

在管理层，监控计算机得到电梯运行和状态信号，进行显示和处理，对异常情况进行报警甚至自动对电梯发出安全保护运行指令。

7.1.4 机械手臂定位控制

1. 应用背景

机械手臂是机器人技术领域中得到最广泛实际应用的自动化机械装置，在工业制造、医学治疗、娱乐服务、军事、半导体制造以及太空探索等领域都能见到它的身影。

尽管它们的形态各有不同，但它们都有一个共同的特点，就是能够接受指令，精确地定位到三维（或二维）空间上的某一点进行作业。

手臂由以下几部分组成：

1）运动元件。如油缸、气缸、齿条和凸轮等是驱动手臂运动的部件。

2）导向装置。是保证手臂的正确方向及承受由于工件的重量所产生的弯曲和扭转的力矩。

3）手臂。起着连接和承受外力的作用。手臂上的零部件，如油缸、导向杆和控制件等都安装在手臂上。

此外，根据机械手运动和工作的要求，管路、冷却装置、行程定位装置和自动检测装置等，一般也都装在手臂上。图7-8所示是某机械手臂产品图。

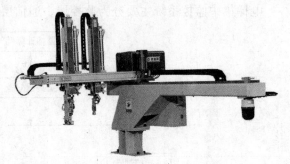

图7-8 某机械手臂产品图

手臂的结构、工作范围、承载能力和动作精度都直接影响机械手的工作性能。

手臂的基本作用是将手爪移动到所需位置，因此需要对机械手臂进行定位控制。

2. 控制系统

某机械手臂定位控制系统主要由接近开关、检测电路、输入装置、输出装置、驱动电路、电动机和计算机等部分组成，如图7-9所示。

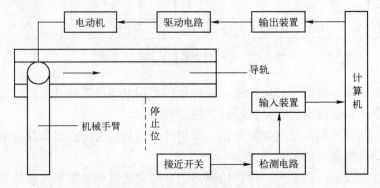

图7-9 机械手臂定位控制系统结构示意图

机械手臂在电动机带动下沿着导轨向右平行移动，当移动到停止位处，电感接近开关感应到机械手臂靠近，产生开关信号，由检测电路检测到，经输入装置送入计算机显示并判断，计算机发出控制指令，由输出装置输出开关控制信号，驱动电动机停止转动，机械手臂停止移动。

7.1.5　开关量输入与开关量输出系统总结

饮料瓶计数喷码实例中，饮料瓶移动到接近开关下方时输出的开关信号被输入计算机；计算机输出开关信号控制电磁阀启闭。

高速公路 ETC 实例中，汽车压上抬杆压电电缆时产生的高电平信号，经检测电路转为开关（数字）信号，被输入计算机；计算机发出控制指令经控制器输出开关信号控制栏杆机、信号灯和摄像机。

电梯集中监控实例中，选层按钮、保护传感器和楼层传感器输出的开关信号被输入PLC；PLC 输出开关信号控制电动机。

机械手臂定位控制实例中，接近开关传感器输出的开关信号被输入计算机；计算机输出开关信号控制电动机。

上述实例中，有一个共同点，即传感器输出的开关信号被输入计算机，计算机输出开关信号控制执行机构。上述开关量输入与开关量输出系统都可以用图 7-10 来表示。

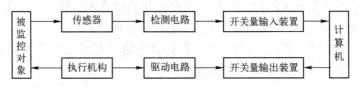

图 7-10　开关量输入与开关量输出系统组成框图

下面实训中，分别采用 PLC 作为开关量输入和开关量输出装置，使用 MCGS 组态软件编写计算机端程序实现开关量输入检测和开关量输出控制。

7.2　开关量输入与开关量输出实训

实训 19　三菱 PLC 计数控制

【学习目标】

1）掌握计算机与三菱 PLC 串口通信、开关量输入/输出的线路连接方法。

2）掌握用 MCGS 设计三菱 PLC 开关量输入与输出程序的方法。

【线路连接】

通过 SC-09 编程电缆将计算机的串口 COM1 与三菱 FX_{2N}-32MR PLC 的编程口连接起来组成开关量输入与输出串口通信系统，如图 7-11 所示。

1. 开关量输入线路

将按钮、行程开关、继电器开关等的常开触点接 PLC 开关量输入端点 X0、X1…X7，改变 PLC 某个输入端口的状态（打开/关闭）。

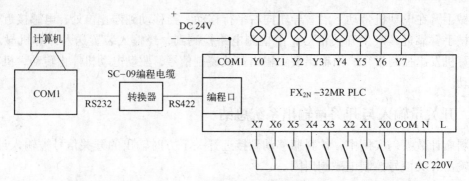

图 7-11   PC 与三菱 FX$_{2N}$–32MR PLC 组成的开关量输入与输出系统

实际测试中，可用导线将 X0、X1…X7 与 COM 端点之间短接或断开产生开关量输入信号。

2. 开关量输出线路

可外接指示灯或继电器等装置来显示 PLC 开关量输出端点 Y0、Y1…Y7 的状态（打开/关闭）。

实际测试中，不需要外接指示灯，直接使用 PLC 面板上提供的输出信号指示灯即可。

【实训任务】

1）在 PLC 某开关量输入端口，利用按钮产生开关量输入信号，使程序界面中开关量输入指示灯颜色改变，同时程序开关计数器数字从 0 开始累加。

2）当累加值大于等于 5 时，PLC 某开关量输出端口开关闭合或打开，线路中指示灯亮，程序界面中开关量输出指示灯颜色改变。

【任务实现】

1. 建立新工程项目

工程名称："三菱 PLC 开关量输入与输出"；

窗口名称："DI&DO"；

窗口标题："三菱 PLC 开关量输入与输出"。

2. 制作图形界面

在"工作台"窗口中"用户窗口"选项卡，双击新建的"DI&DO"窗口图标，进入界面开发系统。

1）通过工具箱"插入元件"工具为图形界面添加两个"指示灯"元件。

2）通过工具箱为图形界面添加 4 个"标签"构件，字符分别为"000"（保留边线）"开关量输入指示""开关量输出指示"和"计数器"。

3）通过工具箱为图形界面添加 1 个"按钮"构件，将标题改为"关闭"。

设计的图形界面如图 7-12 所示。

3. 定义数据对象

在"工作台"窗口中"实时数据库"选项卡，单击"新增对象"按钮，再双击新出现的对象，弹出"数据对象属性设置"对话框。

图 7-12   图形界面

1) 在"基本属性"选项卡,将"对象名称"改为"DI00","对象初值"设为"0","对象类型"选择"开关"单选按钮。

同样再定义 7 个开关型对象"DI01"～"DI07"。

2) 新增对象,在"基本属性"选项卡,将"对象名称"改为"DO00","对象初值"设为"0","对象类型"选择"开关"单选按钮。

同样再定义 7 个开关型对象"DO01"～"DO07"。

3) 新增对象,在"基本属性"选项卡,将"对象名称"改为"输入灯","对象初值"设为"0","对象类型"选择"开关"单选按钮。

4) 新增对象,在"基本属性"选项卡,将"对象名称"改为"输出灯","对象初值"设为"0","对象类型"选择"开关"单选按钮。

5) 新增对象,在"基本属性"选项卡,将"对象名称"改为"num","对象类型"选"数值"单选按钮,"对象初值"设为"0","最小值"设为"0","最大值"设为"100"。

建立的实时数据库如图 7-13 所示。

图 7-13 实时数据库

4. 添加三菱 PLC 设备

在"工作台"窗口中"设备窗口"选项卡,双击"设备窗口"图标,出现"设备组态:设备窗口"窗口,单击工具条上的"工具箱"图标按钮 ✗,弹出"设备工具箱"对话框。

1) 单击"设备管理"按钮,弹出"设备管理"对话框。在"可选设备"列表中双击"通用串口父设备"项,将其添加到右侧的"选定设备"列表中,如图 7-14 所示。

图 7-14 "设备管理"对话框

2）在"设备管理"对话框"可选设备"列表中依次选择"所有设备→PLC设备→三菱→三菱_FX系列编程口→三菱_FX系列编程口"，单击"增加"按钮，将"三菱_FX系列编程口"添加到右侧的"选定设备"列表中，如图7-14所示。单击"确认"按钮，将选定设备添加到"设备工具箱"对话框中，如图7-15所示。

3）在"设备工具箱"对话框双击"通用串口父设备"项，在"设备组态：设备窗口"窗口中出现"通用串口父设备0-[通用串口父设备]"。同理，在"设备工具箱"对话框双击"三菱_FX系列编程口"项，在"设备组态：设备窗口"窗口中出现"设备0-[三菱_FX系列编程口]"，设备添加完成，如图7-16所示。

图7-15　"设备工具箱"对话框　　　　　图7-16　"设备组态：设备窗口"窗口

5. 设备属性设置

在"工作台"窗口中"设备窗口"选项卡，双击"设备窗口"图标，出现"设备组态：设备窗口"窗口。

1）双击"通用串口父设备0-[通用串口父设备]"项，弹出"通用串口设备属性编辑"对话框，如图7-17所示。在"基本属性"选项卡中，"串口端口号"选"0-COM1"，"通讯波特率"选"6-9600"，"数据位位数"选"0-7位"，"停止位位数"选"0-1位"，"数据校验方式"选"2-偶校验"。参数设置完毕，单击"确认"按钮。

2）双击"设备0-[三菱_FX系列编程口]"项，弹出"设备属性设置"对话框，如图7-18所示。

图7-17　"通用串口设备属性编辑"对话框　　　　图7-18　"设备属性设置"对话框

选择"基本属性"选项卡中的"设置设备内部属性"，出现 ... 图标按钮，单击该图标按钮弹出"三菱_FX系列编程口通道属性设置"对话框，如图7-19所示。

单击"增加通道"按钮，弹出"增加通道"对话框，如图7-20所示。"寄存器类型"选择"Y输出寄存器"，"寄存器地址"设为"0"，"通道数量"设为"8"，"操作方式"

选"只写"单选按钮。

图 7-19 "三菱_FX 系列编程口通道　　　　　　图 7-20 "增加通道"对话框
属性设置"对话框

单击"确认"按钮，"三菱_FX 系列编程口通道属性设置"对话框中出现新增加的通道，如图 7-21 所示。

3）在"设备属性设置"对话框选择"通道连接"选项卡，选择 1 通道对应的数据对象单元格，右击，弹出"连接对象"对话框，双击要连接的数据对象"DI00"。同理连接 2 通道～8 通道对应的数据对象"DI01"～"DI07"；

选择 9 通道对应数据对象单元格，右击，弹出"连接对象"对话框，双击选择要连接的数据对象"DO00"。同理连接 10 通道～16 通道对应的数据对象"DO01"～"DO07"，如图 7-22 所示。

图 7-21 新增设备通道　　　　　　　　　　图 7-22 设备通道连接

4）在"设备属性设置"对话框选择"设备调试"选项卡，如果系统连接正常，可以观察 PLC 开关量输入通道值。如将线路中 PLC 的输入 X5 端口与 COM 端口短接，可观察到数据对象"DI05"对应的通道值变为"1"，如图 7-23 所示。

5）在"设备属性设置"对话框选择"设备调试"选项卡，用鼠标长按数据对象

"DO03"的通道值单元格，通道值"0"变为"1"，如图7-24所示。如果系统连接正常，线路中PLC对应输出端口Y3的信号指示灯亮。

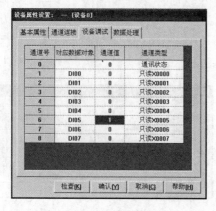

图7-23 开关量输入调试

图7-24 开关量输出调试

6. 建立动画连接

在"工作台"窗口中"用户窗口"选项卡，双击"DI&DO"窗口图标进入开发系统。通过双击界面中各图形对象，将各对象与定义好的变量连接起来。

1）建立"指示灯"元件的动画连接。

双击界面（图7-12）中开关量输入指示灯，弹出"单元属性设置"对话框，选择"数据对象"选项卡，如图7-25所示。连接类型选择"可见度"。单击右侧的"?"按钮，弹出"数据对象连接"对话框，双击数据对象"输入灯"，在"数据对象"选项卡"可见度"行出现连接的数据对象"输入灯"，如图7-26所示。单击"确认"按钮完成开关量输入指示灯的数据连接。

图7-25 "单元属性设置"对话框

图7-26 输入指示灯数据对象连接

同样对开关量输出指示灯进行动画连接，数据对象连接选择"输出灯"，如图7-27所示。

2）建立计数"标签"构件"000"动画连接。

双击界面中的标签"000"，弹出"动画组态属性设置"对话框。在"属性设置"选项卡，输入输出连接选择"显示输出"复选按钮，如图7-28所示，出现"显示输出"选项卡。

图7-27 输出指示灯数据对象连接

选择"显示输出"选项卡，"表达式"选择数据对象"num"，"输出值类型"选"数值量输出"单选按钮，"整数位数"设为"2"，如图7-29所示。

3）建立"按钮"构件的动画连接。

双击界面中"关闭"按钮构件，出现"标准按钮构件属性设置"对话框。选择"操作属性"选项卡，"按钮对应的功能"选择"关闭用户窗口"，在其右侧的下拉列表框中选择

"DI&DO"窗口。

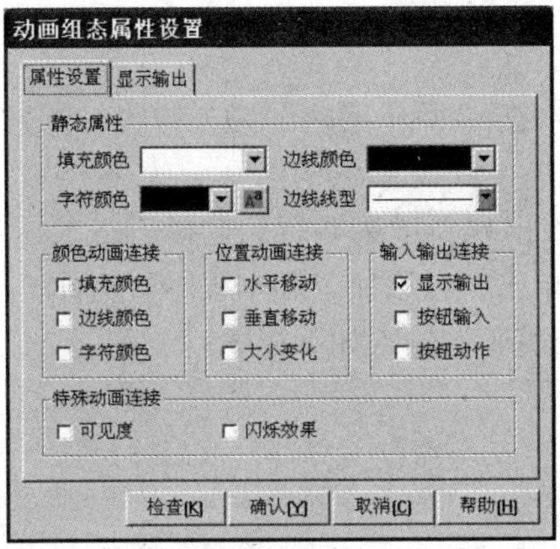

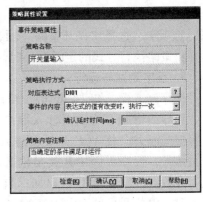

图 7-28 "动画组态属性设置"对话框 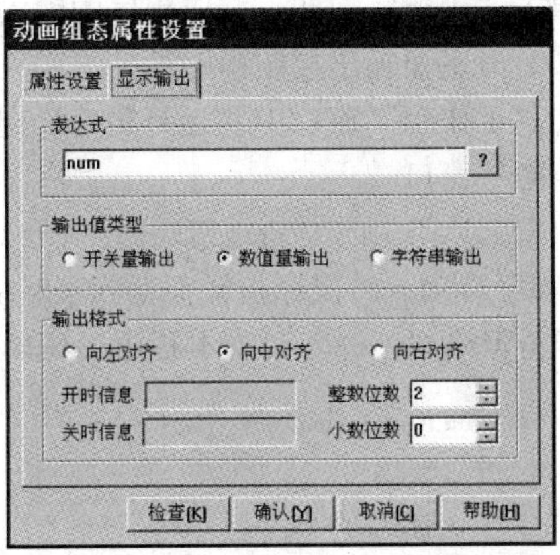　　图 7-29 标签构件"000"数据对象连接

7. 策略编程

（1）开关量输入计数程序设计

在"工作台"窗口中"运行策略"选项卡，单击"新建策略"按钮，出现"选择策略的类型"对话框，选择"事件策略"项，单击"确定"按钮，"运行策略"窗口出现新建的"策略1"。

单击选中"策略1"，单击"策略属性"按钮，弹出"策略属性设置"对话框，将"策略名称"改为"开关量输入"，"对应表达式"选择数据对象"DI01"，"事件的内容"选择"表达式的值有改变时，执行一次"，如图7-30所示。

在"工作台"窗口中"运行策略"选项卡，双击"开关量输入"事件策略，弹出"策略组态：开关量输入"窗口。

单击"MCGS组态环境"窗口工具条中的"新增策略行"图标按钮，在"策略组态：开关量输入"窗口中出现"新增策略"行。单击选中策略工具箱中

图 7-30 事件策略属性设置

的"脚本程序"项，将鼠标指针移动到策略块图标上单击，以添加"脚本程序"构件。

双击"脚本程序"策略块，进入"脚本程序"编辑窗口，在编辑区输入如下程序：

```
If DI01 = 0 Then
        输入灯 = 0
        num = num+1
Else
        输入灯 = 1
Endif
```

程序的含义是：在 PLC 开关量输入端口 X1 输入开关信号，使程序界面中开关量输入指

223

示灯颜色改变；开关每闭合 1 次程序计数器数字加 1。

单击"确定"按钮，完成程序的输入。

（2）开关量输出控制程序设计

在"工作台"窗口中"运行策略"选项卡，双击"循环策略"项，弹出"策略组态：循环策略"窗口。

单击工具条中的"新增策略行"图标按钮![icon]，出现新增策略行。选择策略工具箱中的"脚本程序"项，将鼠标指针移动到策略块图标上单击，以添加"脚本程序"构件。

双击策略块，进入"脚本程序"编辑窗口，在编辑区输入如下程序：

```
If num>=5 Then
        DO01=1
        输出灯=1
Else
        DO01=0
        输出灯=0
Endif
```

程序的含义是：当累加值大于等于 5 时，PLC 开关量输出 Y1 端口开关闭合，线路中指示灯亮，程序界面中开关量输出指示灯颜色改变。

单击"确定"按钮，完成程序的输入。

关闭"策略组态：循环策略"窗口，保存程序，返回到"工作台"窗口中"运行策略"选项卡，选择"循环策略"项，单击"策略属性"按钮，弹出"策略属性设置"对话框，将策略执行方式的定时循环时间设置为"1000"ms，单击"确认"按钮完成设置。

8. 程序测试与运行

保存该工程，将"DI&DO"窗口设为启动窗口，运行工程。

用导线将 PLC 开关量输入端口 X1 和 COM 端口短接或断开，使 PLC 开关量输入通道 X1 输入开关信号，程序界面中开关量输入指示灯改变颜色，计数器数字从 0 开始累加；当累加值大于等于 5 时，PLC 开关量输出通道 Y1 开关闭合，线路中指示灯亮，程序界面中开关量输出指示灯改变颜色。

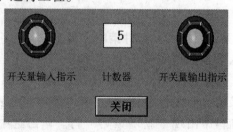

图 7-31　程序运行界面

程序运行界面如图 7-31 所示。

实训 20　西门子 PLC 计数控制

【学习目标】

1）掌握计算机与西门子 S7-200 PLC 串口通信、开关量输入/输出的线路连接方法。

2）掌握用 MCGS 设计西门子 S7-200 PLC 开关量输入与输出程序的方法。

【线路连接】

通过 PC/PPI 编程电缆将计算机的串口 COM1 与西门子 S7-200 PLC 的编程口连接起来组成开关量输入与输出串口通信系统，如图 7-32 所示。

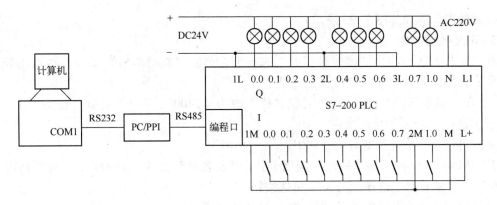

图 7-32 计算机与 S7-200 PLC 组成的开关量输入与输出系统

1. 开关量输入线路

采用按钮、行程开关和继电器开关等改变 PLC 某个开关量输入端口的状态（打开/关闭）。

用导线将 M、1M 和 2M 端点短接，将按钮和行程开关等的常开触点接 PLC 开关量输入端点 I0.0、I0.1、I0.2…I0.7。

实际测试中，可用导线将输入端点 I0.0、I0.1、I0.2…I0.7 与 L+端点之间短接或断开产生开关量输入信号。

2. 开关量输出线路

可外接指示灯或继电器等装置来显示 PLC 某个开关量输出端口 Q0.0、Q0.1、Q0.2、Q0.3、Q0.4、Q0.5、Q0.6 和 Q0.7 的状态（打开/关闭）。

实际测试中，不需要外接指示灯，直接使用 PLC 面板上提供的输出信号指示灯即可。

【实训任务】

1）在 PLC 某开关量输入端口，利用按钮产生开关量输入信号，使程序界面中开关量输入指示灯颜色改变，同时程序开关计数器数字从 0 开始累加。

2）当累加值大于等于 5 时，PLC 某开关量输出端口开关闭合或打开，线路中指示灯亮，程序界面中开关量输出指示灯颜色改变。

【任务实现】

1. 建立新工程项目

工程名称："西门子 PLC 开关量输入与输出"；

窗口名称："DI&DO"；

窗口标题："西门子 PLC 开关量输入与输出"。

2. 制作图形界面

在"工作台"窗口中"用户窗口"选项卡，双击新建的"DI&DO"窗口图标，进入界面开发系统。

1）通过工具箱"插入元件"工具为图形界面添加两个"指示灯"元件。

2）通过工具箱为图形界面添加 4 个"标签"构件，字符分别为"000"（保留边线）、"开关量输入指示""开关量输出指示"和"计数器"。

3）通过工具箱为图形界面添加 1 个"按钮"构件，将标题改为"关闭"。

设计的图形界面如图 7-33 所示。

3. 定义数据对象

在"工作台"窗口中"实时数据库"选项卡，单击"新增对象"按钮，再双击新出现的对象，弹出"数据对象属性设置"对话框。

1）在"基本属性"选项卡，"对象名称"改为"DI00"，"对象初值"设为"0"，"对象类型"选择"开关"单选按钮。

同样再定义 7 个开关型对象"DI01"～"DI07"。

2）新增对象，在"基本属性"选项卡，"对象名称"改为"DO00"，"对象初值"设为"0"，"对象类型"选择"开关"单选按钮。

同样再定义 7 个开关型对象"DO01"～"DO07"。

3）新增对象，在"基本属性"选项卡，"对象名称"改为"输入灯"，"对象初值"设为"0"，"对象类型"选择"开关"单选按钮。

4）新增对象，在"基本属性"选项卡，"对象名称"改为"输出灯"，"对象初值"设为"0"，"对象类型"选择"开关"单选按钮。

5）新增对象，在"基本属性"选项卡，"对象名称"改为"num"，"对象类型"选"数值"单选按钮，"对象初值"设为"0"，"最小值"设为"0"，"最大值"设为"100"。

建立的实时数据库如图 7-34 所示。

图 7-33　图形界面

图 7-34　实时数据库

4. 添加西门子 PLC 设备

在"工作台"窗口中"设备窗口"选项卡，双击"设备窗口"图标，出现"设备组态：设备窗口"窗口，单击工具条上的"工具箱"图标按钮，弹出"设备工具箱"对话框。

1）单击"设备管理"按钮，弹出"设备管理"对话框。在"可选设备"列表中双击"通用串口父设备"项，将其添加到右侧的"选定设备"列表中，如图 7-35 所示。

2）在"设备管理"对话框"可选设备"列表中依次选择"所有设备→PLC 设备 →西门子 →S7-200-PPI →西门子_S7200PPI"，单击"增加"按钮，将"西门子_S7200PPI"添加到右侧的"选定设备"列表中，如图 7-34 所示。单击"确认"按钮，将选定设备添加到"设备工具箱"对话框中，如图 7-36 所示。

3）在"设备工具箱"对话框双击"通用串口父设备"项，在"设备组态：设备窗口"窗口中出现"通用串口父设备 0-[通用串口父设备]"。同理，在"设备工具箱"对话框双击"西门子_S7200PPI"项，在"设备组态：设备窗口"窗口中出现"设备 0-[西门子_S7200PPI]"，设备添加完成，如图 7-37 所示。

图 7-35 "设备管理"对话框

图 7-36 "设备工具箱"对话框

图 7-37 "设备组态：设备窗口"窗口

5. 设备属性设置

在"工作台"窗口中"设备窗口"选项卡，双击"设备窗口"图标，出现"设备组态：设备窗口"窗口。

1）双击"通用串口父设备0-[通用串口父设备]"项，弹出"通用串口设备属性编辑"对话框，如图7-38所示。在"基本属性"选项卡中，"串口端口号"选"0-COM1"，"通信波特率"选"6-9600"，"数据位位数"选"1-8位"，"停止位位数"选"0-1位"，"数据校验方式"选"2-偶校验"。参数设置完毕，单击"确认"按钮。

2）双击"设备0-[西门子_S7200PPI]"项，弹出"设备属性设置"对话框，如图7-39所示。

图 7-38 "通用串口设备属性编辑"对话框

图 7-39 "设备属性设置"对话框

选择"基本属性"选项卡中的"设置设备内部属性",出现...图标按钮,单击该图标按钮弹出"西门子_S7200PPI 通道属性设置"对话框,如图 7-40 所示。

单击"增加通道"按钮,弹出"增加通道"对话框(图 7-41),"寄存器类型"选择"Q 寄存器","数据类型"选择"通道的第 00 位","寄存器地址"设为"0","通道数量"设为"8","操作方式"选"只写"单选按钮。

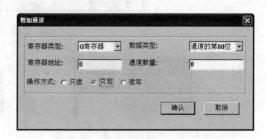

图 7-40 "西门子_S7200PPI 通道
　　属性设置"对话框

图 7-41 "增加通道"对话框

单击"确认"按钮,"西门子_S7200PPI 通道属性设置"对话框中出现新增加的通道,如图 7-42 所示。

3)在"设备属性设置"对话框选择"通道连接"选项卡,选中 1 通道对应的数据对象单元格,右击,弹出"连接对象"对话框,双击要连接的数据对象"DI00",完成对象连接。同理连接 2 通道~8 通道对应的数据对象"DI01"~"DI07"。

选中通道 9 对应的数据对象单元格,右击,弹出"连接对象"对话框,双击要连接的数据对象"DO00",完成对象连接。同理连接 10 通道~16 通道对应的数据对象"DO01"~"DO07",如图 7-43 所示。

图 7-42 新增设备通道

图 7-43 设备通道连接

228

4）在"设备属性设置"窗口选择"设备调试"选项卡，如果系统连接正常，可以观察PLC开关量输入通道值。如将线路中PLC的输入端口I0.1与L+端口短接，可观察到数据对象"DI01"对应的通道值变为"1"，如图7-44所示。

5）在"设备属性设置"对话框选择"设备调试"选项卡，用鼠标长按数据对象"DO04"的通道值单元格，通道值"0"变为"1"，如图7-45所示。如果系统连接正常，PLC线路中对应输出端口Q0.4的信号指示灯亮。

图 7-44　开关量输入调试

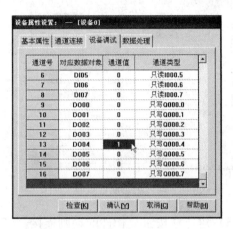

图 7-45　开关量输出调试

6. 建立动画连接

在"工作台"窗口中"用户窗口"选项卡，双击"DI&DO"窗口图标进入开发系统。通过双击界面中各图形对象，将各对象与定义好的变量连接起来。

1）建立"指示灯"元件的动画连接。

双击界面（图7-33）中开关量输入指示灯，弹出"单元属性设置"对话框，选择"数据对象"选项卡，如图7-46所示。连接类型选择"可见度"。单击右侧的"?"按钮，弹出"数据对象连接"对话框，双击数据对象"输入灯"，在"数据对象"选项卡"可见度"行出现连接的数据对象"输入灯"，如图7-47所示。单击"确认"按钮完成开关量输入指示灯的数据连接。

图 7-46　"单元属性设置"对话框

图 7-47　输入指示灯数据对象连接

同样对开关量输出指示灯进行动画连接，数据对象连接选择"输出灯"，如图7-48所示。

2）建立计数"标签"构件"000"动画连接。

双击界面（图7-33）中的标签"000"，弹出"动画组态属性设置"对话框。在"属性设置"选项卡，输入输出连接选择"显示输

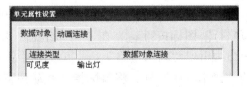

图 7-48　输出指示灯数据对象连接

出"复选按钮,如图7-49所示,出现"显示输出"选项卡。

选择"显示输出"选项卡,"表达式"选择数据对象"num","输出值类型"选"数值量输出"单选按钮,"整数位数"设为"2",如图7-50所示。

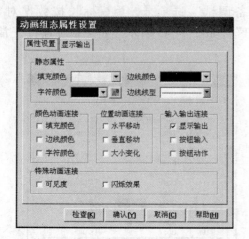

图7-49 "动画组态属性设置"对话框

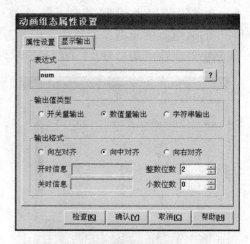

图7-50 标签构件"000"数据对象连接

3)建立"按钮"构件的动画连接。

双击界面(图7-33)中"关闭"按钮构件,出现"标准按钮构件属性设置"对话框。选择"操作属性"选项卡,"按钮对应的功能"选择"关闭用户窗口",在其右侧的下拉列表框中选择"DI&DO"窗口。

7. 策略编程

(1)开关量输入计数程序设计

在"工作台"窗口中"运行策略"选项卡,单击"新建策略"按钮,出现"选择策略的类型"对话框,选择"事件策略"项,单击"确定"按钮,"运行策略"窗口出现新建的"策略1"。

单击选中"策略1",单击"策略属性"按钮,弹出"策略属性设置"对话框,将"策略名称"改为"开关量输入","对应表达式"选择数据对象"DI01","事件的内容"选择"表达式的值有改变时,执行一次",如图7-51所示。

在"工作台"窗口中"运行策略"选项卡,双击"开关量输入"事件策略,弹出"策略组态:开关量输入"窗口。

单击"MCGS组态环境"窗口工具条中的"新增策略行"图标按钮🔧,在"策略组态:开关量输入"窗口中出现"新增策略"行。单击选中策略工具箱中的"脚本程序"项,将鼠标指针移动到策略块图标上单击,以添加"脚本程序"构件。

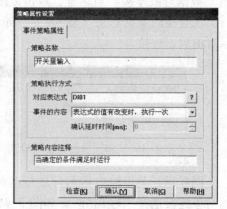

图7-51 事件策略属性设置

双击"脚本程序"策略块,进入"脚本程序"编辑窗口,在编辑区输入如下程序:

```
If DI01 = 0 Then
        输入灯 = 0
        num = num+1
Else
        输入灯 = 1
Endif
```

程序的含义是：在 PLC 开关量输入端口 I0.1 输入开关信号，使程序界面中开关量输入指示灯颜色改变；开关每闭合 1 次程序计数器数字加 1。

单击"确定"按钮，完成程序的输入。

（2）开关量输出控制程序设计

在"工作台"窗口中"运行策略"选项卡，双击"循环策略"项，弹出"策略组态：循环策略"窗口。

单击工具条中的"新增策略行"图标按钮 ，出现"新增策略"行。选择策略工具箱中的"脚本程序"项，将鼠标指针移动到策略块图标上单击，以添加"脚本程序"构件。

双击策略块，进入"脚本程序"编辑窗口，在编辑区输入如下程序：

```
If num>= 5 Then
        DO01 = 1
        输出灯 = 1
Else
        DO01 = 0
        输出灯 = 0
Endif
```

程序的含义是：当累加值大于等于 5 时，PLC 开关量输出端口 Q0.1 开关闭合，线路中指示灯亮，程序界面中开关量输出指示灯颜色改变。

单击"确定"按钮，完成程序的输入。

关闭"策略组态：循环策略"窗口，保存程序，返回到"工作台"窗口中"运行策略"选项卡，选择"循环策略"项，单击"策略属性"按钮，弹出"策略属性设置"对话框，将策略执行方式的定时循环时间设置为"1000"ms，单击"确认"按钮完成设置。

8. 程序测试与运行

保存该工程，将"DI&DO"窗口设为启动窗口，运行工程。

用导线将 PLC 开关量输入端口 I0.1 和 COM 端口短接或断开，使 PLC 开关量输入通道 I0.1 输入开关信号，程序界面中开关量输入指示灯改变颜色，计数器数字从 0 开始累加；当累加值大于等于 5 时，PLC 开关量输出通道 Q0.1 开关闭合，线路中指示灯亮，程序界面中开关量输出指示灯改变颜色。

程序运行界面如图 7-52 所示。

图 7-52　程序运行界面

7.3 知识链接

7.3.1 工控机

工业控制计算机（IPC），简称工控机，是一种面向工业控制、采用标准总线技术和开放式体系结构的计算机。它最初是在商用计算机基础上进行改装、加固并用于工业生产过程控制的计算机，现在已经形成为一种专用的计算机系列。

这里介绍的工控机主要是指 PC 总线工业控制机，所以，这里将基于工控机的计算机监控系统简称 PCs。PCs 与其他类型的计算机监控系统相比，具有构成简单、价格低、软件种类丰富、开放性好以及可扩充性好的特点。

因此，PCs 在中、小型的计算机监控系统中（特别是小型计算机监控系统中）占有很大的比例，并且具有良好的发展前景。

1. IPC 的基本特点

工控机由于其自身的特点，在过程监控和数据采集等方面得到广泛应用。与其他类型的计算机监控系统的主计算机相比，工控机具有以下特点。

（1）可靠性高

工控机通常会使用在工业控制现场，用于监控不间断的生产过程，在运行期间不允许停机检修。如果发生故障，可能会产生严重的工程事故甚至人身事故，后果不堪设想。

因此，生产厂家在生产时对其都做了特别处理，如印制电路板合理布线、元器件老化的筛选、采用工业电源、密封机箱正压送风及带有"看门狗"系统支持板等，极大地提高了可靠性。

当然，由于现在的通用计算机的可靠性也相当高，如果监控系统对可靠性的要求不是特别高，也可以考虑使用普通的商用计算机，可以更进一步地降低成本。

（2）实时性好

工控机对生产过程进行实时监控，因此要求它必须实时地响应控制对象各种参数的变化。当过程参数出现偏差或故障时，工控机能及时做出响应，并能实时地进行报警和处理。为此工控机需配有实时多任务操作系统。

（3）环境适应能力强

工业现场环境恶劣，电磁干扰严重，供电系统也常受大负荷设备起停的干扰，其接"地"系统复杂，共模及串模干扰大。因此要求工控机具有很强的环境适应能力，如对温度和湿度变化范围要求高；要有防尘、防腐蚀和防振动冲击的能力；要具有较好的电磁兼容性和高抗干扰能力以及高共模抑制的能力。

（4）小板结构，模块化设计，完善的 I/O 通道

小板结构机械强度好，抗断裂和抗振能力强；模块化设计是指每个模板功能单一，如 CPU 板、存储器板、A—D 转换板、D—A 转换板和开关量 I/O 板等，便于对系统故障的诊断与维护，也便于用户的选用，方便了冗余配置。

对于生产过程控制，需要有大量的输入与输出通道，工控机总线是面向 I/O 设计的，有着很强的扩展功能，非常便于系统扩展。

（5）系统开放性好

工控机具有开放性体系结构，也就是说在主机接口、网络通信、软件兼容及升级等方面遵守开放性原则，便于系统扩充、软件的可移植和互换。除了软件具有很强的开放性外，硬件的开放性和可替换性也很好。无论是主机还是配套的各种 I/O 模板和通信模块（网卡）都是按照一定的标准生产的，在市场上很容易购买到所需的产品。由于开放性比较好，在进行系统集成时就比较容易。

（6）性能价格比高

由于工控机主要用于监控，除了对实时性的要求较高外，一般的数据处理量不是很大。因此，与商用计算机和家用计算机相比，配置可以适当降低。

各类高性能的 I/O 板卡作为成熟的工业化产品与 IPC 配套使用，使用户能在短时间内像搭积木一样很快构成所需的控制系统，投入实际运行，创造很好的效益。

由于工控机具有上述特点，既能满足不同层次和不同控制对象的需要，又能在恶劣的工业环境中可靠地运行，因此应用极为广泛。

2. IPC 的基本组成

一个典型的工控机主要由以下几个部分组成。

（1）加固型的工业机箱

由于工控机应用于环境比较恶劣的工业现场，因此，必须采取各种加固措施。具体措施包括：采用全钢结构标准机箱，机箱上带有滤网、减振和加固压条装置；配备多个冷却风扇，并使机箱内保持空气正压。这样，在机械振动较大、粉尘较多以及温度较高的环境中仍能正常使用。图 7-53 所示为研华公司生产的工控机机箱。

（2）工业电源

工控机通常采用特殊设计的高可靠性电源装置。除了能适应较宽幅度电压变化外，还具有抗浪涌电压以及过电压/过电流保护措施，同时，还要求有很好的电磁兼容性。图 7-54 所示为某公司生产的工业电源。

图 7-53　工控机机箱示意图　　　　图 7-54　工业电源示意图

（3）一体化主板

主板是工控机的核心部件，它所采用的元器件都经过严格筛选，并满足工业标准。现在的工控主板所使用的 CPU 大都采用 Pentium 系列芯片，也有采用其他厂家的芯片。

所谓一体化主板，是指在主板上集成了通信接口（RS-232、RJ-45 等）、外设接口（IDE、FDD、键盘、鼠标）、RAM 插槽（168 线、72 线），有的还有显示器接口（CRT、LCD 等），如图 7-55 所示。主板一般采用标准总线，如 ISA、PCI、Compact PCI 等。

图 7-55　一体化主板示意图

除此之外，还有一种单板计算机主板，在这种主板上，除集成了以上功能外，还有 I/O 接口，可以方便地构成嵌入式系统。

（4）无源母板

现在按总线标准生产的工控机，基本上采用无源母板结构。在母板上只提供了总线通道，一块母板上有 10 ～ 20 个插槽，除了一个用于插主板，另一个用于插显示板外（如果主板上没有显示器接口），其他的插槽可以供用户插各种 I/O 模板。这样用户就可以灵活地构成自己的计算机监控系统。

采用无源母板结构，主板可以被垂直安放，大大地减少了灰尘的积累以及振动的影响。图 7-56 为某公司生产的无源母板，图 7-57 为一体化主板与母板安装示意图。

图 7-56　无源母板示意图

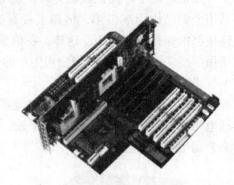

图 7-57　一体化主板与母板安装示意图

图 7-58 是研华工控机主机主要部件的安装示意图。

图 7-58　工控机主机安装示意图

234

（5）其他部件

1）光驱。由于主板上已经有了光盘驱动器接口，用户可以根据自己的需要配置光盘驱动器。

2）硬盘。由于主板上已经有了硬盘驱动器接口，用户可以根据自己的需要配置硬盘驱动器。

3）键盘。可以使用一般的标准键盘，为了防尘也可以使用薄膜键盘。

4）显示器。可以使用一般的阴极射线管显示器，也可以使用液晶显示器，必要时还可以使用触摸屏。

3. PCs 的构成

图 7-59 所示为基于工控机的计算机监控系统（PCs）的硬件构成框图。

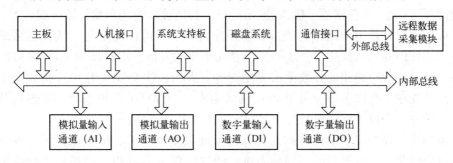

图 7-59　PCs 的硬件构成

1）主机。包括机箱、主板、母板、电源和存储器等，它是工业控制计算机的核心。

2）内部总线和外部总线。内部总线是工业控制计算机内部各组成部分进行信息传送的公共通道，它是一组信号线的集合。常用的内部总线有 ISA 总线和 PCI 总线。外部总线是工业控制计算机与其他计算机和智能设备进行信息传送的公共通道。常用的外部总线有 RS-232C 和 IEEE-488 通信总线。

3）人—机接口。人—机接口是人与计算机交流的一种外设。它由标准的 PC 键盘、显示器和打印机等组成。

4）系统支持板。工业控制机的系统支持板主要包括如下部分：

① 监控定时器（俗称"看门狗"电路）。它的主要作用是当系统因干扰或软件出现异常时，可以使系统自动恢复运行，从而提高系统的可靠性。

② 保护重要数据的后备存储器。这些存储器通常采用带有后备电池的 SRAM、EEPROM。它能在系统断电后保证数据不丢失，用于在系统出现异常以及电源断电等故障后保存重要数据。

③ 实时日历时钟。它主要是用于工业控制计算机自动记录某个控制的发生时间。

5）磁盘系统。磁盘系统有半导体虚拟磁盘以及通用的硬磁盘。

6）通信接口。通信接口是工业控制计算机和其他计算机或智能外设的接口，常用的接口有 RS-232C 和 IEEE-488 接口。

7）输入/输出通道。输入/输出通道是工业控制计算机和生产过程之间的信号传递和变换的连接通道。它包括模拟量输入（AI）通道、模拟量输出（AO）通道、数字量（或开关量）输入（DI）通道及数字量（或开关量）输出（DO）通道等。

8）远程数据采集模块。由于大部分的 I/O 接口都在工控机的机箱内，这对于一些需要远程监视或控制的物理参量来说，如果通过长导线将信号直接送到控制室，则会存在干扰和信号衰减等问题。为了解决这些问题，可以就地将模拟信号转换为数字信号，然后再用现场总线或其他的串行通信总线进行传输，为此需要有远程数据采集模块。

7.3.2　PLC 控制

1. PLC 控制系统特点

可编程序逻辑控制器（简称 PLC）是基于微处理器技术的通用工业自动化控制设备。它采用了计算机的设计思想，实际上就是一种特殊的工业控制专用计算机，只不过它的最主要的功能是数字逻辑控制。因此，PLC 具有与通用的微型个人计算机相类似的硬件结构，由中央处理器（CPU）、存储器、输入/输出接口、智能接口模块和编程器构成。

PLC 最初的设计是用于机械制造行业的顺序控制器，可以说是与集散控制系统完全不同的两种技术，但其可靠性高是公认的。经过几十年的发展，PLC 增加了许多功能。例如，通信功能、模拟控制功能和远程数据采集功能等。人们很快发现，用 PLC 构成一个网络是不错的选择。现在，在许多场合利用 PLC 网络构成一个计算机监控系统，或是将其作为集散控制系统的一个下位计算机子系统，基本上成为了首选方案。

PLC 主要是为现场控制而设计的，其人机界面主要由开关、按钮和指示灯等组成，因其良好的适应性和可扩展能力而得到越来越广泛的应用。采用 PLC 的控制系统或装置具有可靠性高、易于控制、系统设计灵活、能模拟现场调试、编程使用简单、性价比高和有良好的抗干扰能力等特点。但是，PLC 也有不易显示各种实时图表/曲线（趋势线）和汉字、无良好的用户界面及不便于监控等缺点。

许多 PLC 都配备有计算机通信接口，通过总线将一台或多台 PLC 与计算机相连。计算机作为上位计算机可以提供良好的人机界面，进行系统的监控和管理，进行程序编制、参数设定和修改以及数据采集等，既能保证系统性能，又能使系统操作简便，便于生产过程的有效监督；而 PLC 作为下位计算机，执行可靠有效的分散控制。

2. PLC 控制系统设计步骤

PLC 控制系统的设计可分为系统规划（总体设计）、硬件设计、软件设计、现场调试以及技术文件编制 5 个阶段。

（1）系统规划

系统规划（总体设计）为设计的第一步。应根据控制要求与功能，确定系统的实现措施，由此确定系统的总体结构与组成。系统规划包括：选择 PLC 的型号和规格；确定 I/O 模块的数量与规格；选择特殊功能模块；选择人机界面、伺服驱动器、变频器和调速装置等。

（2）硬件设计

硬件设计是在系统规划（总体设计）完成后的技术设计。在这一阶段，设计人员需要根据总体方案完成电气控制原理图、连接图和元件布置图等基本图样的设计工作。

在此基础上，首先汇编完整的元器件目录与配套件清单，同时，根据 PLC 的安装要求与用户的环境条件，结合所设计的电气原理图与连接、布置图，完成用于安装以上电气元件的控制柜和操纵台等零部件的设计。设计完成后，将全部图样与外购元器件、标准件等汇编成统一的基本件、外购件和标准件明细表（目录），提供给生产与供应部门组织生产与采购。

（3）软件设计

PLC 控制系统的软件设计主要是编制 PLC 用户程序、特殊功能模块控制软件、确定 PLC 以及功能模块的设定参数（如需要）等。它可以与系统电气元件安装柜、操纵台的制作及元器件的采购同步进行。

软件设计应根据所确定的总体方案与已经完成的电气控制原理图，按照原理图所确定的 I/O 地址，编写实现控制要求与功能的 PLC 用户程序。为了方便调试、维修，通常需要在软件设计阶段同时编写出程序说明书和 I/O 地址表、注释表等辅助文件。

在程序设计完成后，一般应通过 PLC 编程软件所具备的自诊断功能对 PLC 程序进行基本的检查，排除程序中的电路与语法错误。在有条件时，应通过必要的模拟与仿真手段对程序进行模拟与仿真试验。

对于初次使用的伺服驱动器和变频器等部件，可以通过检查与运行的方法事先进行离线调整与测试，以缩短现场调试的周期。

（4）现场调试

PLC 的现场调试是检查、优化 PLC 控制系统硬件、软件设计，提高控制系统可靠性的重要步骤。为了防止调试过程中可能出现的问题，确保调试工作的顺利进行，现场调试应在完成控制系统的安装、连接和用户程序编制后，按照调试前的检查、硬件调试、软件调试、空运行试验、可靠性试验及实际运行试验等规定的步骤进行。

在调试阶段，一切均应以满足控制要求和确保系统安全、可靠运行为最高准则，它是检验硬件、软件设计正确性的唯一标准，任何影响系统安全性与可靠性的设计，都必须予以修改，决不可以遗留事故隐患，以免导致严重后果。

（5）技术文件编制

在设备的安全和可靠性得到确认后，设计人员可以着手进行系统技术文件的编制工作，如修改电气原理图和连接图，编写设备操作和使用说明书，备份 PLC 用户程序，记录调整和设定参数等。

文件的编写应规范和系统，尽可能为设备使用者以及今后的维修工作提供方便。

3. 计算机与 PLC 的连接

通常可以通过 4 种设备实现 PLC 的人机交互功能。这 4 种设备是：编程终端、显示终端、工作站和个人计算机。编程终端主要用于编程和调试程序，其监控功能较弱。显示终端主要用于现场显示。工作站的功能比较全，但是价格也高，主要用于配置组态软件。

（1）个人计算机与 PLC 的连接

个人计算机是一种性价比较高的选择，它可以发挥以下作用：

1）通过开发相应功能的个人计算机软件，与 PLC 进行通信。实现多个 PLC 信息的集中显示和报警等监控功能。

2）以个人计算机作为上位计算机，多台 PLC 作为下位计算机，构成小型控制系统，由个人计算机完成 PLC 之间控制任务的协同工作。

3）通过在个人计算机基础上开发的协议转换器实现 PLC 网络与其他网络的互联。例如，可把 PLC 组成的下层控制网络接入上层的管理网络。

（2）连接的基础

1）计算机和 PLC 均应具有异步通信接口，都是 RS-232、RS-422 或 RS-485，否则，要通过转换器转接以后才可以互连。

2）异步通信接口相连的双方要进行相应的初始化工作，设置相同的波特率、数据位数、停止位数和奇偶校验等参数。

3）用户参考 PLC 的通信协议编写计算机的通信部分程序，大多数情况下不需要为 PLC 编写通信程序。

（3）连接方式

个人计算机与 PLC 的联网一般有两种形式：一种是点对点方式，即一台计算机的 COM 接口与 PLC 的异步通信端口之间直接用电缆相连，连接方式如图 7-60 所示；另一种是多点结构，即一台计算机与多台 PLC 通过一条通信总线连接。以计算机为主站，PLC 为从站，进行主从式通信，连接方式如图 7-61 所示。通信网络可以有多种，如 RS-422、RS-485 以及各个公司的专门网络或工业以太网等。

图 7-60　PLC 与个人计算机连接的点对点方式

图 7-61　计算机与 PLC 的多点连接方式

习题与思考题

7-1　PLC 由哪几部分组成？PLC 控制有哪些特点？

7-2　工业控制计算机与普通个人计算机相比有何区别？

7-3　上网搜索商品化的工业控制计算机的技术资料，列出常用的型号、生产厂家和性能特点等。

第8章　模拟量输入与开关量输出系统综合实训

生产中的各种参数如温度与压力等都有不同的量纲和数值，但它们在计算机控制系统的采集和 A—D 转换过程中已变为无量纲的数据。在实际应用中，被测模拟信号被检测出来经A—D 转换成数字量后送入到计算机，常需要转换成操作人员所熟悉的有量纲的工程量。因为转换后的数字量并不能直接代表原来带有量纲的物理量的数值，必须经过转换变成对应量纲的物理量才能运算、显示或打印输出。例如，温度的单位为℃，压力单位为 Pa 等。

本章通过几个生产生活实例了解模拟量输入与开关量输出系统的应用和组成，并通过实训介绍使用 MCGS 软件实现模拟量输入与开关量输出。

8.1　模拟量输入与开关量输出生产生活实例

8.1.1　温室大棚监控

1. 应用背景

温室又称暖房，能透光且保温（或加温）。它是以温室覆盖材料作为全部或部分围护结构材料，可供某些植物在不适宜户外生长的季节进行栽培的建筑，如图 8-1 所示。多用于低温季节喜温蔬菜、花卉和林木等植物栽培或育苗等。

图 8-1　某温室大棚

温室根据温室的最终使用功能，可分为生产性温室、试验（教育）性温室和允许公众进入的商业性温室。蔬菜栽培温室、花卉栽培温室和养殖温室等均属于生产性温室；人工气候室和温室实验室等属于试验（教育）性温室；各种观赏温室、零售温室和商品批发温室等则属于商业性温室。

现代化温室中应包括供水控制系统、温度控制系统、湿度控制系统和照明控制系统。供水控制系统根据植物需要自动适时与适量地供给水分；温度控制系统适时调节温度；湿度控制系统调节湿度；照明控制系统提供辅助照明，使植物进行光合作用。以上系统可使用计算机自动控制，创造植物所需的最佳环境条件。

2. 监控系统

某温室大棚温湿度监控系统如 8-2 所示。系统由计算机、温度传感器、湿度传感器、信号调理电路、输入装置、输出装置、驱动电路、电磁阀和加热器等部分组成。

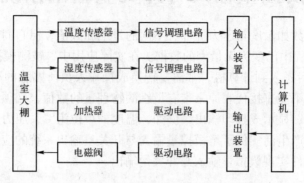

图 8-2　温室大棚温湿度监控系统结构框图

温度传感器和湿度传感器检测温室大棚温度和湿度，通过信号调理电路将其转换为电压信号，经输入装置传送给监控中心计算机显示、处理、记录和判断；当低于规定温度值或规定湿度值（下限）时，计算机经输出装置发出控制信号，给加热器通电以加热，给电磁阀通电以开始供水；当高于规定温度值或规定湿度值（上限）时，加热器断电以停止加热，电磁阀断电以停止供水。

信号调理电路可采用温度变送器和湿度变送器，将温、湿度变化转换为 1 ～ 5 V 标准电压值；输入和输出装置可采用远程 I/O 模块，如果距离较近，也可采用数据采集卡。

温室大棚温湿度监控系统是一个典型的闭环控制系统。

8.1.2　轴承滚柱分级

1. 应用背景

轴承是当代机械设备中一种重要零部件，它的主要功能是支承机械旋转体，降低其运动过程中的摩擦系数，并保证其回转精度。按运动元件摩擦性质的不同，轴承可分为滚动轴承和滑动轴承两大类。滚动轴承一般由外圈、内圈、滚动体和保持架 4 部分组成，如图 8-3 所示。按滚动体的形状，滚动轴承分为球轴承和滚子轴承两大类。滚子轴承按滚子种类分为：圆柱滚子轴承、滚针轴承、圆锥滚子轴承和调心滚子轴承。

图 8-3　滚动轴承产品图

圆柱滚子轴承（即滚柱轴承）是一种常用的轴承，为保证回转精度和降低摩擦系数，要求同一个轴承上安装的滚柱直径公差在一定范围内。

2. 控制系统

某轴承公司希望对本厂生产的汽车用滚柱的直径进行自动测量和分选，技术指标及具体要求如下：滚柱的公称直径为 10.000 mm，允许的公差范围是 ±3 μm，超出公差范围的均予以剔除。

滚柱直径分选机的工作原理示意图如图 8-4 所示。

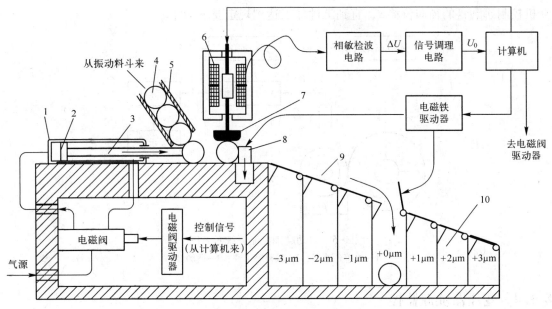

图 8-4　滚柱直径分选机的工作原理示意图

1—气缸；2—活塞；3—推杆；4—滚柱；5—落料管；6—电感测微器；

7—钨钢测头；8—限位挡板；9—电磁翻板；10—料斗

待分选的滚柱放入振动料斗中，在电磁振动力的作用下，自动排成队列，从落料管中下落到气缸推杆右端。气缸活塞在高压气体的推动下，将滚柱快速推至电感测微器的钨钢测头下方的限位挡板位置。

电感测微器测得滚柱直径，经相敏检波电路转换为电压信号，再经过信号调理电路（如放大）送入计算机。计算机对反映滚柱直径大小的输入电压 U_0 进行采集、运算、分析、比较和判断，发出控制信号使限位挡板落下，同时发出另一路控制信号使继电器驱动电路导通，打开与滚柱直径公差相对应的电磁翻板，滚柱落入相应料斗中。

分选完成后，计算机发出控制信号使限位挡板升起，同时发出控制信号到电磁阀驱动器，驱动电磁阀控制活塞推杆推动另一滚柱到限位挡板处，开始下一次分选。

8.1.3　零件磨削加工

1. 应用背景

某些轴类零件，为了保证使用寿命，提高圆柱表面加工质量，需要进行磨削加工。传统加工方法需要工人操作磨床，控制研磨盘进退，加工过程中需要停止磨削，使用工具测量工件直径，若不满足要求需起动磨床继续磨削，直到合格为止。人工研磨方法效率低，加工精度低，因此有必要采用控制技术实现磨削自动化。

2. 控制系统

可使用图 8-5 所示系统进行磨削自动控制。图中的电感传感器检测出传感器端面与被研磨工件圆柱面之间的位移变化，它反映了工件的直径 D 变化，位移量被转换为电压信号 U_D，经信号调理电路（如放大）被送入计算机。计算机对反映工件直径大小的输入电压 U_0 进行采集、运算、分析、比较和判断，显示测量结果，同时计算机发出控制信号驱动伺服电动机控制研磨盘的径向位移 x，直到工件加工达到规定要求为止。

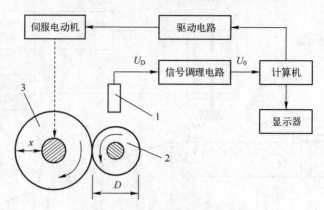

图 8-5　自动磨削控制系统示意图

1—电感传感器；2—被研磨工件；3—研磨盘

8.1.4　变压器油温监控

1. 应用背景

变压器是利用电磁感应原理来改变交流电压的装置。变压器由铁心（或磁心）和线圈组成，它可以变换交流电压、电流和阻抗。

变压器的分类方法很多，其中按冷却方式可分为干式变压器和油浸式变压器。干式变压器依靠空气对流进行自然冷却或增加风机冷却，多作为高层建筑，高速收费站点用电及局部照明、电子线路等小容量变压器。油浸式变压器依靠油作冷却介质，如油浸自冷、油浸风冷、油浸水冷及强迫油循环等，主要作为配电等大容量变压器。

油浸式变压器产品如 8-6 所示。

图 8-6　油浸式变压器产品图

油浸式变压器的器身（绕组及铁心）都装在充满变压器油的油箱中。油浸式变压器在运行中，绕组和铁心的热量先传给油，然后通过油传给冷却介质。

国家标准规定：强迫油循环风冷变压器的上层油温不得超过 75 ℃，最高不得超过 85 ℃；油浸自冷式和油浸风冷式变压器的上层油温不得超过 85 ℃，最高不得超过 95 ℃；油浸风冷变压器在风扇停止工作时，上层油温不得超过 55 ℃。

如果油温超过规定值，可能是变压器严重超负荷、电压过低、电流过大或内部有故障等，继续运行会严重损坏绝缘，缩短使用寿命或烧毁变压器，因此必须对变压器油温进行监测与控制，以保证变压器的正常运行和使用安全。

2. 监控系统

某发电厂变压器油温监控系统如 8-7 所示。系统由计算机、温度传感器、信号调理电路、显示仪表、输入装置、输出装置、驱动电路和风扇等部分组成。

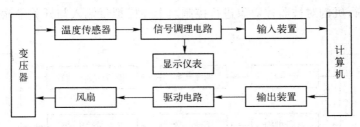

图 8-7　变压器油温监控系统结构框图

温度传感器检测变压器上层油温，通过信号调理电路转换为电压信号，一方面送入现场显示仪表显示油温，供现场观察，另一方面经输入装置传送给监控中心计算机显示、处理、记录和判断。当超过规定上限温度值时，计算机经输出装置发出控制信号，驱动风扇转动以降低油温。

信号调理电路可采用温度变送器，将温度变化转换为 $1 \sim 5\,V$ 标准电压值；输入和输出装置可采用 PLC 或远程 I/O 模块，如果距离较近，也可采用数据采集卡。

变压器油温监控系统是一个典型的闭环控制系统。

变压器油温检测传感器和显示仪表产品如 8-8 所示。

图 8-8　油温传感器和显示仪表产品图

8.1.5　模拟量输入与开关量输出系统总结

温室大棚监控实例中，温、湿度传感器经信号调理电路将温、湿度信号转换为模拟电压信号输入计算机；计算机输出开关信号控制加热器和电磁阀。

轴承滚柱分级实例中，电感测微器经信号调理电路将滚柱直径信号转换为模拟电压信号输入计算机；计算机输出开关信号控制限位挡板、电磁翻板和电磁阀。

零件磨削加工实例中，电感传感器经信号调理电路将工件直径信号转换为模拟电压信号输入计算机；计算机输出开关信号控制伺服电动机。

变压器油温监控实例中，温度传感器经信号调理电路将检测油温转换为模拟电压信号输入计算机；计算机输出开关信号控制风扇转动降低油温。

上述实例中，有一个共同点，即传感器经调理电路将检测的物理量经信号调理电路转换为模拟电压信号输入计算机，计算机根据输入值与设定值进行比较判断，输出的开关信号经驱动电路控制执行机构对被监控对象进行控制。上述模拟量输入与开关量输出系统都可以用图 8-9 来表示。

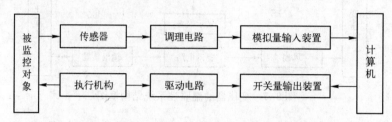

图 8-9　模拟量输入与开关量输出系统组成框图

下面通过实训，采用数据采集卡和远程 I/O 模块作为模拟量输入和开关量输出装置，使用 MCGS 组态软件编写 PC 端程序实现模拟量输入检测和开关量输出控制。

8.2　模拟量输入与开关量输出实训

实训 21　数据采集卡温度测控

【学习目标】

1）掌握用 PCI 数据采集卡进行温度采集与控制的硬件线路连接方法。

2）掌握用 MCGS 设计 PCI 数据采集卡温度采集与控制程序的方法。

【线路连接】

计算机与 PCI-1710HG 数据采集卡组成的温度测控系统如图 8-10 所示。

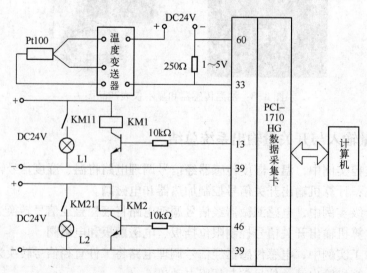

图 8-10　计算机与 PCI-1710HG 数据采集卡组成的温度测控系统

图 8-10 中，温度传感器 Pt100 的热电阻检测温度变化，通过温度变送器（测量范围 0 ～ 200℃）将其转换为 4 ～ 20 mA 电流信号，经过 250 Ω 电阻转换为 1 ～ 5 V 电压信号送入板卡模拟量输入 3 通道（引脚 33）。

当检测温度大于等于计算机设定的上限值，计算机输出控制信号，使板卡数字量输出 1 通道 13 引脚置高电平，晶体管 V1 导通，继电器 KM1 常开开关 KM11 闭合，指示灯 L1 亮；当检测温度小于等于计算机程序设定的下限值，计算机输出控制信号，使板卡数字量输出 2 通道 46 引脚置高电平，晶体管 V2 导通，继电器 KM2 常开开关 KM21 闭合，指示灯 L2 亮；当检测温度大于计算机程序设定的下限值并且小于计算机设定的上限值，计算机输出控制信号，使板卡数字量输出 1 通道 13 引脚置低电平，晶体管 V1 截止，继电器 KM1 常开开关 KM11 断开，指示灯 L1 灭，同时使板卡数字量输出 2 通道 46 引脚置低电平，晶体管 V2 截止，继电器 KM2 常开开关 KM21 断开，指示灯 L2 灭。

测试前需安装 PCI-1710HG 数据采集卡的驱动程序和设备管理程序。

注： PCI-1710HG 数据采集卡介绍、软硬件安装及配置参见配套资源习题 3-6 参考答案。

【实训任务】

采用 MCGS 编写程序实现计算机与 PCI-1710HG 数据采集卡温度检测与控制。要求：

1）自动连续读取并显示温度测量值。

2）实现温度上、下限报警提示与开关控制。

3）绘制测量温度实时变化曲线和历史变化曲线。

【任务实现】

1. 建立新工程项目

双击桌面"MCGS 组态环境"图标，进入 MCGS 组态环境。

1）单击"文件"菜单，从菜单中选择"新建工程"命令，出现"工作台"窗口。

2）单击"文件"菜单，从菜单中选择"工程另存为"命令，弹出"保存为"对话框，将文件名改为"数据采集卡温度监控"，单击"保存"按钮，进入"工作台"窗口。

3）单击"工作台"窗口中"用户窗口"选项卡中的"新建窗口"按钮，"用户窗口"选项卡出现新建"窗口 0"。

4）单击选中"窗口 0"，单击"窗口属性"按钮，弹出"用户窗口属性设置"对话框。将"窗口名称"改为"主界面"，"窗口标题"改为"主界面"，"窗口位置"选择"最大化显示"，单击"确认"按钮。

5）按照步骤 3 ～步骤 4 同样建立两个用户窗口，"窗口名称"分别为"实时曲线"和"历史曲线"；"窗口标题"分别为"实时曲线"和"历史曲线"，"窗口位置"均选择"任意摆放"。

6）选择"工作台"窗口中"用户窗口"选项卡的"主界面"窗口图标，右击，在弹出的快捷菜单中选择"设置为启动窗口"命令。

2. 制作图形界面

（1）"主界面"窗口界面

在"工作台"窗口中"用户窗口"选项卡，双击"主界面"窗口图标，进入界面开发系统。

1) 通过工具箱"插入元件"工具为图形界面添加 1 个"仪表"元件。

2) 通过工具箱为图形界面添加 5 个"标签"构件，字符分别为"当前温度值:""上限温度值:""下限温度值:""上限报警灯:"和"下限报警灯:";所有标签的边线颜色均设置为"无边线颜色"（双击标签进行设置）。

3) 通过工具箱为图形界面添加 3 个"输入框"构件。单击工具箱中的"输入框"构件图标，然后将鼠标指针移动到界面上，单击空白处并拖动鼠标，画出适当大小的矩形框，出现"输入框"构件。

4) 通过工具箱"插入元件"工具为图形界面添加两个"指示灯"元件。

设计的"主界面"如图 8-11 所示。

（2）"实时曲线"窗口界面

在"工作台"窗口中"用户窗口"选项卡，双击"实时曲线"图标，进入界面开发系统。

1) 通过工具箱为图形界面添加 1 个"实时曲线"构件。

2) 通过工具箱为图形界面添加 1 个"标签"构件，字符为"实时曲线"，标签的边线颜色均设置为"无边线颜色"（双击标签进行设置）。

设计的"实时曲线"窗口界面如图 8-12 所示。

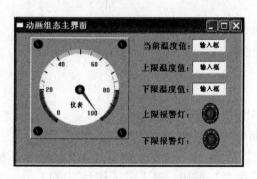

图 8-11 "主界面"窗口界面

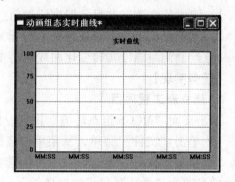

图 8-12 "实时曲线"窗口界面

（3）"历史曲线"窗口界面

在"工作台"窗口中"用户窗口"选项卡，双击"历史曲线"图标，进入界面开发系统。

1) 通过工具箱为图形界面添加 1 个"标签"构件，字符为"历史曲线"。标签的边线颜色设置为"无边线颜色"。

2) 通过工具箱为图形界面添加 1 个"历史曲线"构件。单击工具箱中的"历史曲线"构件图标，然后将鼠标指针移动到界面上，单击空白处并拖动鼠标，画出一个适当大小的矩形框，出现"历史曲线"构件。

设计的"历史曲线"窗口界面如图 8-13 所示。

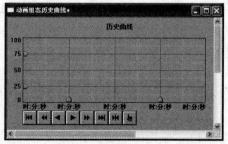

图 8-13 "历史曲线"窗口界面

246

3. 菜单设计

1）在"工作台"窗口的"主控窗口"选项卡，单击"菜单组态"按钮，弹出"菜单组态：运行环境菜单"窗口，如图 8-14 所示。右击"系统管理 [&S]"项，弹出快捷菜单，选择"删除菜单"命令，清除自动生成的默认菜单。

2）单击工具条中的"新增菜单项"图标按钮，生成"[操作 0]"菜单。双击"[操作 0]"菜单，弹出"菜单属性设置"对话框。在"菜单属性"选项卡中，将"菜单名"设为"系统"，"菜单类型"选择"下拉菜单项"单选按钮，如图 8-15 所示。单击"确认"按钮，生成"系统"菜单。

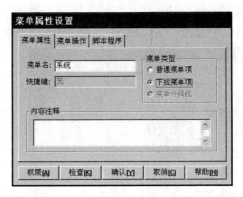

图 8-14 "菜单组态：运行环境菜单"窗口　　　　图 8-15 "菜单属性设置"对话框

3）在"菜单组态：运行环境菜单"窗口选择"系统"菜单，右击，弹出快捷菜单，选择"新增下拉菜单"命令，新增 1 个下拉菜单"[操作集 0]"。

双击"[操作集 0]"菜单，弹出"菜单属性设置"对话框，在"菜单属性"选项卡中，将菜单名改为"退出（X）"，"菜单类型"选择"普通菜单项"单选按钮，将光标放在"快捷键"文本框中同时按键盘上的〈Ctrl〉和〈X〉键，则文本框中出现"Ctrl+X"，如图 8-16所示。在"菜单操作"选项卡中，菜单对应的功能选择"退出运行系统"复选按钮，单击右侧下拉箭头，选择"退出运行环境"，如图 8-17 所示。单击"确认"按钮，设置完毕。

图 8-16 "退出"菜单属性设置　　　　　　　图 8-17 "退出"菜单操作属性设置

4）单击工具条中的"新增菜单项"图标按钮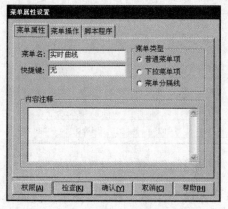，生成"［操作 0］"菜单。双击"［操作 0］"菜单，弹出"菜单属性设置"对话框。在"菜单属性"选项卡中，将"菜单名"改为"功能"，"菜单类型"选择"下拉菜单项"单选按钮，单击"确认"按钮，生成"功能"菜单。

5）在"菜单组态：运行环境菜单"窗口选择"功能"菜单，右击，弹出快捷菜单，选择"新增下拉菜单"命令，新增 1 个下拉菜单"［操作集 0］"。

双击"［操作集 0］"菜单，弹出"菜单属性设置"对话框，在"菜单属性"选项卡中，将"菜单名"设为"实时曲线"，"菜单类型"选择"普通菜单项"单选按钮（图 8-18）；在"菜单操作"选项卡，"菜单对应的功能"选择"打开用户窗口"复选按钮，在右侧下拉列表框中选择"实时曲线"，如图 8-19 所示。单击"确认"按钮，设置完毕。

图 8-18　"实时曲线"菜单属性设置

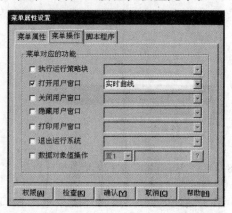

图 8-19　"实时曲线"菜单操作属性设置

6）在"菜单组态：运行环境菜单"窗口选择"功能"菜单，右击，弹出快捷菜单，选择"新增下拉菜单"命令，新增 1 个下拉菜单"［操作集 0］"。

双击"［操作集 0］"菜单，弹出"菜单属性设置"对话框，在"菜单属性"选项卡中，将"菜单名"设为"历史曲线"，"菜单类型"选择"普通菜单项"单选按钮，如图 8-20 所示；在"菜单操作"选项卡，"菜单对应的功能"选择"打开用户窗口"复选按钮，在右侧下拉列表框中选择"历史曲线"，如图 8-21 所示。单击"确认"按钮，设置完毕。

图 8-20　"历史曲线"菜单属性设置

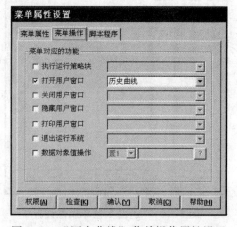

图 8-21　"历史曲线"菜单操作属性设置

7）在"菜单组态：运行环境菜单"窗口中分别选择"退出（X）""实时曲线"和"历史曲线"菜单项，右击，弹出快捷菜单，选择"菜单右移"命令，将已选中的三个菜单项右移；右击，弹出快捷菜单，选择"菜单上移"命令，可以调整"实时曲线"和"历史曲线"菜单上下位置。

设计完成的菜单结构如图8-22所示。

图8-22 菜单结构

4. 定义数据对象

在"工作台"窗口中"实时数据库"选项卡，单击"新增对象"按钮，再双击新出现的对象，弹出"数据对象属性设置"对话框。

1）在"基本属性"选项卡，将"对象名称"改为"温度"，"小数位"设为"1"，"最小值"设为"0"，"最大值"设为"200"，"对象类型"选择"数值"单选按钮。

在"存盘属性"选项卡，"数据对象值的存盘"选择"定时存盘"，"存盘周期"设为"1"秒。

2）新增对象，在"基本属性"选项卡，将"对象名称"改为"电压"，"小数位"设为"2"，"最小值"设为"0"，"最大值"设为"10"，"对象类型"选择"数值"单选按钮。

3）新增对象。在"基本属性"选项卡，将"对象名称"改为"电压1"，"小数位"设为"0"，"最小值"设为"0"，"最大值"设为"1000"，"对象类型"选择"数值"单选按钮。

4）新增对象。在"基本属性"选项卡，将"对象名称"改为"温度上限"，"对象类型"选"数值"单选按钮，"小数位"设为"0"，"对象初值"设为"50"，"最小值"设为"50"，"最大值"设为"200"。

5）新增对象。在"基本属性"选项卡，将"对象名称"改为"温度下限"，"对象类型"选"数值"单选按钮，"小数位"设为"0"，"对象初值"设为"20"，"最小值"设为"20"，"最大值"设为"40"。

6）新增对象。在"基本属性"选项卡，将"对象名称"改为"上限灯"，"对象初值"设为"0"，"对象类型"选择"开关"单选按钮。

7）新增对象。在"基本属性"选项卡，将"对象名称"改为"下限灯"，"对象初值"设为"0"，"对象类型"选择"开关"单选按钮。

8）新增对象。在"基本属性"选项卡，将"对象名称"改为"上限开关"，"对象初值"设为"0"，"对象类型"选择"开关"单选按钮。

9）新增对象。在"基本属性"选项卡，将"对象名称"改为"下限开关"，"对象初值"设为"0"，"对象类型"选择"开关"单选按钮。

10）新增对象。在"基本属性"选项卡，将"对象名称"改为"温度组"，"对象类型"选"组对象"单选按钮，如图8-23所示。

在"组对象成员"选项卡中，选择"数据对象列表"中的"温度"，单击"增加"按钮，数据对象"温度"被添加到右边的"组对象成员列表"中，如图8-24所示。

在"存盘属性"选项卡，选择"定时存盘"单选按钮，存盘周期设为"1"秒。

建立的实时数据库如图8-25所示。

图 8-23 "温度组"对象基本属性设置

图 8-24 "组对象成员"选项卡

图 8-25 实时数据库

5. 添加采集板卡设备

在"工作台"窗口中"设备窗口"选项卡,双击"设备窗口"图标,出现"设备组态:设备窗口"窗口,单击工具条上的"工具箱"图标按钮 ✗,弹出"设备工具箱"对话框。

1)单击"设备管理"按钮,弹出"设备管理"对话框。在"可选设备"列表中依次选择"所有设备→采集板卡→研华板卡→PCI_1710HG→研华_PCI1710HG",单击"增加"按钮,将"研华_PCI1710HG"添加到右侧的选定设备列表中,如图 8-26 所示。单击"确认"按钮,将选定设备添加到"设备工具箱"对话框中,如图 8-27 所示。

图 8-26 "设备管理"对话框

2）在"设备工具箱"对话框双击"研华_PCI1710HG"项，在"设备组态：设备窗口"窗口中出现"设备 0-[研华_PCI1710HG]"，设备添加完成，如图 8-28 所示。

图 8-27　"设备工具箱"对话框　　　　　图 8-28"设备组态：设备窗口"窗口

6. 设备属性设置

在"工作台"窗口中"设备窗口"选项卡，双击"设备窗口"图标，出现"设备组态：设备窗口"窗口。双击"设备 0-[研华_PCI1710HG]"项，弹出"设备属性设置"对话框，如图 8-29 所示。

1）在"基本属性"选项卡，将"IO 基地址（16 进制）"设为"e800"（IO 基地址即 PCI 板卡的端口地址，在 Windows 设备管理器中查看，该地址与板卡所在插槽的位置有关）。

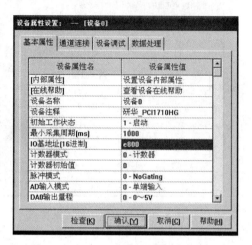

图 8-29　"设备属性设置"对话框

2）在"通道连接"选项卡，选择 3 通道对应的数据对象单元格，右击，弹出"连接对象"对话框，双击要连接的数据对象"电压 1"，完成对象连接，如图 8-30 所示。

3）在"通道连接"选项卡，选择 33 通道对应的数据对象单元格，右击，弹出"连接对象"对话框，双击要连接的数据对象"上限开关"；再选择 34 通道对应的数据对象单元格，右击，弹出"连接对象"对话框，双击要连接的数据对象"下限开关"，完成对象连接，如图 8-31 所示。

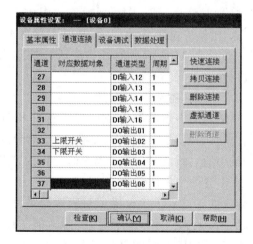

图 8-30　模拟量输入通道连接　　　　　图 8-31　开关量输出通道连接

4）在"设备调试"选项卡，如果系统连接正常，可以观察研华_PCI1710HG 数据采集卡模拟量输入 3 通道输入的电压值，当前显示 2.2387 V（需将显示值除以 1000），如图 8-32

所示。

5）在"设备调试"选项卡，用鼠标长按 34 通道对应数据对象"下限开关"的通道值单元格，通道值"0"变为"1"，如图 8-33 所示。如果系统连接正常，线路中数据采集卡对应输出通道 DO2 输出高电平，信号指示灯亮。

图 8-32　模拟电压输入调试

图 8-33　开关量输出调试

7. 建立动画连接

（1）"主界面"窗口界面对象动画连接

在"工作台"窗口中"用户窗口"选项卡，双击"主界面"窗口图标进入开发系统。

1）建立"仪表"元件的动画连接。

双击界面（图 8-11）中仪表元件，弹出"单元属性设置"对话框，选择"数据对象"选项卡，连接类型选择"仪表输出"，单击右侧的"?"按钮，弹出"数据对象连接"对话框，双击数据对象"温度"，在"数据对象"选项卡"仪表输出"行出现连接的数据对象"温度"，如图 8-34 所示。单击"确认"按钮完成仪表元件的数据连接。

图 8-34　"仪表"元件数据
对象连接

2）建立"输入框"构件动画连接。

双击界面中当前温度值"输入框"构件，出现"输入框构件属性设置"对话框。在"操作属性"选项卡中，将"对应数据对象的名称"设置为"温度"，将"数值输入的取值范围最小值"设为"0"，"最大值"设为"200"。

双击界面中上限温度值"输入框"构件，出现"输入框构件属性设置"对话框。在"操作属性"选项卡中，将"对应数据对象的名称"设置为"温度上限"，将"数值输入的取值范围最小值"设为"50"，"最大值"设为"200"。

双击界面中下限温度值"输入框"构件，出现"输入框构件属性设置"对话框。在"操作属性"选项卡中，将"对应数据对象的名称"设置为"温度下限"，将"数值输入的取值范围最小值"设为"20"，"最大值"设为"40"。

3）建立"指示灯"元件的动画连接。

双击界面中上限指示灯元件，弹出"单元属性设置"对话框。在"动画连接"选项卡，单击"组合图符"图元后的"?"号，在弹出窗口中双击数据对象"上限灯"，单击"确认"按钮完成连接。

双击界面中下限指示灯元件，弹出"单元属性设置"对话框。在"动画连接"选项卡，单击"组合图符"图元后的"?"号，在弹出窗口中双击数据对象"下限灯"，单击"确认"按钮完成连接。

（2）"实时曲线"窗口界面对象动画连接

在"工作台"窗口中"用户窗口"选项卡，双击"实时曲线"图标进入开发系统。

双击界面（图 8-12）中"实时曲线"构件，弹出"实时曲线构件属性设置"对话框。

在"画笔属性"选项卡，曲线 1 表达式文本框里为"温度"。

在"标注属性"选项卡，"时间单位"选择"分钟"，"X 轴长度"设为"2"，Y 轴"最大值"设为"100"。

（3）"历史曲线"窗口界面对象动画连接

在"工作台"窗口中"用户窗口"选项卡，双击"历史曲线"图标进入开发系统。

双击界面中"历史曲线"构件，弹出"历史曲线构件属性设置"对话框。

1）在"基本属性"选项卡中，将曲线名称设为"温度历史曲线"。

2）在"存盘数据"选项卡中，"历史存盘数据来源"选择"组对象对应的存盘数据"单选按钮，在右侧下拉列表框中选择"温度组"，如图 8-35 所示。

3）在"标注设置"选项卡中，将"X 轴坐标长度"设为"10"，"时间单位"选择"分"，"标注间隔"设为"1"。

4）在"曲线标识"选项卡中，选择"曲线 1"，"曲线内容"设为"温度"，"最大坐标"设为"200"，"实时刷新"设为"温度"，如图 8-36 所示。

图 8-35 "历史曲线"构件存盘属性

图 8-36 "历史曲线"构件曲线标识属性

单击"确认"按钮完成"历史曲线"构件动画连接。

8. 策略编程

在"工作台"窗口中"运行策略"选项卡，双击"循环策略"项，弹出"策略组态：循环策略"窗口，策略工具箱自动加载（如果未加载，右击，选择"策略工具箱"）。

单击"MCGS 组态环境"窗口工具条中的"新增策略行"图标按钮![icon]，在"策略组态：循环策略"窗口中出现"新增策略"行。单击选中策略工具箱中的"脚本程序"项，将鼠标指针移动到策略块图标上单击，以添加"脚本程序"构件。

双击"脚本程序"策略块，进入"脚本程序"编辑窗口，在编辑区输入如下程序：

```
电压=电压 1/1000
温度=(电压-1)*50
IF 温度>=温度上限 THEN
    上限开关=1
    上限灯=1
ENDIF
IF 温度>温度下限 AND 温度<温度上限 THEN
    下限开关=0
    下限灯=0
    上限开关=0
    上限灯=0
ENDIF
IF 温度<=温度下限 THEN
    下限开关=1
    下限灯=1
ENDIF
```

程序的含义是：利用公式"电压=电压 1/1000"* 把采集的数字量值转换为电压值，利用公式"温度=(电压-1)*50"把电压值转换为温度值（数据采集卡采集到 1～5 V 电压值，对应的温度值范围是 0～200℃，温度与电压是线性关系）；当温度大于等于设定的上限温度值，上限开关对应的数字量输出通道置高电平，界面中上限灯改变颜色；当温度小于等于设定的下限温度值，下限开关对应的数字量输出通道置高电平，界面中下限灯改变颜色。

单击"确定"按钮，完成程序的输入。

关闭"策略组态：循环策略"窗口，保存程序，返回到"工作台"窗口中"运行策略"选项卡，选择"循环策略"项，单击"策略属性"按钮，弹出"策略属性设置"对话框，将策略执行方式的定时循环时间设置为"1000"ms，单击"确认"按钮。

9. 调试与运行

保存该工程，将"主界面"窗口设为启动窗口，运行工程，"主界面"启动。

给传感器升温或降温，"主界面"窗口界面中显示当前测量温度值，温度的上、下限值，仪表指针随着温度变化而转动。

当测量温度值大于等于上限温度值时，界面中上限报警灯改变颜色，线路中上限指示灯 L1 亮；当测量温度值小于等于下限温度值时，界面中下限报警灯改变颜色，线路中下限指示灯 L2 亮；当测量温度值大于下限温度值并且小于上限温度值时，界面中下限报警灯、上限报警灯改变颜色，线路中下限指示灯 L2 和上限指示灯 L1 灭。可以修改报警上、下限值。

---

* "电压 1"是已定义的变量名，该公式表示"电压 1"除以 1000 后等于变量"电压"。

"主界面"窗口运行界面如图8-37所示。

单击主界面"功能"菜单，选择"实时曲线"子菜单，弹出"实时曲线"窗口界面。界面中显示温度值变化实时曲线，如图8-38所示。

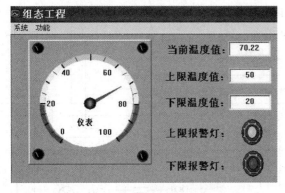

图8-37 "主界面"窗口运行界面

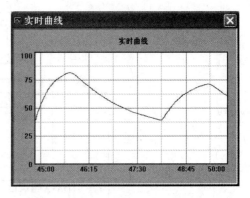

图8-38 "实时曲线"窗口运行界面

单击主界面"功能"菜单，选择"历史曲线"子菜单，弹出"历史曲线"窗口界面。界面中显示温度值变化历史曲线，如图8-39所示。

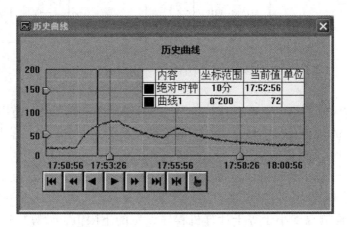

图8-39 "历史曲线"窗口运行界面

实训 22 远程 I/O 模块温度测控

【学习目标】

1）掌握用远程 I/O 模块进行温度采集与控制的硬件线路连接方法。

2）掌握用 MCGS 设计远程 I/O 模块温度采集与控制程序的方法。

【线路连接】

计算机与 ADAM4000 系列远程 I/O 模块组成的温度测控系统如图8-40所示。

图8-40中，ADAM-4520 串口与计算机的串口 COM1 连接，将 RS-232 总线转换为 RS-485 总线；ADAM-4012 的 DATA+和 DATA-分别与 ADAM-4520 的 DATA+和 DATA-连接；ADAM-4050 的 DATA+和 DATA-分别与 ADAM-4520 的 DATA+和 DATA-连接。模块电源端子+Vs、GND 分别与 DC24V 电源的+、-连接。

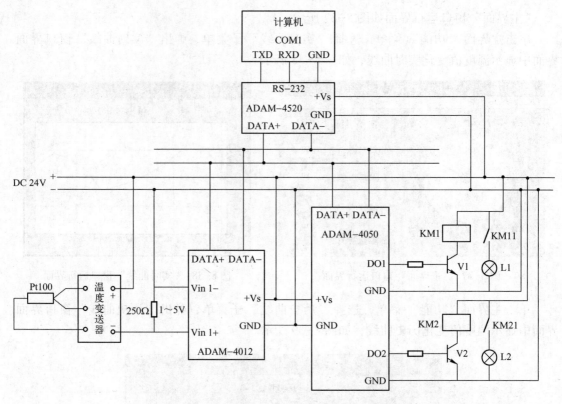

图 8-40　PC 与远程 I/O 模块组成的温度测控系统

温度传感器 Pt100 的热电阻检测温度变化，通过温度变送器（测量范围 0 ~ 200 ℃）将其转换为 4 ~ 20 mA 电流信号，经过 250 Ω 电阻被转换为 1 ~ 5 V 电压信号后送入 ADAM-4012 模块的模拟量输入通道。

当检测温度大于等于计算机设定的上限值，计算机输出控制信号，使 ADAM-4050 模块数字量输出 1 通道 DO1 引脚置高电平，晶体管 V1 导通，继电器 KM1 常开开关 KM11 闭合，指示灯 L1 亮；当检测温度小于等于计算机程序设定的下限值，计算机输出控制信号，使 ADAM-4050 模块数字量输出 2 通道 DO2 引脚置高电平，晶体管 V2 导通，继电器 KM2 常开开关 KM21 闭合，指示灯 L2 亮；当检测温度大于计算机程序设定的下限值并且小于计算机设定的上限值，计算机输出控制信号，使 ADAM-4050 模块数字量输出 1 通道 DO1 引脚置低电平，晶体管 V1 截止，继电器 KM1 常开开关 KM11 断开，指示灯 L1 灭，同时使 ADAM-4050 模块数字量输出 2 通道 DO2 引脚置低电平，晶体管 V2 截止，继电器 KM2 常开开关 KM21 断开，指示灯 L2 灭。

测试前需安装模块的驱动程序，并将 ADAM-4012 的地址设为 01，将 ADAM-4050 的地址设为 02。

注：有关 ADAM4000 系列远程 I/O 模块的软硬件安装及地址设定方法参见配套资源习题 3-7 参考答案。

【实训任务】

采用 MCGS 编写程序实现计算机与远程 I/O 模块温度检测与控制。要求：

1）自动连续读取并显示温度测量值。

2）绘制测量温度实时变化曲线。

3）实现温度上、下限开关控制与报警信息显示。

【任务实现】

1. 建立新工程项目

双击桌面"MCGS 组态环境"图标，进入 MCGS 组态环境。

1）单击"文件"菜单，从菜单中选择"新建工程"命令，出现"工作台"窗口。

2）单击"文件"菜单，从菜单中选择"工程另存为"命令，弹出"保存为"对话框，将文件名改为"远程模块温度监控"，单击"保存"按钮，进入"工作台"窗口。

3）单击"工作台"窗口中"用户窗口"选项卡中的"新建窗口"按钮，"用户窗口"选项卡出现新建"窗口 0"。

4）单击选中"窗口 0"，单击"窗口属性"按钮，弹出"用户窗口属性设置"对话框。将"窗口名称"改为"主界面"，窗口标题改为"主界面"，窗口位置选择"最大化显示"，单击"确认"按钮。

5）按照步骤 3）～步骤 4 同样建立 2 个用户窗口，窗口名称分别为"实时曲线"和"报警信息"；窗口标题分别为"实时曲线"和"报警信息"，窗口位置均选择"任意摆放"。

6）选择"工作台"窗口中"用户窗口"选项卡的"主界面"窗口图标，右击，在弹出的快捷菜单中选择"设置为启动窗口"命令。

2. 制作图形界面

（1）"主界面"窗口界面

在"工作台"窗口中"用户窗口"选项卡，双击"实时曲线"图标，进入界面开发系统。

1）通过工具箱"插入元件"工具为图形界面添加 1 个"仪表"元件。

2）通过工具箱为图形界面添加 5 个"标签"构件，字符分别为"当前温度值:""上限温度值:""下限温度值:""上限报警灯:"和"下限报警灯:"；所有"标签的边线颜色"均设置为"无边线颜色"（双击标签进行设置）。

3）通过工具箱为图形界面添加 3 个"输入框"构件。单击工具箱中的"输入框"构件图标，然后将鼠标指针移动到界面上，单击空白处并拖动鼠标，画出适当大小的矩形框，出现"输入框"构件。

4）通过工具箱"插入元件"工具为图形界面添加两个"指示灯"元件。

设计的"主界面"窗口界面如图 8-41 所示。

（2）"实时曲线"窗口界面

在"工作台"窗口中"用户窗口"选项卡，双击"实时曲线"图标，进入界面开发系统。

1）通过工具箱为图形界面添加 1 个"实时曲线"构件。

2）通过工具箱为图形界面添加 1 个"标签"构件，字符为"实时曲线"，"标签的边线颜色"均设置为"无边线颜色"（双击标签进行设置）。

设计的"实时曲线"窗口界面如图 8-42 所示。

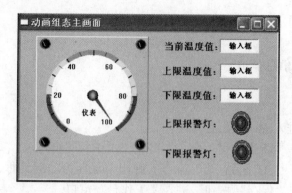

图 8-41　"主界面"窗口界面

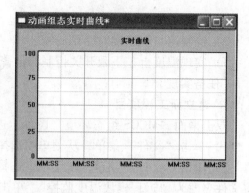

图 8-42　"实时曲线"窗口界面

（3）"报警信息"窗口界面

在"工作台"窗口中"用户窗口"选项卡，双击"报警信息"图标，进入界面开发系统。

1）通过工具箱为图形界面添加 1 个"标签"构件，字符为"报警信息"，"标签的边线颜色"设置为"无边线颜色"。

2）通过工具箱为图形界面添加 1 个"报警显示"构件。单击工具箱中的"报警显示"构件图标，然后将鼠标指针移动到界面上，单击空白处并拖动鼠标，画出适当大小的矩形框，出现"报警显示"构件。

设计的"报警信息"窗口界面如图 8-43 所示。

报警信息

时间	对象名	报警类型	报警事件	当前值	界限值	报警描述
03-15 11:51:28.Data0	上限报警	报警产生	120.0	100.0	Data0上限报警
03-15 11:51:28.Data0	上限报警	报警结束	120.0	100.0	Data0上限报警
03-15 11:51:28.Data0	上限报警	报警应答	120.0	100.0	Data0上限报警

图 8-43　"报警信息"窗口界面

3. 菜单设计

1）在"工作台"窗口中"主控窗口"选项卡，单击"菜单组态"按钮，弹出"菜单组态：运行环境菜单"窗口，如图 8-44 所示。右击"系统管理［&S］"项，弹出快捷菜单，选择"删除菜单"命令，清除自动生成的默认菜单。

2）单击工具条中的"新增菜单项"图标按钮▦，生成"［操作 0］"菜单。双击"［操作 0］"菜单，弹出"菜单属性设置"对话框。在"菜单属性"选项卡中，将菜单名设为"系统"，菜单类型选择"下拉菜单项"单选按钮，如图 8-45 所示。单击"确认"按钮，生成"系统"菜单。

3）在"菜单组态：运行环境菜单"窗口选择"系统"菜单，右击，弹出快捷菜单，选择"新增下拉菜单"项，新增 1 个下拉菜单"［操作集 0］"。

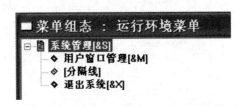

图8-44 "菜单组态：运行环境菜单"窗口 　　　　图8-45 "菜单属性设置"对话框

　　双击"［操作集0］"菜单，弹出"菜单属性设置"对话框，在"菜单属性"选项卡中，将菜单名改为"退出（X）"，菜单类型选择"普通菜单项"单选按钮，将光标放在快捷键输入框中同时按键盘上的〈Ctrl〉和〈X〉键，则输入框中出现"Ctrl＋X"，如图8-46所示。在"菜单操作"选项卡中，菜单对应的功能选择"退出运行系统"复选按钮，单击右侧下拉箭头，选择"退出运行环境"，如图8-47所示。单击"确认"按钮，设置完毕。

图8-46 "退出"菜单属性设置 　　　　　　图8-47 "退出"菜单操作属性设置

　　4）单击工具条中的"新增菜单项"图标按钮，生成"［操作0］"菜单。双击"［操作0］"菜单，弹出"菜单属性设置"对话框。在"菜单属性"选项卡中，将"菜单名"改为"功能"，"菜单类型"选择"下拉菜单项"，单击"确认"按钮，生成"功能"菜单。

　　5）在"菜单组态：运行环境菜单"窗口选择"功能"菜单，右击，弹出快捷菜单，选择"新增下拉菜单"命令，新增1个下拉菜单"［操作集0］"。

　　双击"［操作集0］"菜单，弹出"菜单属性设置"对话框，在"菜单属性"选项卡中，将"菜单名"设为"实时曲线"，"菜单类型"选择"普通菜单项"单选按钮，如图8-48所示；在"菜单操作"选项卡，"菜单对应的功能"选择"打开用户窗口"，在右侧下拉列表框中选择"实时曲线"，如图8-49所示。单击"确认"按钮，设置完毕。

图 8-48 "实时曲线"菜单属性设置　　　　　图 8-49 "实时曲线"菜单操作属性设置

6）在"菜单组态：运行环境菜单"窗口选择"功能"菜单，右击，弹出快捷菜单，选择"新增下拉菜单"项，新增 1 个下拉菜单"［操作集 0］"。

双击"［操作集 0］"菜单，弹出"菜单属性设置"对话框，在"菜单属性"选项卡中，将"菜单名"设为"报警信息"，"菜单类型"选择"普通菜单项"单选按钮，如图 8-50 所示；在"菜单操作"选项卡，"菜单对应的功能"选择"打开用户窗口"复选按钮，在右侧下拉列表框中选择"报警信息"，如图 8-51 所示。单击"确认"按钮，设置完毕。

7）在"菜单组态：运行环境菜单"窗口中分别选择"退出（X）""实时曲线"和"报警信息"菜单项，右击，弹出快捷菜单，选择"菜单右移"命令，可将已选择的三个菜单项右移；右击，弹出快捷菜单，选择"菜单上移"命令，可以调整"实时曲线"和"报警信息"菜单上下位置。

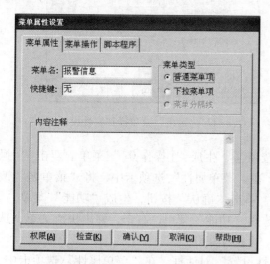

图 8-50 "报警信息"菜单属性设置

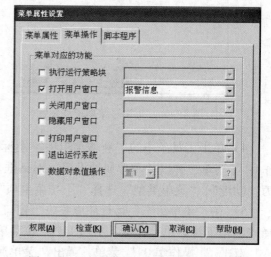

图 8-51 "报警信息"菜单操作属性设置

设计完成的菜单结构如图 8-52 所示。

4. 定义数据对象

在"工作台"窗口中"实时数据库"选项卡，单击"新增对象"按钮，再双击新出现的对象，弹出"数据对象属性设置"对话框。

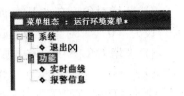

图 8-52　菜单结构

1）在"基本属性"选项卡，"对象名称"改为"温度"，"小数位"设为"1"，"最小值"设为"0"，"最大值"设为"200"，"对象类型"选择"数值"。

在"报警属性"选项卡，选择"允许进行报警处理"复选按钮，"报警设置"选项组被激活。选择"报警设置"选项组中的"下限报警"，"报警值"设为"20"，"报警注释"输入"温度低于下限！"，如图 8-53 所示；选择"报警设置"选项组中的"上限报警"，"报警值"设为"50"，"报警注释"输入"温度高于上限！"。

在"存盘属性"选项卡，"数据对象值的存盘"选择"定时存盘"单选按钮，"存盘周期"设为"1"秒，"报警数值的存盘项"选择"自动保存产生的报警信息"复选按钮，如图 8-54 所示。

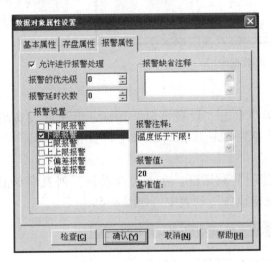

图 8-53　"温度"报警属性设置

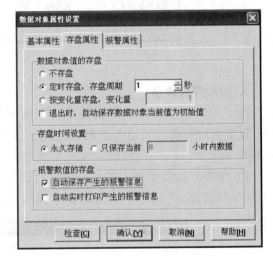

图 8-54　"温度"存盘属性设置

按"确认"按钮，"温度"报警设置完毕。

2）新增对象。在"基本属性"选项卡，将"对象名称"改为"电压"，"小数位"设为"2"，"最小值"设为"0"，"最大值"设为"10"，"对象类型"选择"数值"。

3）新增对象。在"基本属性"选项卡，将"对象名称"改为"温度上限"，"对象类型"选"数值"，"小数位"设为"0"，"对象初值"设为"50"，"最小值"设为"50"，"最大值"设为"200"。

4）新增对象。在"基本属性"选项卡，将"对象名称"改为"温度下限"，"对象类型"选"数值"，"小数位"设为"0"，"对象初值"设为"20"，"最小值"设为"20"，"最大值"设为"40"。

5）新增对象。在"基本属性"选项卡，将"对象名称"改为"上限灯"，"对象初值"设为"0"，"对象类型"选择"开关"。

6）新增对象。在"基本属性"选项卡，将"对象名称"改为"下限灯"，"对象初值"设为"0"，"对象类型"选择"开关"。

7）新增对象。在"基本属性"选项卡，将"对象名称"改为"上限开关"，"对象初值"设为"0"，"对象类型"选择"开关"。

8）新增对象。在"基本属性"选项卡，将"对象名称"改为"下限开关"，"对象初值"设为"0"，"对象类型"选择"开关"。

建立的实时数据库如图 8-55 所示。

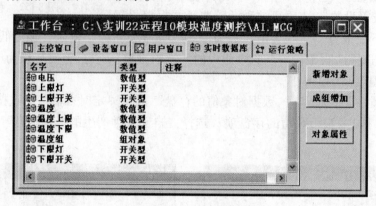

图 8-55 实时数据库

5. 添加模块设备

在"工作台"窗口中"设备窗口"选项卡，双击"设备窗口"图标，出现"设备组态：设备窗口"窗口，单击工具条上的"工具箱"图标按钮 ，弹出"设备工具箱"对话框。

1）单击"设备管理"按钮，弹出"设备管理"对话框。在"可选设备"列表中双击"通用串口父设备"项，将其添加到右侧的"选定设备"列表中，如图 8-56 所示。

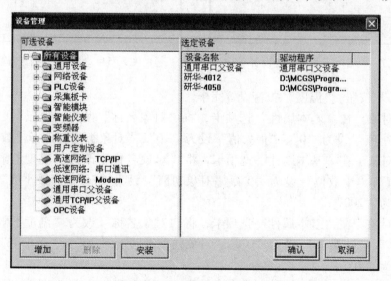

图 8-56 "设备管理"对话框

2）依次选择"所有设备→智能模块→研华模块→ADAM4000→研华-4012"，单击"增加"按钮，将"研华-4050"添加到右侧的"选定设备"列表中，如图 8-56 所示。

3）依次选择“所有设备→智能模块→研华模块→ADAM4000→研华-4050”，单击“增加”按钮，将“研华-4012”添加到右侧的“选定设备”列表中，如图8-56所示。

单击“确认”按钮，分别选定设备“通用串口父设备”、“研华-4012”和“研华-4050”，将他们添加到“设备工具箱”对话框中，如图8-57所示。

4）在“设备工具箱”对话框下双击“通用串口父设备”项，“设备组态：设备窗口”窗口中出现“通用串口父设备0-[通用串口父设备]”；在“设备工具箱”对话框双击“研华-4012”项，“设备组态：设备窗口”窗口中出现“设备0-[研华-4012]”；在“设备工具箱”对话框双击“研华-4050”项，“设备组态：设备窗口”窗口中出现“设备1-[研华-4050]”，设备添加完成，如图8-58所示。

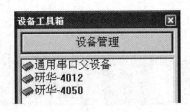

图8-57 “设备工具箱”对话框

图8-58 “设备组态：设备窗口”窗口

6. 设备属性设置

在“工作台”窗口中“设备窗口”选项卡，双击“设备窗口”图标，出现“设备组态：设备窗口”窗口。

1）双击“通用串口父设备0-[通用串口父设备]”项，弹出“通用串口设备属性编辑”对话框。在“基本属性”选项卡中，“串口端口”号选“0-COM1”，“通信波特率”选“6-9600”，“数据位位数”选“1-8位”，“停止位位数”选“0-1位”，“数据校验方式”选“0-无校验”，参数设置完毕，单击“确认”按钮，如图8-59所示。

2）双击“设备0-[研华-4012]”项，弹出“设备属性设置”对话框，在“基本属性”选项卡中将“设备地址”设为“1”，如图8-60所示。

图8-59 “通用串口设备属性编辑”对话框

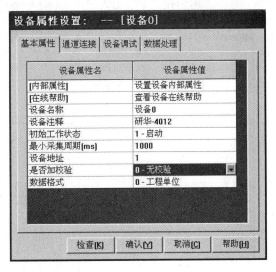

图8-60 “设备属性设置”对话框

在"通道连接"选项卡选择通道1对应数据对象单元格，右击弹出"连接对象"对话框，选择要连接的数据对象"电压"（或者直接在单元格中输入"电压"），如图8-61所示。

在"设备调试"选项卡可以看到研华-4012模拟量输入通道输入的电压值，如图8-62所示。

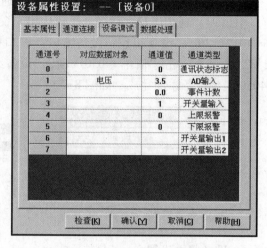

图8-61　模拟量输入通道连接　　　　　　图8-62　模拟电压输入调试

3）在"设备组态：设备窗口"窗口中双击"设备1-［研华-4050］"项，弹出"设备属性设置"对话框。

在"基本属性"选项卡中将"设备地址"设为"2"。

在"通道连接"选项卡选择9通道对应数据对象单元格，右击弹出"连接对象"对话框，选择要连接的数据对象"上限开关"，在10通道选择要连接的对象"下限开关"，如图8-63所示（数据类型与通道类型需一致）。

在"设备调试"选项卡，在10通道对应数据对象"下限开关"的通道值单元格长按鼠标左键，通道值由"0"变为"1"（图8-64），则对应通道输出高电平。

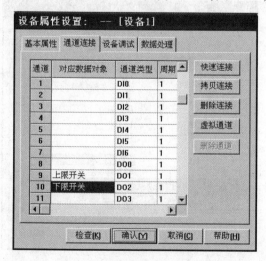

图8-63　开关量输出通道连接　　　　　　图8-64　开关量输出调试

7. 建立动画连接

（1）"主界面"窗口界面对象动画连接

在"工作台"窗口中"用户窗口"选项卡，双击"主界面"窗口图标进入开发系统。

1）建立"仪表"元件的动画连接。

双击界面（图8-41）中仪表元件，弹出"单元属性设置"对话框，选择"数据对象"选项卡，"连接类型"选择"仪表输出"。单击右侧的"?"按钮，弹出"数据对象连接"对话框，双击数据对象"温度"，在"数据对象"选项卡"仪表输出"行出现连接的数据对象"温度"，如图8-65所示。单击"确认"按钮完成仪表元件的数据连接。

图8-65 "仪表"元件数据对象连接

2）建立"输入框"构件动画连接。

双击界面中当前温度值"输入框"构件，出现"输入框构件属性设置"对话框。在"操作属性"选项卡中，将"对应数据对象的名称"设置为"温度"，将"数值输入的取值范围最小值"设为"0"，"最大值"设为"200"。

双击界面中上限温度值"输入框"构件，出现"输入框构件属性设置"对话框。在"操作属性"选项卡中，将"对应数据对象的名称"设置为"温度上限"，将"数值输入的取值范围最小值"设为"50"，"最大值"设为"200"。

"操作属性"选项卡中，将"对应数据对象的名称"设置为"温度下限"，将"数值输入的取值范围"最小值设为"20"，"最大值"设为"40"。

3）建立"指示灯"元件的动画连接。

双击界面中上限指示灯元件，弹出"单元属性设置"对话框。

在"动画连接"选项卡，单击"组合图符"图元后的"?"号，在弹出窗口中双击数据对象"上限灯"，单击"确认"按钮完成连接。

双击界面中下限指示灯元件，弹出"单元属性设置"对话框。

在"动画连接"选项卡，单击"组合图符"图元后的"?"号，在弹出窗口中双击数据对象"下限灯"，单击"确认"按钮完成连接。

（2）"实时曲线"窗口界面对象动画连接

在"工作台"窗口中"用户窗口"选项卡，双击"实时曲线"窗口图标进入开发系统。

双击界面（图8-42）中"实时曲线"构件，弹出"实时曲线构件属性设置"对话框。

在"画笔属性"选项卡，曲线1表达式选择数据对象"温度"。

在"标注属性"选项卡，"时间单位"选择"分钟"，"X轴长度"设为"2"，Y轴"最大值"设为"100"。

（3）"报警信息"窗口界面对象动画连接

在"工作台"窗口中"用户窗口"选项卡，双击"报警信息"窗口图标进入开发系统。

双击界面（图8-43）中"报警显示"构件，弹出"报警显示构件属性设置"对话框，在"基本属性"选项卡，"对应的数据对象的名称"设为"温度"，如图8-66所示。

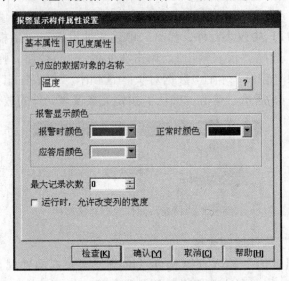

图8-66 "报警显示"构件数据对象连接

8. 策略编程

在"工作台"窗口中"运行策略"选项卡，双击"循环策略"项，弹出"策略组态：循环策略"窗口，策略工具箱自动加载（如果未加载，右击，选择"策略工具箱"）。

单击"MCGS组态环境"窗口工具条中的"新增策略行"图标按钮，在"策略组态：循环策略"窗口中出现"新增策略"行。单击选中策略工具箱中的"脚本程序"项，将鼠标指针移动到策略块图标上单击，以添加"脚本程序"构件。

双击"脚本程序"策略块，进入"脚本程序"编辑窗口，在编辑区输入如下程序：

```
温度=（电压-1）*50
IF 温度>=温度上限 THEN
    上限开关=1
    上限灯=1
ENDIF
IF 温度>温度下限 AND 温度<温度上限 THEN
    下限开关=0
    下限灯=0
    上限开关=0
    上限灯=0
ENDIF
IF 温度<=温度下限 THEN
    下限开关=1
    下限灯=1
ENDIF
```

266

```
!SETALMVALUE(温度,温度上限,3)
!SETALMVALUE(温度,温度下限,2)
```

程序的含义是：利用公式"温度=（电压−1）∗50"把电压值转换为温度值（模块采集到1～5 V电压值，对应的温度值范围是0～200℃，温度与电压是线性关系）；当温度大于等于设定的上限温度值，上限开关对应的数字量输出通道置高电平，界面中上限报警灯改变颜色；当温度小于等于设定的下限温度值，下限开关对应的数字量输出通道置高电平，界面中下限报警灯改变颜色；同时产生报警信息。

单击"确定"按钮，完成程序的输入。

关闭"策略组态：循环策略"编辑窗口，保存程序，返回到"工作台"窗口中"运行策略"选项卡，选择"循环策略"项，单击"策略属性"按钮，弹出"策略属性设置"对话框，将策略执行方式的定时循环时间设置为"1000"ms，单击"确认"按钮。

9. 调试与运行

保存该工程，将"主界面"窗口设为启动窗口，运行工程，"主界面"启动。

给传感器升温或降温，"主界面"窗口界面中显示当前测量温度值，温度的上、下限值，仪表指针随着温度变化而转动。

当测量温度值大于等于上限温度值时，界面中上限报警灯改变颜色，线路中上限指示灯 L1 亮；当测量温度值小于等于下限温度值时，界面中下限报警灯改变颜色，线路中下限指示灯 L2 亮；当测量温度值大于下限温度值并且小于上限温度值时，界面中下限报警灯、上限报警灯改变颜色，线路中下限指示灯 L2 和上限指示灯 L1 灭。可以修改报警上、下限值。

"主界面"窗口运行界面如图 8-67 所示。

单击主界面"功能"菜单，选择"实时曲线"子菜单，弹出"实时曲线"窗口界面。界面中显示温度值变化实时曲线，如图 8-68 所示。

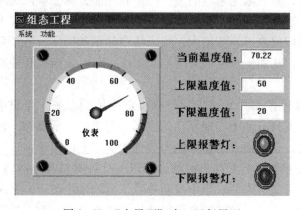

图 8-67 "主界面"窗口运行界面

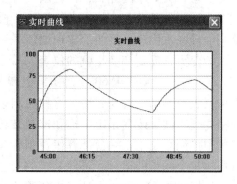

图 8-68 "实时曲线"窗口运行界面

单击主界面"功能"菜单，选择"报警信息"子菜单，出现"报警信息"窗口界面。报警信息窗口显示报警类型、报警事件、当前值、界限值以及报警描述等报警信息，如图 8-69 所示。

图 8-69 "报警信息"窗口运行界面

8.3 知识链接

8.3.1 集散控制系统

计算机集散控制系统，又称为计算机分布式控制系统（Distributed Control System, DCS）。它是一种综合了计算机技术、控制技术、通信技术和 CRT 显示技术（即 4C 技术），实现对生产过程集中监测、操作、管理和分散控制的新型控制系统。其基本思想是集中操作管理，分散控制。由于控制分散，就可以做到"危险分散"，从而使整个系统的可靠性大大提高。

1. 集散控制系统的产生

集散控制系统出现以前，生产过程控制主要采用模拟仪表控制系统或计算机集中控制系统。

20 世纪 40 年代多采用模拟仪表控制系统，虽然它具有可靠性高、成本低、操作简便且易于维护等优点，但随着工业生产的发展，其局限越来越明显。在控制性能方面，难以实现对多变量相关对象的控制，也难以实现复杂的控制；在操作监视方面，随着生产规模的扩大和工艺过程的复杂化，仪表大量增加，模拟仪表屏不断增大，难以集中显示和操作，各子系统间信号联系困难，不便于实现通信联系，从而无法组成分级控制系统；对系统组成和控制方式的变更，需要变换相应的仪表。

20 世纪 50 年代末 60 年代初，生产过程控制开始引入了计算机集中控制系统，克服了模拟仪表控制系统的局限性。这种控制系统具有易于实现复杂的控制，能集中显示操作，控制精度高，便于改变系统结构和控制方式，自下而上的通信能力较强等优点。但由于在计算机集中控制系统中，一台计算机控制着几十个甚至上百个回路，所以一旦计算机发生故障，将影响整个系统的运行，致使系统的安全可靠性降低。集中控制导致了危险性也集中。采用一台计算机工作，另一台计算机备用的双工系统，虽可提高可靠性，但成本太高，难以为用户所接受。

20 世纪 70 年代中期，在综合分析了模拟仪表控制与计算机集中控制的优点后，采用了"危险分散"的设计思想，将控制部分分散，而将显示操作部分高度集中，并利用了计算机技术、控制技术、通信技术和 CRT 显示技术的最新发展成果，研制出了一种新型的能满足不同系统要求的集散控制系统。

集散控制系统既不同于分散的仪表控制，又不同于计算机集中控制系统，它克服了二者的缺陷而集中了二者的优势。与模拟仪表控制相比，它具有连接方便（采用软连接的方法连接）且容易更改、显示方式灵活、显示内容多样、数据存储量大和占用空间少等优点；与计算机集中控制系统相比，它具有操作监督方便、危险分散和功能分散等优点。另外，集散控制系统不仅实现了分散控制与分而治之，而且实现了集中管理和整体优化，提高了生产自动化水平和管理水平，成为过程自动化和信息管理自动化相结合的管理与控制一体化的综合集成系统。这种系统组态灵活，通用性强，规模可大可小，既适用于中小型控制系统，也适用于大型控制系统，因此，在许多领域得到了广泛应用。

2. 集散控制系统的体系结构

集散控制系统是采用标准化、模块化和系列化的设计，实现集中监视、操作和管理，分散控制。虽然各制造厂家所生产的集散控制系统各不相同，但因采用了相同的设计思想，因此它们具有相似的体系结构。其体系结构从垂直方向可分为3级：第1级为分散过程控制级；第2级为集中操作监控级；第3级为综合信息管理级，各级相互独立又相互联系。从水平方向，每一级按功能可分成若干子块（相当于在水平方向分成若干级）。各级之间由通信网络连接，级内各装置之间由本级的通信网络进行通信联系。

集散控制系统典型的体系结构如图8-70所示。

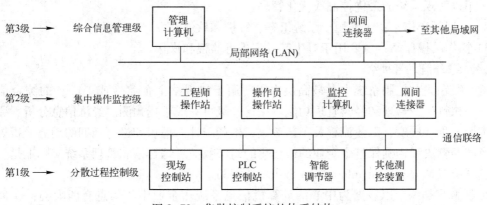

图 8-70　集散控制系统的体系结构

（1）分散过程控制级

分散过程控制级直接面向生产过程，是集散控制系统的基础。它具有数据采集、数据处理、回路调节控制和顺序控制等功能，能独立完成对生产过程的直接数字控制。其输入信息是面向传感器的信号，如热电偶、热电阻、变送器（温度、压力、液位、电压、电流和功率等）及开关量等信号，其输出是作用于驱动执行机构（调节阀和电磁阀等）。同时，通过通信网络可实现与同级间的其他控制单元和上层操作管理站相连和通信，实现更大规模的控制与管理。它可传送操作管理站所需的数据，也能接收操作管理站发来的各种操作指令，并根据操作指令进行相应的调整或控制。

构成这一级的主要装置如下。

1）现场控制站（工业控制机）：是一个可独立运行的计算机检测控制系统。具有数据采集、直接数字控制、顺序控制、信号报警、打印报表和数据通信等功能。

2）PLC控制站：主要用于生产过程的顺序控制或逻辑控制。针对开关量输入和开关量输出，用于执行顺序控制功能。

3）智能调节器：是一种数字化的过程控制仪表。不仅可接受 $4 \sim 20\,mA$ 电流信号输入，还具有异步通信接口，可与上位计算机连成主从式通信网络，接受上位计算机下传的控制参数，并上报各种过程参数。

4）其他测控装置：各控制器的核心部件是微处理器，可以是单回路的，也可以是多回路的。

（2）集中操作监控级

这一级的主要功能是系统生成、组态、诊断、报警、现场数据收集处理、生产过程量显示、各种工艺流程图显示、趋势曲线显示、改变过程参数和进行过程操作控制等。为完成这些功能，在硬件上该级主要由操作台、监控计算机、键盘、图形显示设备和打印机等组成。

这一级以操作监视为主要任务，兼有部分管理功能。它是面向操作员和系统工程师的，这一级配备有技术手段齐备、功能强的计算机系统及各类外部装置，特别是 CRT 显示器和键盘，还需要较大存储容量的存储设备及功能强大的软件支持，确保工程师和操作员对系统进行组态、监视和操作，对生产过程实现高级控制策略、故障诊断和质量评估等。

这一级主要设备如下。

1）监控计算机：即上位计算机，综合监视全系统的各工作站，具有多输入/多输出控制功能，用以实现系统的最优控制或优化管理。

2）工程师操作站：主要用于系统组态、维护和软件开发。

3）操作员操作站：主要用于对生产过程进行监视和操作。

（3）综合信息管理级

这一级在集散控制系统中是最高层次级，用于实现整个企业（或工厂）的综合信息管理，主要执行生产管理和经营管理功能。在这一级可完成市场预测、经济信息分析、原材料库存情况、生产进度、工艺流程及工艺参数、生产统计、报表和进行长期的趋势分析等，做出生产和经营决策，确保整个企业的最佳化的经济效益。综合信息管理系统实际上是一个管理信息系统（Management Information System，MIS）。

企业 MIS 是一个以数据为中心的计算机信息系统。企业中的信息有两大类：管理活动信息（包括日常管理、制订计划和战略性总体规划等信息）和职能部门活动的信息（包括生产制造、市场经营、财务和人事等信息）。企业 MIS 可粗略地分为市场经营管理、生产管理、财务管理和人事管理 4 个子系统。子系统从功能上说应尽可能地独立，子系统之间通过信息相互联系。

这一级由管理计算机、办公自动化系统和工厂自动化服务系统构成，从而实现整个企业的综合信息管理。

（4）通信网络系统

通信网络系统将集散控制系统的各部分连接在一起，完成各种数据、指令及其他信息的传递。由于各级之间的信息传输主要是依靠通信网络系统来支持，所以通信系统是集散控制系统的支柱。为保证信息高速可靠地传送，必须选择适当的通信网络结构、通信控制方式和通信介质。

根据各级的不同要求，通信网络也可分成低速、中速和高速通信网络。低速网络面向分散过程控制级；中速网络面向集中操作监控级；高速网络面向综合信息管理级。

3. 中小型 DCS 的基本结构

目前的 DCS 系统的总体性能基本可以满足各大中型企业生产过程的控制需求。许多成熟技术和标准部件的直接使用，也促使 DCS 系统逐步向标准化、组件化和 PC 化方向发展。尽管如此，专业厂家生产的 DCS 系统仍有部分专用的软、硬件技术和通信技术，使得系统的价位超过了中小型企业的经济承受能力，极大地制约了我国中小型企业迈向生产自动化的进程。中小型企业的这种社会需求，促使许多厂家利用现有的工业 PC、工业标准通信控制网络和通用控制级设备，构成中小型 DCS 系统。

美国的 AD 公司将这类 DCS 系统命名为 μDCS，如 AD 公司的 μDCS6000 系统。尽管目前正在进入市场的现场总线控制系统（FCS）弥补了某些专业 DCS 系统的不足之处，但我国在一个相当长时间内，仍将处于 DCS 和 FCS 并存的时期，因此，讨论中小型 DCS 的实现方法仍然具有现实意义。

中小型 DCS 的拓扑结构一般采用专业 DCS 中用得比较广泛的总线拓扑结构，监控级设备（也可以称为上位计算机或操作站）一般使用工业计算机，控制级设备使用产品化的调节仪表、可编程序控制器（PLC）和远程 I/O 模块等。上位计算机和控制级设备的网络通信则使用 RS-485 总线和面向字符型的通信协议。中小型 DCS 的基本结构如图 8-71 所示。

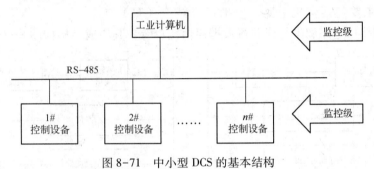

图 8-71　中小型 DCS 的基本结构

根据控制级所采用的不同控制设备，可以将中小型 DCS 系统分为工业计算机+仪表、工业计算机+PLC 和工业计算机+远程 I/O 共 3 种基本形式。

1）由工业计算机+仪表这种方式构成的中小型 DCS 系统侧重于过程控制，该系统在脱离工业计算机后仍是一个独立的仪表控制系统，具有仪表的基本调节功能和显示功能。

2）由工业计算机+PLC 构成的中小型 DCS 系统侧重于逻辑控制和顺序控制，由于 PLC 可靠性极高，由此构成的中小型 DCS 系统具有高可靠性。但是由于一般的 PLC 都不自带显示功能，因此由工业计算机+PLC 构成的中小型 DCS 在脱离工业计算机后，只能借助于带显示功能的 PLC 的显示单元才能实现过程信息的监视。

3）由工业计算机+远程 I/O 构成的中小型 DCS 系统适用于过程控制和逻辑控制。如果远程 I/O 为子系统，则整个系统在脱离工业计算机后仍然可以独立运行，如 OPTO 公司的 OPT022 系统和研华公司的 ADAM5000 系统。如果远程 I/O 为输入/输出模块，则整个系统在脱离工业计算机后将无法自主运行，如研华（中国）公司的 ADAM4000 系列。

8.3.2　智能仪表简介

随着微电子技术的不断发展，微处理器芯片的集成度越来越高，使用的领域也越来越广泛，这些都对传统的电子测量仪器带来了巨大的冲击和影响。尤其是单片微型计算机（简称单片机）的出现，引发了仪器仪表结构的根本性变革。单片机自20世纪70年代初期问世不久，就被引进了电子测量和仪器仪表领域，其作为核心控制部件很快取代了传统仪器仪表的常规电子线路。借助单片机强大的软件功能，可以很容易地将计算机技术与测量控制技术结合在一起，组成新一代的全新的微型计算机产品，即"智能仪表"，从而开创了仪器仪表的一个崭新的时代。

1. 智能仪表的组成

智能仪表一般是指采用了微处理器（或单片机）的电子仪器，如图8-72所示。由智能仪表的基本组成可知，在物理结构上，微型计算机包含于电子仪器中，微处理器及其支持部件是智能仪表的一个组成部分；从计算机的角度来看，测试电路与键盘、通信接口及显示器等部件一样，可看作是计算机的一种外围设备。因此，智能仪表实际上是一个专用的微型计算机系统，它主要由硬件和软件两大部分组成。

图 8-72　智能仪器产品

硬件部分主要包括主机电路、模拟量（或开关量）输入/输出通道接口电路和串行或并行数据通信接口等，其组成结构如图8-73所示。

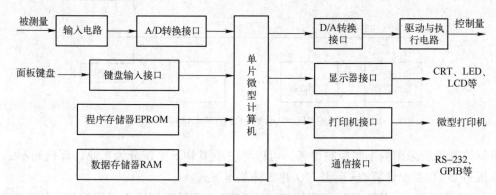

图 8-73　智能仪表硬件组成框图

智能仪表的主机电路是由单片机及其扩展电路（程序存储器 EPROM、数据存储器 RAM 及输入/输出接口等）组成的。主机电路是智能仪表区别于传统仪器的核心部件，用于存储程序和数据，执行程序并进行各种运算、数据处理和实现各种控制功能。输入电路和 A/D 转换接口构成了输入通道；而 D/A 转换接口及驱动电路则构成了输出通道；键盘输入接口、显示器接口及打印机接口等用于操作者与智能仪表之间的沟通，属于人机接口部件，通信接口则用来实现智能仪表与其他仪器或设备交换数据和信息。

智能仪表的软件包括监控程序和接口管理程序两部分。其中，监控程序主要是面向仪器操作面板、键盘和显示器的管理程序。其内容包括：通过键盘操作输入并存储所设置的功能、操作方式与工作参数；通过控制 I/O 接口电路对数据进行采集；对仪器进行预定的设置；对所测试和记录的数据与状态进行各种处理；以数字、字符和图形等形式显示各种状态信息以及测量数据的处理结果等。接口管理程序主要面向通信接口，其作用是接收并分析来自通信接口总线的各种有关信息、操作方式及工作参数的程控操作码，并通过通信接口输出仪器的现行工作状态及测量数据的处理结果来响应计算机的远程控制命令。

智能仪表的工作过程是：外部的输入信号（被测量）先经过输入电路进行变换、放大、整形和补偿等处理，然后再经模拟量输入通道的 A-D 转换接口被转换成数字量信号后送入单片机。单片机对输入数据进行加工处理、分析和计算等一系列工作，并将运算结果存入数据存储器 RAM 中。同时，可通过显示器接口送至显示器显示，或通过打印机接口送至微型打印机以打印输出，也可以将输出的数字量经模拟量输出通道的 D-A 转换接口转换成模拟量信号输出，并经过驱动与执行电路去控制被控对象，还可以通过通信接口（例如 RS-232、GPIB 等）实现与其他智能仪表的数据通信，完成更复杂的测量与控制任务。

智能仪表在结构上体现了微处理器与仪器的一体化，硬件与软件的相互融合。由于硬件减少，仪器的体积和重量也随之减小，特别是面板键盘代替了大多数的拨动开关，使面板简明美观，操作方便。

2. 智能仪表的功能

单片机的出现与应用，对科学技术的各个领域都产生了极大的影响，与此同时也导致了一场仪器仪表技术的巨大变革。单片机在智能仪表中的具体功能可归结为两大类：对测试过程的控制和对测试数据及结果的处理。

1）单片机对测试过程的控制。主要表现在单片机可以接受来自面板键盘和通信接口传来的命令信息，解释并执行这些命令。例如，发出一个控制信号给测试电路，以启动某种操作、设置或改变量程、工作方式等，也可通过查询方式或中断方式，使单片机及时了解电路的工作情况，以便正确地控制仪器的整个工作过程。

2）对智能仪表测试数据及结果的处理。主要表现在采用了单片机以后，大大提高了智能仪表的数据存储和数据处理能力。在不增加硬件的情况下，利用软件对测试数据进行进一步加工和处理，如数据的组装、运算和舍入，确定小数点的位置和单位，转换成七段码送显示器显示，或按规定的格式从通信接口输出等。

因此，单片机的应用使智能仪表具有以下主要功能：

1）人机对话。

智能仪表使用面板键盘代替了传统仪器中的切换开关，操作人员只需通过键盘输入命令，就能实现某种测量和处理功能。与此同时，智能仪表还可以通过显示屏将仪器的运行情况、工作状态以及对测量数据的处理结果及时告诉操作人员，使仪器的操作更加方便和直观。

2）自动校正零点、满度和自动切换量程。

智能仪表的自校正功能大大降低了因仪器的零点漂移和特性变化所造成的误差，而量程的自动切换又给使用者带来了很大的方便，可以提高测量精度和读数的分辨率。

3）自动修正各类测量误差。

许多传感器的固有特性是非线性的，且受环境温度和压力等参数的影响，从而给智能仪表带来了测量误差。在智能仪表中，只要能掌握这些误差出现的规律，就可以依靠软件进行非线性误差的修正。在一些复杂的测量系统中，对于不确定的随机误差，若能找出其统计模型，也能进行有效的补偿以减小误差。

4）数据处理。

智能仪表能实现各种复杂运算，对测量数据进行整理和加工处理，例如统计分析、查找排序、标度变换、函数逼近和频谱分析等。

5）各种控制规律。

智能仪表能实现 PID 及各种复杂的控制，可进行串级、前馈、解耦、非线性、纯滞后、自适应和模糊等控制，以满足不同控制系统的需要。

6）多种输出形式。

智能仪表的输出形式有数字显示、打印记录和声光报警，也可以输出多点模拟量（或开关量）信号。

7）自诊断和故障监控。

在运行过程中，智能仪表可以自动地对仪器本身各组成部分进行一系列的测试，一旦发现故障即能报警，并显示出故障部位，以便及时处理。有的智能仪表还可以在故障存在的情况下，自行改变系统结构，继续正常工作，即在一定程度上具有容错能力。

8）数据通信。

智能仪表一般都配有 GP-IB、RS-232、RS-485 等标准的通信接口，使智能仪表具有可程控操作的能力。可以很方便地与其他仪器和计算机进行数据通信，以便构成用户所需要的自动测量控制系统，完成复杂的控制任务。

3. 智能仪表的特点

智能仪表与传统仪器相比较，主要有以下几个特点：

1）仪器的功能强。

由于仪器内部含有微处理器，它具有数据的处理和存储功能，在丰富且功能强大的软件的支持下，仪器的功能较常规的仪器大为增强。例如常规的频率计数器能够测量频率和周期等参数，带有微处理器和 A/D 转换器的通用计数器还能测量电压、相位、上升时间、占空比、漂移及比率等多种电参数；又如传统的数字多用表只能测量交流与直流电压、电流及电阻，而带有微处理器的数字多用表，除此之外还能测量被测量的最大/最小、极限和统计等多种参数。仪器如果配上适当的传感器，还可测量温度和压力等非电参数。

2）仪器的性能好。

智能仪表中通过微处理器的数据存储和运算处理，能容易地实现多种自动补偿、自动校正和多次测量平均等技术，以提高测量精度。智能仪表中，对随机误差通常用求平均值的方法来克服，对系统误差则根据误差产生的原因采用适当的方法进行处理。

在智能仪表中，很大一部分设计是软件设计，研制时间较短，硬件本身的一些缺陷或弱点可用软件方法克服，从而提高仪器的性能价格比。

3）智能仪表的自动化程度高。

常规仪器面板上的开关和旋钮均被面板键盘所代替。仪器操作人员要做的工作仅是按键，省略了繁琐的人工调节。智能仪表通常都能自动选择量程和自动校准，有的还能自动调整测试点，这样既方便了操作，又提高了测试精度。

4）使用维护简单、可靠性高。

智能仪表通常还具有很强的自测试和自诊断功能，有的还具有一定的容错能力，从而大大提高了仪器工作的可靠性，给仪器的使用和维护带来很大方便。

仪器中采用微处理器后能实现"硬件软化"，使许多硬件逻辑都可用软件取代。例如，传统数字电压表的数字电路通常采用了大量的计数器、寄存器、译码显示电路及复杂的控制电路，而在智能仪表中，只要速度跟得上，这些电路都可用软件取代。显然，这可使仪器降低成本、减小体积、降低功耗和提高可靠性。

习题与思考题

8-1　集散控制系统有哪些技术特点？

8-2　集散控制系统中的软件技术有哪些？

8-3　集散控制系统的发展趋势是什么？

第9章　计算机控制系统的设计

计算机控制系统的设计既是一个理论问题，也是一个实际工程问题；既有技术性问题，又有经济性问题。它涉及自动控制理论、计算机技术、检测技术及仪表、通信技术、电气电工、电子技术和工艺设备等内容。对于不同的被控对象和控制要求，相应的设计和开发方法都不会完全一样。例如，对于小型系统，可能无论是硬件还是软件均由用户自己设计和开发；而对于大中型系统，用户可以选择市场上已有的各种硬件和软件产品，经过相对简单的二次开发后，组装成一个计算机控制系统；有时用户也可以委托第三方进行设计和开发。

9.1　计算机控制系统设计概述

9.1.1　计算机控制系统的设计原则

虽然不同的被控对象或被控生产过程，其控制系统的设计方案和具体的技术性能指标不同，有的甚至相差很大，但在系统设计和实施过程中，有一些共同的原则还是必须遵守的。

1. 满足工艺要求

在设计计算机控制系统时，首先应满足生产过程所提出的各种要求及性能指标。因为计算机控制系统是为生产过程自动化服务的，因此设计之前必须对工艺过程有一定的了解，系统设计人员应该和工艺人员密切沟通，才能设计出符合生产工艺要求和性能指标的控制系统。设计的控制系统所达到的性能指标不应低于生产工艺要求，但片面追求过高的性能指标而忽视设计成本和实现上的可能性也是不可取的。

2. 可靠性要高

系统的可靠性是指系统在规定的条件下和规定的时间内完成规定功能的能力。在现代生产和管理中，计算机控制系统起着非常重要的作用，其安全性和可靠性，直接影响到生产过程连续、优质和经济运行。

计算机控制系统通常都是工作在比较恶劣的环境之中，各种干扰会对系统的正常工作产生影响，各种环境因素（如粉尘、潮湿及振动等）也是对系统的考验。而计算机控制系统所控制的对象往往都是比较重要的，一旦发生故障，轻则影响生产，造成产品质量不合格，带来经济损失；重则会造成重大的人身伤亡事故，产生重大的社会影响。甚至可能因连锁反应，导致整个生产线的失控，所造成的损失将远远超过计算机控制系统本身。所以，计算机控制系统的设计总是应当将系统的可靠性放在第一位，以保证生产安全、可靠和稳定地运行。

为了确保计算机控制系统的高可靠性，在设计过程中应采取各种有利于系统安全可靠的技术方案和措施。

3. 操作性能要好

一个好的计算机控制系统应该人机界面好，方便操作和运行，易于维护。

操作方便主要体现在操作简单，显示界面形象直观，有较强的人机对话能力，便于掌握。在考虑操作先进性的同时，设计时要真正做到以人为本，尽可能地为使用者考虑，兼顾操作人员的习惯，降低对操作人员专业知识的要求，使他们能在较短时间内熟悉和掌握操作方法，不要强求操作人员掌握计算机知识后才能操作。对于人机界面可以采用 CRT、LCD 或触摸屏，使得操作人员可以对现场的各种情况一目了然。

维护方便主要体现在易于查找故障和排除故障。为此，需要在硬件和软件设计中综合考虑。在硬件方面，宜采用标准的功能模板式结构，并能够带电插拔，便于及时查找并更换故障模板；模板上应配置工作状态指示灯和监测点，便于检修人员检查与维护。在软件方面，设置检测、诊断与恢复程序，用于故障查找和处理。

从软件角度而言，要配置查错程序和诊断程序，以便在故障发生时能用程序帮助查找故障发生的部位，从而缩短排除故障的时间；在硬件方面，从零部件的排列位置，部件设计的标准化以及能否带电插拔等诸多因素都要通盘考虑，系统设计要尽量方便用户，简化操作规程，如面板上的控制开关不能太多和太复杂等。

在软件和硬件设计时都要考虑到操作人员会有各种误操作的可能，并尽量使这种误操作无法实现。

设计者应该注意的是：性能再好、技术再先进的产品，如果不能被使用者接受，也没有用。

4. 实时性要强

计算机控制系统的实时性表现在对内部和外部事件能及时响应，并做出相应的处理，不丢失信息，不延误操作。计算机处理的事件一般分为两类：一类是定时事件，如数据的定时采集，运算控制等，对此系统应设置时钟，保证定时处理；另一类是随机事件，如事故报警等，对此系统应设置中断，并根据故障的轻重缓急预先分配中断级别，一旦事故发生，保证优先处理紧急故障。

5. 通用性要好

通用性是指所设计出的计算机控制系统能根据不同设备和不同控制对象的控制要求，能灵活扩充且便于修改。工业控制的对象千差万别，而计算机控制系统的研制开发又需要有一定的投资和周期。一般来说，不可能为一台装置或一个生产过程研制一台专用计算机，常常是设计或选用通用性好的计算机控制装置灵活地构成系统。当设备和控制对象有所变更时，或者再设计另外一套控制系统时，对通用性好的系统一般稍做更改或扩充就可适应。

计算机控制系统的通用灵活性体现在两方面：一是硬件设计方面，首先应采用标准总线结构，配置各种通用的功能模板或功能模块，并留有一定的冗余，当需要扩充时，只需增加相应功能的通道或模板就能实现；二是软件方面，应采用标准模块结构，用户使用时尽量不进行二次开发，只需按要求选择各种功能模块，灵活地进行控制系统组态。

6. 经济效益要高

在满足计算机控制系统的技术性能指标的前提下，尽可能地降低成本，保证为用户带来更大的经济效益。经济效益表现在两方面：一是系统设计的性能价格比要尽可能高，在满足设计要求的情况下，尽量采用物美价廉的元器件；二是投入产出比要尽可能低，应该从提高生产的产品质量与产量、降低能耗、消除污染和改善劳动条件等方面进行综合评估。另外，要有市场竞争意识，尽量缩短开发设计周期，以降低整个系统的开发费用，使新产品尽快进入市场。

如果计算机控制系统与被控对象的距离在十几米甚至几十米之内，且被控对象的经济价值不是特别巨大或是发生短暂的故障时对用户的影响较小，可以考虑采用上位计算机加 I/O 板卡的方式；如果计算机控制系统所覆盖的地域比较大，系统结构可以考虑网络（串行总线）方式；如果被控对象的经济价值特别巨大或是发生短暂的故障时对用户的影响很大，则要考虑采用集散控制系统或是上位工控机加 PLC 方式。

7. 开发周期要短

如果计算机控制系统的开发时间太长，会使用户无法尽快地收回投资，影响了经济效益。而且，由于计算机技术发展非常快，只要几年的时间原有的技术就会变得过时。设计与开发时间过长，等于缩短了系统的使用寿命。因此，在设计时，应该尽可能使用成熟的技术，对于关键的元器件或软件，不是万不得已就不要自行开发。

现在，采用上位机加 I/O 板卡加组态软件，或是上位机加 PLC 加组态软件开发一个控制点数目在 100 点左右的计算机监控系统所需的时间（包括工艺调研）往往不会超过一个月。而在如此短的时间内要想自行开发出一个可以稳定、可靠地运行的软件或硬件产品是很困难的，因此，购买现成的软件和硬件进行组装与调试应该成为首选。

9.1.2 计算机控制系统的设计与实施步骤

任何一个系统的设计与开发基本上是由 6 个阶段组成的，即可行性研究、初步设计、详细设计、系统实施、系统测试（调试）和系统运行。当然，这 6 个阶段的发展并不是完全按照直线顺序进行的，在任何一个阶段出现了新问题后，都可能要返回到前面的阶段进行修改。

1. 可行性研究阶段

开发者要根据被控对象的具体情况，按照企业的经济能力、系统运行后可能产生的经济效益、企业的管理要求、人员的素质及系统运行的成本等多种要素进行分析。可行性分析的结果最终是要确定：使用计算机控制技术能否给企业带来一定经济效益和社会效益。这里要指出的是，不顾企业的经济能力和技术水平而盲目地采用最先进的设备是不可取的。

2. 初步设计阶段

初步设计阶段也可以称为总体设计阶段。系统的总体设计是进入实质性设计阶段的第一步，也是最重要和最为关键的一步。总体方案的好坏会直接影响整个计算机控制系统的成本、性能、设计和开发周期等。

在这个阶段，首先要进行比较深入的工艺调研，对被控对象的工艺流程有一个基本的了解，包括要控制的工艺参数的大致数目和控制要求、控制的地理范围的大小及操作的基本要求等。然后初步确定未来控制系统要完成的任务，写出设计任务说明书，提出系统的控制方案，画出系统组成的原理框图，作为进一步设计的基本依据。

3. 详细设计阶段

详细设计是将总体设计具体化。首先要进行详尽的工艺调研，然后选择相应的传感器、变送器、执行器、I/O 通道装置以及进行计算机系统的硬件和软件的设计。对于不同类型的设计任务，则要完成不同类型的工作。

如果是小型的计算机控制系统，硬件和软件都是自己设计和开发；此时，硬件的设计包括电气原理图的绘制、元器件的选择和印制电路板的绘制与制作；软件的设计则包括工艺流程图的绘制、程序流程图的绘制及针对一个个模块编写成对应的程序等。

4. 系统实施阶段

要完成各个元器件的制作、购买和安装；进行软件的安装和组态以及各个子系统之间的连接等工作。

5. 系统的调试（测试）阶段

通过整机的调试，发现问题，及时修改，例如检查各个元部件安装是否正确，并对其特性进行检查或测试；检验系统的抗干扰能力等。调试成功后，还要进行烤机运行，其目的是通过连续不停机的运行来暴露问题和解决问题。

6. 系统运行阶段

该阶段占据了系统生命周期的大部分时间，系统的价值也是在这一阶段中得到体现。在这一阶段应该有高素质的使用人员，并且严格按照章程进行操作，尽可能减少故障的发生。

9.1.3 计算机控制系统的总体方案设计

确定计算机控制系统总体方案是进行系统设计的关键而重要的一步。总体方案的好坏，直接影响到整个控制系统的成本、性能、实施细则和开发周期等。总体方案的设计主要是根据被控对象的工艺要求确定。

为了设计出一个切实可行的总体方案与实施方案，设计者必须深入了解生产过程，分析工艺流程及工作环境，熟悉工艺要求，确定系统的控制目标与任务。尽管被控对象多种多样，工艺要求各不相同，但在总体方案设计中还是有一定共性的。

1. 工艺调研

总体设计的第一步是进行深入的工艺调研和现场环境调研，明确具体任务，确定系统所要完成的任务，然后按一定规范、标准和格式，对控制任务和过程进行描述，形成设计任务书，作为整个控制系统设计的依据。

（1）调研的任务

经过调研要完成如下几个任务。

1）掌握系统的规模。要明确控制的范围是一台设备、一个工段、一个车间，还是整个企业。

2）熟悉工艺流程，并用图形和文字的方式对其进行描述。

3）初步明确控制的任务。要了解生产工艺对控制的基本要求。要掌握控制的任务是要保持工艺过程稳定，还是要实现工艺过程的优化。要掌握被控制的参量之间是否关联比较紧密，是否需要建立被控制对象的数学模型，是否存在比较大的滞后、非线性以及随机干扰等复杂现象。

4）初步确定 I/O 的数目和类型。通过调研掌握哪些参量需要检测、哪些参量需要控制以及这些参量的类型。

5）掌握现场的电源情况（是否经常波动，是否经常停电，是否含有较多谐波）和其他情况（如振动、温度、湿度、粉尘和电磁干扰等）。

（2）形成调研报告和初步方案

在完成了调研后，可以着手撰写调研报告，并在调研报告的基础上草拟出初步方案。如果系统不是特别复杂，也可以将调研报告和初步方案合二为一。

在对初步方案进行讨论时，往往会发现一些新问题或是不清楚之处，此时，需要再次调研，然后对原有方案进行修改。一般来说，在工艺调研、方案修改及方案讨论之间往往需要多次循环方能确定最后的总体设计方案。在这个过程中，如果系统开发者对计算机监控技术与自动控制技术的发展现状以及市场情况还不是很清楚的话，同样需要对其进行详细的调研。

（3）形成总体设计技术报告

在经过多次的调研和讨论后可以形成总体设计技术报告。它包含如下内容。

1）工艺流程的描述：可以用文字和图形的方式来描述。如果是流程型的被控制对象，则可以在确定了控制算法后画出带控制点的工艺流程图（又称为工艺控制流程图）。

2）功能描述：描述未来计算机控制系统应具有的功能，并在一定的程度上进行分解，然后设计相应的子系统。在此过程中，可能要对硬件和软件的功能进行分配与协调。对于一些特殊的功能，可能要采用专用的设备来实现。例如，发电机的励磁控制可以采用专用的励磁控制器。

3）结构描述：结构描述用于描述计算机控制系统的结构，确定其是采用开环控制还是闭环控制，是采用单回路还是多回路控制，进而确定出整个系统是采用直接数字控制、监督计算机控制，还是集散控制、现场总线控制，或是企业综合自动化 CIMS 的全部层次或其中部分层次等。

如果采用分布式控制，则对于网络层次结构的描述，可以详细到每一台主机、控制节点、通信节点和 I/O 设备。可以用结构图的方式对系统的结构进行描述，用箭头来表示信息的流向。

由于计算机控制系统的结构是多种多样的，为了便于理解，大致将其归纳为 3 种形式：形式 A，上位机加 I/O 板卡或一体化工作站；形式 B，单层结构，例如，上位机加 RS-485 总线加 I/O 模块；形式 C，多层复合结构。

4）控制算法的确定：如果各个被控参量之间关联不是十分紧密，可以分别采用单回路控制，否则，就要考虑采用多变量控制算法。如果被控制对象的数学模型不是很清楚，但也不是很复杂，则不必建立数学模型，可以直接采用常规的 PID 控制算法。

如果被控制对象十分复杂，存在比较大的滞后、非线性以及随机干扰，则要采用其他的控制算法。一般来说，尽可能多地了解被控制对象的情况，或建立尽可能准确反映被控制对象特性的数学模型，对于提高控制质量是有益处的。

5）I/O 变量总体描述：I/O 变量总体描述可以采用表格的方式进行。

2. 硬件总体方案设计

硬件总体设计主要包括：确定系统的结构和类型、系统的构成方式、现场设备的选择、人机联系方式、系统的机柜或机箱设计和抗干扰措施等。

（1）确定系统的结构和类型

根据系统要求，确定采用开环还是闭环控制。闭环控制还需进一步确定是单闭环还是多闭环控制。实际可供选择的控制系统类型有：数据采集系统（DAS）、直接数字控制系统（DDC）、监督计算机控制系统（SCC）、分散型控制系统（DCS）和工业控制网络系统等。

（2）确定系统的构成方式

确定系统的构成方式主要是选择机型。目前可供选择的工业控制计算机产品有可编程序控制器（PLC）、可编程序调节器、总线式工业控制机、单片机和计算机控制系统等。

一般应优先考虑选择总线式工业控制机来构成系统的方式。工控机具有系列化、模块化、标准化和开放式系统结构，有利于系统设计者在系统设计时根据要求任意选择，像搭积木般地组建系统。这种方式可提高系统研制和开发速度，提高系统的技术水平和性能，增加可靠性。

当系统规模较大，自动化水平要求高时，可选用集散控制、现场总线控制和高档 PLC 等工控网络构成。如果被控量中数字量较多，模拟量较少或没有，则可以考虑选用普通 PLC。如果是小型控制系统或智能仪器仪表，可采用单片机系列。

（3）现场设备选择

现场设备主要包括传感器、变送器和执行机构。传感器是影响系统控制精度的重要因素之一，所以要从信号量程范围、精度、对环境及安装要求等方面综合考虑，正确选择。

执行机构是计算机控制系统重要组成部分之一。常用的执行机构有电动执行机构、气动调节阀、液压伺服机构和步进电动机等，比较各种方案，择优选用。

（4）其他方面的考虑

总体方案中还应考虑人机联系方式、系统的机柜或机箱的结构设计及抗干扰等方面的问题。

对于选用标准微机系统的设计人员来说，主要的开发工作集中在输入/输出接口设计上，而这类设计又往往与控制程序设计交织在一起。

为了加快研制过程，可尽量选购市场上已有批量供应的工业化制成的模板产品。这些符合工业化标准的模板产品一般都经过严格测试，并可提供各种软件和硬件接口，包括相应的驱动程序等。模板产品只要同主机系统总线标准一致，购回后插入主机的相应空槽即可运行，且构成系统极为方便。

所以，除非无法买到满足自己要求的产品，否则绝不要随意决定自行研制。总之，通道产品一般尽量考虑选用厂家可提供的现成通道产品，同标准的微机系统配套使用。

3. 软件总体方案设计

软件总体方案设计的内容主要是确定软件平台、软件结构、任务分解、建立系统的数学模型、控制策略和控制算法等。软件设计也应采用结构化、模块化和通用化的设计方法，自上而下或自下而上地画出软件结构方框图，逐级细化，直到能清楚地表达出控制系统所要解决的问题为止。

在软件总体方案设计中，控制算法的选择直接影响到控制系统的调节品质，是系统设计的关键问题之一。由于被控制对象多种多样，相应控制模型也各异，所以控制算法也是多种多样。选择哪一种控制算法主要取决于系统的特性和要求达到的控制性能指标，同时还要考虑控制速度、控制精度和系统稳定性的要求。

在确定系统总体方案时，对系统的软件、硬件功能的划分要做统一的综合考虑，因为一些控制功能既能由硬件实现，也可用软件实现，如计数和逻辑控制等。

采用何种方式比较合适，应根据实时性要求及整个系统的性能价格比综合比较后确定。

一般的原则是在实时性满足的情况下或要求成本较低时，尽量采用软件实现。如果系统要求实时性比较高，控制回路比较多，某些软件设计比较困难时，而用硬件实现比较简单，且系统的批量又不大的话，则可考虑用硬件完成。

用硬件实现一些功能的好处是可以改善性能，加快工作速度，但系统硬件电路比较复杂，要增加部件成本，而用软件实现可降低成本，增加灵活性，但要占用主机更多的时间。一般的考虑原则是视控制系统的应用环境与今后的生产数量而定。

对于今后能批量生产的系统，为了降低成本，提高产品竞争力，在满足指定功能的前提下，应尽量减少硬件，多用软件来完成相应的功能。虽然在研制时可能要花费较多的时间或经费，但大批量生产后就可降低成本。由于整个系统的部件数减少，相应系统的可靠性也能得以提高。

硬件软件密切配合，相互间是不可分割的。在选购或研制硬件时要有软件设计的总体构思，在具体设计软件时要了解清楚硬件的性能和特点。

4. 系统总体方案

系统总体方案是硬件总体方案和软件总体方案的组合体。在确定总体方案时，应在工艺技术人员的配合下，从合理性、经济性及可行性等方面反复论证，仔细斟酌。经论证可行的总体方案，要形成文档，并建立完整的总体方案文档资料，它是系统具体设计的依据。总体方案文档应包括以下内容。

1）系统的主要功能、技术指标、原理性框图及文字说明。

2）控制策略与算法。

3）系统的硬件结构与配置。

4）主要软件平台、软件结构及功能、软件结构框图。

5）方案的比较与选择。

6）抗干扰措施与可靠性设计。

7）机柜或机箱的结构与外形设计。

8）经费和进度计划的安排。

9）对现场条件的要求等。

总之，系统的总体方案反映了整个系统的综合情况，要从正确性、可行性、先进性、可用性和经济性等角度来评价系统的总体方案。

只有当拟定的总体方案能满足上述基本要求后，设计好的目标系统才有可能符合这样的基本要求。总体方案通过之后，才能为各子系统的设计与开发提供一个指导性的文件。

作为总体方案的一部分，设计者还应提供对各子系统功能检测的一些测试依据或标准。对于较大的系统，还要编制专门的测试规范。

我们知道，当各子系统完成设计后还要进行系统综合测试，所以需要编制一些专门的测试程序和生成测试数据的程序。这些程序的编制依据，很大一部分是取自总体设计书中提供的测试标准。测试标准也为系统的测试和验收提供了依据。

在进行系统测试之前，设计单位和使用单位要根据合同和功能规范要求制定系统测试验收方案，便于在验收时双方能据此逐项测试考核，决定系统是否最终予以接受和交付使用。

在完成系统总体设计的同时，也应制定好完备的功能检测规范，既有利于系统的集成、测试和联调，也有利于系统交付使用前的验收测试。

9.2 计算机控制系统的硬件设计

在硬件总体方案的基础上，进行硬件的细化设计。它主要包括主机机型和系统总线选择、输入/输出通道设计、人机联系设计和现场设备选择等。

9.2.1 选择系统总线

采用总线式工业控制机进行系统的硬件设计，可以解决工业控制中的众多问题。由于总线式工业控制机的高度模块化和插板结构，因此可以采用组合方式来大大简化计算机控制系统的设计。采用总线式工业控制机，只需要简单地更换几块模板，就可以很方便地变成另外一种功能的控制系统。

内总线是计算机系统各组成部分之间进行通信的总线，按功能分为数据总线、地址总线、控制总线和电源总线 4 部分。每种型号的计算机都有自身的内部总线。在工业控制机中，常用的内总线有两种，即 PC 总线和 STD 总线。目前，常采用 PC 总线进行系统设计，即选用 PC 总线工业控制机。

外总线是计算机与计算机之间或计算机与其他智能设备之间或智能外设之间进行通信的连线集合，它包括 IEEE-488 并行通信总线和 RS-232C 串行通信总线。对于远距离通信和多站点互联通信，还包括 RS-422 和 RS-485 通信总线。在系统设计中，具体选择哪一种，要根据通信距离、速率、系统拓扑结构和通信协议等要求来综合分析确定。有些主机没有现成的接口装置，必须选择相应的通信接口电路或通信接口板。

9.2.2 选择主机

目前，所采用的主机有单片机、可编程序控制器（PLC）和工业 PC（工控机）等。

在实际应用中，应根据应用规模、控制目的和控制需要等选用性能价格比高的计算机，如对于小型控制系统、智能仪表及智能化接口，尽量采用单片机模式；对于新产品开发或用量较大的场合，为降低成本，也可采用单片机模式；对于中等规模的控制系统，为加快系统的开发速度，可以选用 PLC 或工控机，应用软件可自行开发；对于大型的生产过程控制系统，最好选用工控机、专用集散控制系统（DCS）或现场总线控制系统（FCS），软件可自行开发或购买现成的组态软件。

如果控制现场环境比较好，对可靠性的要求又不是特别高，可以选择普通的个人计算机，否则还是选择工控机为宜。

在主机的配置上，以留有余地且满足需要为原则，不一定要选择最高档的配置。

9.2.3 选择输入/输出板卡

对于采用工业控制计算机的控制系统，输入/输出通道硬件设计非常简单，只需根据控制要求选择合适的输入/输出板卡，这包括数字量 I/O（即 DI/DO）板卡、模拟量 I/O（即 AI/AO）板卡、实时时钟板和步进电动机控制板等。

1. 选择模拟量输入/输出板卡

在工业控制系统中，输入信号往往是模拟量，这就需要一个装置把模拟量转换成数字量，各种 A-D 芯片就是用来完成此类转换的。在实际的计算机控制系统中，并不是以 A-D 芯片为基本单元，而是制成商品化的 AI 板卡。

AI 板卡使用的 A-D 转换芯片和总线结构不同，性能有很大的区别。AI 板卡通常有单端输入、差分输入以及两种方式组合输入 3 种，采用双端输入比较好，可以提高抗干扰能力。

AI 板卡内部通常设置一定的采样缓冲器，对采样数据进行缓冲处理，缓冲器的大小也是板卡的性能指标之一。在抗干扰方面，AI 板卡通常采取光电隔离技术，实现信号的隔离。板卡模拟信号采集的精度和速度指标通常由板卡所采用的 A-D 转换芯片决定。

计算机内部处理采用的是数字量，如果执行机构采用的是模拟量，则计算机需要通过 AO 板卡将数字量转化为模拟量，从而通过控制执行机构的动作去控制生产工艺过程。

AO 板卡同样根据其采用的 D-A 转换芯片的不同，转换性能指标有很大的差别。

AI 板卡输入可能是 $0 \sim \pm 5\,V$、$1 \sim 5\,V$、$0 \sim 10\,mA$、$4 \sim 20\,mA$ 以及热电偶、热电阻和各种变送器的信号。

AO 板卡输出可能是 $0 \sim 5\,V$、$1 \sim 5\,V$、$0 \sim 10\,mA$、$4 \sim 20\,mA$ 等信号。选择 AI/AO 板卡应根据 AI/AO 路数、分辨率、转换速度和量程范围等。

2. 选择数字量（开关量）输入/输出板卡

计算机控制系统通过数字量输入板卡采集工业生产过程的离散输入信号，并通过数字量输出板卡对生产过程或控制设备进行开关式控制（二位式控制）。将数字量输入和数字量输出功能集成在一块板卡上，就称为数字量输入/输出板卡，简称 I/O 板卡。

PCI 总线 I/O 板卡多种多样，通常可以分为带 TTL 电平的输入/输出和带光电隔离的输入/输出。通常和工业控制机共地装置的接口可以采用 TTL 电平，而其他装置与工业控制机之间则采用光电隔离。对于大容量的输入/输出系统，往往选用大容量的 TTL 电平输入/输出板卡，而将光电隔离及驱动功能安排在工业控制机总线之外的非总线板卡上。

某型号模拟量输入板卡如图 9-1 所示，某型号数字量输出板卡如图 9-2 所示。

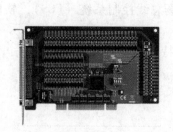

图 9-1　某型号模拟量输入板卡产品图　　　图 9-2　某型号数字量输出板卡产品图

在采用工业控制计算机的控制系统中，输入/输出板卡可根据需要组合，不管哪种类型的系统，其板卡的选择与组合均由生产过程的输入参数和输出控制通道的种类和数量来确定。

9.2.4 选择传感器和变送器

计算机控制系统要实现自动控制，首先要实现过程数据的自动检测，这个任务是由检测仪表来完成的，因此系统设计者必须根据现场的具体要求、工艺过程信号的检测原理及安装环境等诸多因素选择合适的检测仪表。

传感器和变送器均属于检测仪表。传感器是将被测的物理量（如温度、压力、流量、电压、电流、功率和频率等）转换为电量的装置；变送器是将被测的物理量或传感器输出的微弱电量转换为可以远距离传送且标准的电信号（一般为 4 ~ 20 mA 或 1 ~ 5 V 等），其输出信号被送至计算机进行处理，实现数据采集。变送器的输出信号与被测变量有一定连续关系，反映了被测变量的大小。

DDZ-Ⅲ型变送器输出的是 4 ~ 20 mA 信号，供电电源为 DC24V 且采用二线制，DDZ-Ⅲ型比 DDZ-Ⅱ型变送器性能好，使用方便。DDZ-S 系列变送器是在总结 DDZ-Ⅱ型和 DDZ-Ⅲ型变送器的基础上，吸收了国外同类变送器的先进技术，采用模拟技术与数字技术相结合，从而开发出的新一代变送器。

某型号压力变送器如图 9-3 所示，某型号温度变送器如图 9-4 所示。

图 9-3　某型号压力变送器产品图　　　　图 9-4　某型号温度变送器产品图

近年来，出现了以微处理器为基础的智能型变送器以及现场总线仪表的推广使用，为设计者的选择提供更大的空间。对于交流量的采集，如交流电压、交流电流、有功功率、无功功率和频率等的采集，目前更多地采取交流采样法，这种方法不需要电量变送器，而是根据采集的交流量，在计算机中利用程序算法计算得到所需的电气变量和参数。

常用的变送器有温度变送器、压力变送器、流量变送器、液位变送器、差压变送器及各种电量变送器等。

系统设计人员可根据被测参数的种类、量程、被测对象的介质类型和环境来选择变送器的具体型号。

9.2.5 选择执行机构

执行机构的作用是接受计算机发出的控制信号，并把它转换成机械动作，对生产过程实施控制。

执行机构根据工作原理可分为气动、电动和液压 3 种类型。气动执行机构具有结构简单、操作方便、使用可靠、维护容易和防火防爆等优点；电动执行机构具有体积小、种类多、使用方便、响应速度快及容易与计算机连接等优点；液压执行机构具有输出功率大、能传送大扭矩和较大推力、控制和调节简单和方便省力等优点。

电动执行机构可直接接受来自工业控制机的输出信号 $4 \sim 20\,mA$ 或 $0 \sim 10\,mA$，实现控制作用。$4 \sim 20\,mA$ 或 $0 \sim 10\,mA$ 电信号经电—气转换器转换成标准的 $0.02 \sim 0.1\,MPa$ 气压信号之后，可与气动执行机构配套使用。

常用的电动执行机构有：电动机、电动机起动器、变频器、调节阀、电磁阀、可控硅整流器或者继电器线圈等。另外，还有各种有触点和无触点开关，也是执行机构，实现开关动作。

某型号气动执行机构如图 9-5 所示，某型号电动执行机构如图 9-6 所示。

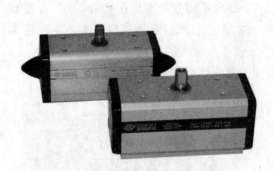

图 9-5　某型号气动执行机构产品图　　　　图 9-6　某型号电动执行机构产品图

在系统设计中，需根据系统的要求来选择执行机构，如要实现连续的精确控制，必须选用气动或电动调节阀，而对于要求不高的控制系统可选用电磁阀。

执行机构是自动控制的最后一道环节，必须考虑环境要求、行程范围、驱动方式、调节介质和防爆等级等方面的因素。

9.2.6　操作面板设计

操作面板（也称为操作控制台）是操作员与计算机控制系统之间进行联系的纽带，也是微机控制系统中的重要设备。

根据具体情况，操作面板可大可小，大到可以是一个庞大的操作台（图 9-7）；小到只是几个功能键和开关，如智能仪器中，操作面板都比较小。

通过操作控制台，操作人员可及时了解被控对象的运行状态、运行参数和报警信号等，并进行必要的人为干预，发出各种控制命令或紧急处理某些事件，实现相应的控制目标，还能通过它输入程序和修改有关参数。

操作控制台的主要功能有：输送源程序到存储器，或者通过面板操作来监视程序执行情况；打印、显示中间结果或最终结果；根据工艺要求，修改一些检测点和控制点的参数及给定值；设置报警状态，选择工作方式以及控制回路等；完成手动—自动无扰动切换；进行现场手动操作；完成各种界面显示。

为实现上述功能，操作控制台一般应包括以下几部分。

图 9-7 计算机操作控制台

（1）信息显示

显示器件用于微机对各被测参数、控制参数、功能参数、系统状态和各种界面的显示。

采用 LED、LCD 或液晶显示器，显示所需控制内容和报警信号。在显示数据较少、系统功耗小的简易系统中，更多的是采用 LCD 显示器；而在规模比较大和要求比较高的复杂控制系统中，可以选用液晶显示器。因为液晶显示器不仅可以显示数据表格，而且可以显示各种图形，如控制系统流程图、参数变化趋势图和调节回路指示图等。清晰美观的显示，不是简单地为了改善控制系统外观，而是为了便于操作人员工作，提高系统的性能。

操作面板一般都安装警铃或扬声器等报警装置，一旦各控制参数或测量值越限，警铃或扬声器就发出声响，报警灯闪烁，声光同时报警，使操作人员能及时发现并处理。

（2）信息记忆

主要采用打印机、记录仪和存储设备等输出设备。存储设备有磁盘驱动器、光盘驱动器、U 盘和磁带机等，主要用于存储程序和数据；打印装置用于定时或随时打印所需的状态参数及表格。

（3）工作方式选择

采用各种开关，如按钮和扳键等，实现工作方式的选择，例如电源开关、数据及地址选择开关及操作方式（如自动、手动）选择开关等。通过这些开关，可以完成对计算机系统的启动和暂停，对参数或数据进行修改，对工作方式、算法和控制方式进行选择等功能。

开关的形式可采用拨动开关、旋转开关、拨盘开关和滑动开关等形式，有些需要连锁的开关还可采用琴键式组合开关。

（4）信息输入

采用输入设备进行信息输入，有键盘、扫描仪、纸带读入机和卡片读入机等，主要用于输入程序和数据。操作键盘一般应包括数字键及功能键。通过数字键操作可实现给定值的设定和控制参数的修改等。通过功能键可向主机申请中断服务，使计算机进入功能键所代表的功能服务程序，如启动、复位、打印和显示等功能服务程序。

不同系统，操作面板可能差异很大，所以一般需要根据实际情况自行设计。在设计中应遵循安全可靠、使用方便、操作简单、板面布局适宜美观和符合人机工程学要求的原则。

9.3　计算机控制系统的软件设计

在一个计算机控制系统中，除了硬件（计算机、传感器和执行机构等）外，软件也是一个非常重要的部分。控制系统的硬件电路确定之后，控制系统的主要功能将依赖于软件来实现。对同一个硬件电路，配以不同的软件，它所实现的功能也就不同，而且有些硬件电路功能常可以用软件来实现。研制一个复杂的微机控制系统，软件研制的工作量往往大于硬件，可以认为，计算机控制系统设计，很大程度上是软件设计，因此，设计人员必须掌握软件设计的基本方法和编程技术。

9.3.1　控制系统对应用软件的要求

1. 实时性

由于工业控制系统是实时控制系统，即能够在被控对象允许的时间间隔内完成对系统的控制、计算和处理等任务，尤其是对于多回路系统，更应高度重视控制系统的实时性问题。为此，除在硬件上采取必要的措施外，还应在软件设计上加以考虑，提高软件的响应和处理速度。为了提高软件的实时性，可以从以下几个方面考虑：对于应用软件中实时性要求高的部分，可使用汇编语言；运用编程技巧可以提高处理速度；对于那些需要随机间断处理的任务可采用中断系统来完成；在满足要求的前提下，应尽量降低采样频率，以减轻整个系统的负担。

2. 灵活性和通用性

在应用程序设计中，为了节省内存和具有较强的适应能力，通常要求有一定的灵活性和通用性。在进行软件设计时要做到以下几点：程序的模块化设计和结构化设计；尽量将共用的程序编写成子程序；系统容量的可扩展性和系统功能的可扩充性。

3. 可靠性和容错性

计算机控制系统的可靠性，不仅取决于硬件可靠性，而且还取决于软件的可靠性，两者的可靠性同等重要。为确保软件的可靠性，可从下面几方面考虑：在软件设计中采用模块化的结构，有利于排错；设置检测与诊断程序，实现对系统硬件与软件检查，发现错误及时处理；采用冗余设计技术等。

4. 有效性和针对性

有效性是指对系统主要资源的使用效率。这些资源主要包括 CPU、存储器、I/O 接口、中断、定时/计数器和远程通信等。在设计中应充分利用系统资源，简化软件设计，提高软件运行效率。

由于应用程序是为一个具体系统服务的，因此应根据具体系统的要求和特性来设计，选用合适的算法。

5. 可维护性

可维护性是指软件能够被理解、检查、测试、校正、适应和改进的难易程度。所设计的软件应该易于维护和测试，便于理解和改进。为此，应按照软件工程的要求，在软件编制设计中，使程序具有良好的程序结构，易于阅读，便于理解。可以加入适当的注释，以便阅读和理解源程序。

注释有序言性注释和功能性注释，序言性注释位于每个模块的起始部分，它主要描述模块的功能，模块的接口，包括调用格式，所用参数的注释，该模块需调用的其他子模块名，重要变量和参数，开发历史，包括模块的设计者，设计时间，修改时间以及修改的描述。功能性注释嵌在源程序体内，主要描述程序段的功能。

6. 多任务性和多线程性

现代控制和管理软件所面临的工业应用对象不再是单一任务或线程，而是较复杂的多任务系统，因此，如何有效地控制和管理这样的系统仍是目前控制软件主要的研究内容。为适应这种要求，控制软件特别是底层的控制系统软件必须具有此特性，如多任务实时操作系统的研究和应用等。

另外，集成化、智能化、多媒体化和网络化是计算机软件技术发展提出的新要求，完备的软件文档资料对于软件的维护也非常重要。

9.3.2 控制系统应用软件的设计流程

一个完整的应用软件设计流程可以用图 9-8 来说明。

1. 需求分析

需求分析是分析用户的要求，主要是确定待开发软件的功能、性能、数据和界面等要求。系统的功能要求，即列出应用软件必须完成的所有功能；系统的性能要求，包括响应时间、处理时间、振荡次数和超调量等；数据要求，如采集量、导出量、输出量和显示量等，确定数据类型、数据结构和数据之间的关系等；系统界面要求描述系统的外部特性；系统的运行要求；对硬件、支撑软件和数据通信接口等的要求；安全性、保密性和可靠性方面的要求；异常处理要求，即在运行过程中出现异常情况时应采取的行动及需显示的信息。

2. 程序说明

根据需求分析，编写程序说明文档，作为软件设计的依据。其中一个重要的工作是绘制流程图。

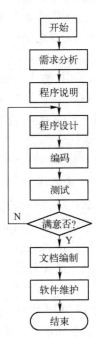

图 9-8　软件设计流程

可以把控制系统整个软件分解为若干部分，它们各自代表了不同的分立操作，把这些不同的分立操作用方框表示，并按一定顺序用连线连接起来，表示它们的操作顺序。这种互相联系的表示图称为功能流程图。

功能流程图中的模块，只表示所要完成的功能或操作，并不表示具体的程序。在实际工作中，设计者总是先画出一张非常简单的功能流程图，然后随着对系统各细节认识的加深，逐步对功能流程图进行补充和修改，使其逐渐趋于完善，并转换为程序流程图。

3. 程序设计

程序设计可分为概要设计和详细设计。概要设计的任务是确定软件的结构，进行模块划分，确定每个模块的功能和模块间的接口，以及全局数据结构的设计。详细设计的任务是为每个模块实现的细节和局部数据结构进行设计。所有设计中的考虑都应以设计说明书的形式加以描述，以供后续工作使用。

4. 软件编码

软件编码是用某种语言编写程序。编写程序可用机器语言、汇编语言或各种高级语言。究竟采用何种语言则由程序长度、控制系统的实时性要求及所具备的工具而定。在复杂的系统软件中，一般采用高级语言。对于规模不大的应用软件，大多用汇编语言来编写，因为从减少存储容量、降低器件成本和节省机器时间的观念来看，这样做比较合适。

在编码过程中还必须进行优化工作，即仔细推敲，合理安排，利用各种程序设计技巧使编出的程序所占内存空间较小，执行时间短。自然，写出的程序应当是结构良好、清晰易读，且与设计相一致。

5. 软件测试

测试是保证软件质量的重要手段，是微机控制系统软件设计中很关键的一步，其目的是为了在软件引入控制系统之前，找出并改正逻辑错误或与硬件有关的程序错误。可利用各种测试方法检查程序的正确性，发现软件中的错误，修改程序编码，改进程序设计，直至程序运行达到预定要求为止。

6. 文档编制

文档编制也是软件设计的重要内容。它不仅有助于设计者进行查错和测试，而且对程序的使用和扩充也是必不可少的。如果文档编得不好，不能说明问题，程序就难以维护、使用和扩充。一个完整的应用软件文档，一般应包括流程图、程序的功能说明、所有参量的定义清单、存储器的分配图、完整的程序清单和注释及测试计划和测试结果说明。

实际上，文档编制工作贯穿着软件研制的全过程。各个阶段都应注意收集和整理有关的资料，最后的编制工作只是把各个阶段的文件连贯起来，并加以完善而已。

7. 软件维护

软件的维护是指软件的修复、改进和扩充。当软件投入现场运行后，一方面可能会发生各种现场问题，因而必须利用特殊的诊断方式和其他的维护手段，像维护硬件那样修复软件的各种故障；另一方面，用户往往会由于环境或技术业务的变化，提出比原计划更多的要求，因而需要对原来的应用软件进行修改或扩充，以适应情况变化的需要。

因此，一个好的应用软件，不仅要能够执行规定的任务，而且在开始设计时，就应该考虑到维护和再设计的方便，使它具有足够的灵活性、可扩充性和可移植性。

引起修改软件的原因主要有 3 种：一是在运行过程中发现了软件中隐藏的错误而修改软件；二是为了适应变化了的环境而修改软件；三是为修改或扩充原有软件的功能而修改软件。

9.3.3 控制系统应用软件的设计方法

1. 模块化程序设计

模块化程序设计是把一个复杂的应用软件，分解为若干个功能模块，形成模块化层次结构。顶层模块调用它的下层模块以实现完整功能，每个下层模块再调用更下层的模块，底层模块完成最具体的功能。模块分解时应遵循以下规则。

1）满足信息隐藏原则。设计和确定模块时，使得一个模块内包含的信息对于不需要这些信息的模块来说，是不能访问的，也即尽可能少地显露其内部的处理，仅交换那些为了完成系统功能而必须交换的信息。

2）尽量使得模块的内聚度高，模块间的耦合度低。内聚是衡量一个模块内部各个元素彼此结合的紧密程度；耦合是衡量不同模块彼此间互相依赖的紧密程度。

3）模块的大小要适中。

4）模块的调用深度不宜过大。一个模块 A 可以调用另一模块 B，模块 B 还可调用模块 C，称模块 A 直接调用模块 B，模块 A 间接调用模块 C，被间接调用的模块还可调用其他模块，这样可形成一棵调用树，把以某个模块为根结点的调用树的深度称为该模块的调用深度。

5）模块的扇入应尽量大，扇出不宜过大。模块的扇入是指直接调用该模块的上级模块个数。模块的扇出是指该模块直接调用的下级模块的个数。扇入大表示模块的复用程度高，扇出大表示模块的复杂度高。

6）每个模块执行单一的功能，并且具有单入口-单出口结构。

7）模块的功能应是可以预测的。功能可预测是指对相同的输入数据能产生相同的输出。

模块分解后，可采用以下两种方法进行模块化程序设计：

1）自底向上模块化设计。首先对最底层模块进行编码、测试和调试。这些模块正常工作后，就可以用它们来开发较高层的模块。例如，在编主程序前，先开发各个子程序，然后，用一个测试用的主程序来测试每一个子程序。这种方法是汇编语言设计常用的方法。

2）自顶向下模块化设计。首先对最高层进行编码、测试和调试。为了测试这些最高层模块，可以用"结点"来代替还未编码的较低层模块，这些"结点"的输入和输出满足程序说明部分的要求，但功能少。该方法一般适合用高级语言来设计程序。

以上两种方法各有优缺点。在自底向上开发中，高层模块设计中的根本错误也许要很晚才能发现。在自顶向下开发中，程序大小和性能往往要到开发关键性的低层模块时才会表现出来。在实际设计中，最好把两种方法结合起来。先开发高层模块和关键性低层模块，并用"结点"来表示以后开发的不太重要的模块。

2. 结构化程序设计

在详细设计中，主要是采用结构化程序设计方法。软件的结构化设计方法于 20 世纪 70 年代初提出，主要是随着系统规模的增大和复杂度的增加而提出的。

为了保证软件开发的质量，应该采取结构化设计方法。它借鉴硬件结构化设计的思想，将软件设计改为分阶段的结构化设计，并将软件体系同时划分为一个个独立的功能模块。每个模块间相互独立而又互有联系。

结构化程序设计采用自顶向下逐步求精的设计方法和单入口-单出口的控制结构。

在设计一个模块的实现算法时先考虑整体后考虑局部，先抽象后具体，通过逐步细化，最后得到详细的实现算法。单入口-单出口的控制结构，使程序的静态结构和动态执行过程一致，程序有良好的结构，增加了程序的可读性。

采用结构化的软件设计，大大降低了系统设计和系统实施的复杂程度。当硬件和软件的设计分开以后，可以将复杂的软件系统分解成若干个子系统，再将一个个子系统逐层分解成一系列的层次型的模块，直至分解到最基本的模块为止。每一层次的结构都应该有相应的模块说明书。

当一个系统中的软硬件都是由标准化和结构化的部件有机组合而成时，可以认为，这个系统的扩充性和可维护性等用户所关心的性能也必然是较好的，因此在进行系统设计时，应尽量采用这种技术。

9.4 计算机控制系统的可靠性设计

计算机控制系统对可靠性提出了很高的要求，系统一旦发生故障，既有可能造成经济损失，还有可能造成安全事故。因此，设计控制系统时必须考虑可靠性。可靠性技术涉及生产过程的多个方面，不仅与设计、制造、安装和维护有关，而且还与生产管理、质量监控体系和使用人员的专业技术水平与素质有关。下面主要从技术的角度介绍提高计算机控制系统可靠性的最常用的方法。

9.4.1 影响可靠性的因素

影响计算机控制系统可靠性的因素有内部与外部两方面。针对内外因素的特点，采取有效的软硬件措施，是可靠性设计的根本任务。

1. 内部因素

导致系统运行不稳定的内部因素主要有以下 3 点：

1）元器件本身的性能与可靠性。元器件是组成系统的基本单元，其特性好坏与稳定性直接影响整个系统的性能与可靠性。因此，在可靠性设计当中，首要的工作是精选元器件，使其在长期稳定性和精度等级方面满足要求。

2）系统结构设计。它主要包括硬件电路结构设计和运行软件设计。元器件选定之后，根据系统运行原理与生产工艺要求将其连成整体，并编制相应软件。电路设计中要求元器件或电路布局合理，以消除元器件之间的电磁耦合振荡产生的相互干扰；优化的电路设计也可以消除或削弱外部干扰对整个系统的影响，如去耦电路和平衡电路等；也可以采用冗余结构，当某些元器件发生故障时，也不影响整个系统的运行。软件是计算机控制系统区别于其他通用电子设备的独特之处，通过合理编制软件可以进一步提高系统运行的可靠性。

3）安装与调试。元器件与整个系统的安装与调试，是保证系统运行和可靠性的重要措施。尽管元件选择严格，系统整体设计合理，但如果安装工艺粗糙，调试不严格，就仍然达不到预期的效果。

2. 外部因素

外因是指计算机所处工作环境中的外部设备或空间条件导致系统运行的不可靠因素，主要包括以下几点：

1）外部电气条件，如电源电压的稳定性、强电场与磁场等的影响。

2）外部空间条件，如温度、湿度和空气清洁度等。

3）外部机械条件，如振动和冲击等。

为了保证计算机系统可靠工作，必须创造一个良好的外部环境。如采取屏蔽措施，远离产生强电磁场干扰的设备，加强通风以降低环境温度，安装紧固以防止振动等。

元器件的选择是根本，合理安装调试是基础，系统设计是手段，外部环境是保证，这是可靠性设计遵循的基本准则，并贯穿于系统设计、安装、调试和运行的全过程。为了实现这些准则，必须采取相应的硬件或软件方面的措施，这是可靠性设计的根本任务。

9.4.2 可靠性设计技术

由于系统是由硬件和软件组成的，因而系统的可靠性也分硬件可靠性和软件可靠性两个方面。

1. 硬件的可靠性设计技术

（1）元器件级

元器件是计算机系统的基本部件，元器件的性能与可靠性是整体性能与可靠性的基础。因此，元器件的选用要遵循以下原则。

1）严格管理元器件的购置和储运。

元器件的质量主要是由制造商的技术、工艺及质量管理体系保证的，应选择有质量保证的元器件。采购元器件之前，应首先对制造商的质量信誉有所了解。这可通过制造商提供的有关数据资料获得，也可以通过调查用户来了解，必要时可亲自做试验加以检验。制造商一旦选定，就不应轻易更换，尽量避免在一台设备中使用不同厂家的同一型号的元器件。

2）老化处理、筛选和测试。

元器件在装机前应经过老化筛选，淘汰那些质量不佳的元件。老化处理的时间长短与元件的型号和可靠性要求有关，一般为 24 h 或 48 h。老化时所施用的电气应力（电压或电流等）应等于或略高于额定值，常为额定值的 110%～120%。老化后测试应注意淘汰那些功耗偏大、性能指标明显变化或不稳定的元器件。老化前后性能指标保持稳定的是优选的元器件。

3）降额使用。

所谓降额使用，就是在低于额定电压和电流条件下使用元器件，这将能提高元器件的可靠性。降额使用多用于无源元件（电阻和电容等）、大功率器件、电源模块或大电流高压开关器件等。降额使用不适用于 TTL 器件，因为 TTL 电路对工作电压范围要求较严，不能降额使用。MOS 型电路因其工作电流十分微小，失效主要不是功耗发热引起的，故降额使用对于 MOS 集成电路效果不大。

4）选用集成度高的元器件。

近年来，电子元器件的集成化程度越来越高。系统选用集成度高的芯片可减少元器件的使用量，使得印制电路板布局简单，减少焊接和连线，因而大大降低了故障率和受干扰的概率。

（2）部件及系统级。

部件及系统级的可靠性技术是指功能部件或整个系统在设计、制造和检验等环节所采取的可靠性措施。元器件的可靠性主要取决于元器件制造商，部件及系统的可靠性则取决于设计者的精心设计。可靠性研究资料表明，影响计算机可靠性的因素，有 40% 来自电路及系统设计。

1）采用高质量的主机。

计算机尽可能采用工业控制用计算机或工作站，而不是采用普通的个人计算机。因为工业控制计算机在整机的机械、防振动、耐冲击、防尘、抗高温和抗电磁干扰等方面往往针对生产现场的特点，采取了特殊的处理措施，以保证系统在恶劣的工业环境下仍能正常工作。所采用的各种硬件和软件，尽可能不要自行开发。采用高质量的电源。一般来说 PLC 的 I/O

模块的可靠性比 PC 总线 I/O 板卡的可靠性高，如果成本和空间允许，应尽可能采用 PLC 的 I/O 模块。

2）采用模块化、标准化和积木化结构。

目前各大公司推出的 IPC 及过程通道板卡都实现了模块化和标准化，设计者只需保证自行开发的板卡或设备实现模块化和标准化。

① 板卡的布线要合理：一般要做到电源线尽可能粗；多条平行信号线不能过长；两面的信号尽可能垂直走线；模拟器件和数字器件分开走线；过接孔不能过多；小信号线有地线屏蔽等。

② 选择优质电源：模拟量输入所用的电源最好是线性电源，其他部分尽可能采用纹波较小的电源。电源的选择必须留有充分的余量，电源最好是密封结构和大散热器结构，如国产的朝阳电源系列。

③ 散热措施：如果板卡使用了功耗性器件，则控制柜顶部一般应安装风扇。如果板卡器件全为 CMOS，也可以不装风扇。

④ 机械结构：控制柜和板卡插箱一般要使用全钢结构或铝合金结构。若器件过重，则控制柜和器件底板必须设计加强筋。表面必须喷漆或喷塑，以防止锈蚀。

3）采用冗余技术。

对于关键的检测点和控制点可以进行双重或多重冗余设计。冗余技术也称为容错技术，是通过增加完成同一功能的并联或备用单元数目来提高可靠性的一种设计方法。如一点模拟量信号可以输入到两个控制站的模拟量输入板卡，当其中一个站发生故障，在另一个站同样可以监测该信号的变化。也可以给计算机控制系统配备手操器，当计算机系统故障，利用手操器可以进行显示和手动控制。对于重要的控制回路，选用常规控制仪表作为备用。一旦计算机出现故障，就把备用装置切换到控制回路中，维持生产过程的正常运行。冗余技术包括硬件冗余、软件冗余、信息冗余和时间冗余等。

① 硬件冗余：是用增加硬件设备的方法，当系统发生故障时，将备份硬件顶替上去，使系统仍能正常工作，硬件冗余结构主要用在高可靠性场合。如采用双机系统，即采用两台计算机，互为备用地执行任务。

② 信息冗余：对计算机控制系统而言，保护信号信息和重要数据是提高可靠性的重要方面。为了防止系统因故障等原因而丢失信息，常将重要数据或文件多重化，复制一份或多份副本，并存于不同的空间。一旦某一区间或某一备份被破坏，则自动从其他部分重新复制，使信息得以恢复。

③ 时间冗余：为了提高计算机控制系统的可靠性，可以仅用重复执行某一操作或某一程序，并将执行结果与前一次的结果进行比较对照来确认系统工作是否正常。

4）电磁兼容性设计。

电磁兼容性是指计算机系统在电磁环境中的适应性，即能保持完成规定功能的能力。电磁兼容性设计的目的是使系统既不受外部电磁干扰的影响，也不对其他电子设备产生影响。

5）故障自动检测与诊断技术。

对于复杂系统，为了保证能及时检验出有故障装置或单元模块，以便及时把有用单元替换上去，就需要对系统进行在线的测试与诊断。这样做的目的有两个：一是为了判定动作或功能是否正常；二是为了及时指出故障部位，缩短维修时间。

对于一些智能设备采用故障预测和故障报警等措施。出现故障时将执行机构的输出置于安全位置，或将自动运行状态转为手动状态。

6）其他措施。

采用可靠的控制方案，使系统具有各种安全保护措施，如异常报警、事故预测、安全连锁及不间断电源等功能。

对于规模较大的系统，应采用集散控制系统，它是一种分散控制、集中操作的计算机控制系统，具有危险分散的特点，整个控制系统的安全可靠性高。

采取各种抗干扰措施，包括滤波、屏蔽、隔离和避免模拟信号的长线传输等。

2. 软件的可靠性设计技术

由于计算机控制系统是由硬件和软件组成的，因而系统的可靠性也分硬件可靠性和软件可靠性两个方面。通过提高元器件的质量、采用冗余设计、进行预防性维护及增设抗干扰装置等措施，能够提高硬件的可靠性，但是仅得到理想的可靠度是不够的，通常还要利用软件来进一步提高系统的可靠性。

软件的可靠性主要标志是软件是否真实而准确地描述了预实现的各种功能。因此，对生产工艺的了解和熟悉程度直接关系到软件的编写质量。提高软件可靠性的前提条件是设计人员对生产工艺过程的深入了解，并且使软件易读、易测和易修改。

为了提高软件的可靠性，应尽量将软件规范化、标准化和模块化，尽可能把复杂的问题转化成若干较为简单明确的小任务。把一个大程序分成若干独立的小模块，这有助于及时发现设计中的不合理部分，而且检查和测试几个小模块要比检查和测试大程序方便得多。

软件可靠性技术主要包括以下两个方面的内容：利用软件提高系统的可靠性；提高软件自身的可靠性。

（1）利用软件来提高系统的可靠性

其具体措施如下：

1）利用软件冗余，防止信息在输入/输出过程及传送过程中出错。如对关键数据采用重复校验方式，对信息采用重复传送并进行校验，通过设置错误陷阱，自动捕捉错误，自动报告和排错提示等。

2）逻辑闭锁和限值闭锁。闭锁是防止误操作和过操作的有效方法。如为调节阀的开度设置闭锁，为各种温度值设置上下限闭锁，以保证系统安全可靠运行。在控制输出和修改重要参数处，软件采取操作口令和操作确认等多重闭锁，防止误操作。

3）编制自动诊断检测程序，自动检测设备的运行情况，及时发现故障，找出故障部位并排除，以便缩短修理时间。

4）数据保护处理。针对系统突然停机、冷热启动或时间改动对数据库造成的破坏或遗失等情况，应采取实时数据备份和安全性检查等保护措施。一旦系统重新运行，系统首先自动读取保护信息，修补数据库，以便系统可靠运行。

5）采用系统信息管理的软件。它与硬件配合，对信息进行保护，这包括防止信息被破坏，在出现故障时保护信息，并迅速用备用装置代替故障装置；在故障排除后，解除信息保护，并使系统迅速恢复正常运行。

（2）提高软件自身的可靠性

尽管在前面介绍了用软件提高系统可靠性的措施，但应该指出，软件本身也会发生故障。为了减少出错和使用户能得到一个满足要求的软件，应该采取以下措施，以提高软件自身的可靠性。

1）采取措施，减少软件设计中的错误，这包括采用模块化和结构化设计，采用组态软件形式，进行软件评审等。

2）采用能提高可测试性的设计。在系统设计时就充分考虑到测试的要求，使得软件的可维护性较高、故障的诊断及时迅速。

更详细的内容可参考软件工程方面的书籍。

习题与思考题

9-1　设计一套计算机控制系统需要具备哪几方面的知识？

9-2　设计一套计算机控制系统一般可以采取哪几种途径？

9-3　计算机控制系统有哪些常用的设计方法？

9-4　何谓计算机控制系统的规范化设计？其具体内容是什么？

9-5　计算机控制系统设计时如何划分硬件和软件的功能？

9-6　计算机控制软件设计的特点是什么？

9-7　计算机控制软件测试的方法和原则是什么？

9-8　计算机控制系统对人机交互界面的要求有哪些？设计原则是什么？

9-9　计算机控制系统干扰信号的来源和种类有哪些？

9-10　什么是抗干扰？抗干扰的原则是什么？

9-11　简述计算机控制系统软件的抗干扰设计。

9-12　请用假期调研你熟悉的工业企业中哪些使用了计算机控制技术？若使用，请画出控制系统框图，描述控制过程；对未使用的，是否有可能使用？进行工艺调研，尝试为其设计合适的计算机控制系统。

参 考 文 献

[1] 李江全. 计算机控制技术 [M]. 2版. 北京：机械工业出版社，2016.

[2] 王琦. 计算机控制技术 [M]. 上海：华东理工大学出版社，2009.

[3] 何小阳. 计算机监控原理及技术 [M]. 重庆：重庆大学出版社，2003.

[4] 苏小林. 计算机控制技术 [M]. 北京：中国电力版，2004.

[5] 刘川来，等. 计算机控制技术 [M]. 北京：机械工业出版社，2007.

[6] 刘士荣. 计算机控制系统 [M]. 北京：机械工业出版社，2008.

[7] 李江全. 组态控制技术实训教程（MCGS）[M]. 北京：机械工业出版社，2016.